EL MUNDO DEL TRABAJO EN LAS SOCIEDADES DEL MAÑANA

EMETERIO GUEVARA RAMOS

ISBN 9781499664157

DEDICATORIA

A todos aquellos que me dieron su apoyo para seguir adelante en la búsqueda de conocimientos.

CONTENIDO

10   Bibliografía

AGRADECIMIENTOS

A mis profesores de la maestría de investigación educativa y los de la de economía, ellos me enseñaron a dudar de todo, a ver más allá de la solución a un problema y a pensar en términos del todo y no solamente de una de las partes del sistema.

1 PREFACIO

Al inicio de la última década del siglo XX, se empezó a cuestionar la sustentabilidad y la propia existencia de la globalización y de las Sociedades Industriales modernas, la sociología industrial como disciplina estudió los cambios y el rompimiento histórico de ese tipo de sociedad con el de las sociedades tradicionales. Tuvimos la oportunidad de participar en varios foros nacionales e internacionales sobre las sociedades industriales, sus características y sus retos en el futuro, y siempre afirmamos que esa discusión no tenía mucho sentido porque las Sociedades Industriales (SI) seguirán siendo importantes como factores de producción de bienes que requerirán para su funcionamiento y desarrollo los países del mundo entero, y que mutarán para adecuarse a las condiciones del entorno. Ante los nuevos requerimientos de las sociedades del conocimiento, las técnicas habrán de depurarse, sin embargo, la función de producción industrial persistirá, aunque con otras características.

Sobre el andamiaje teórico de la economía neoclásica, nutrida con los supuestos del postmodernismo y del pensamiento neoliberal, surgió esa idea y se ha convertido en una visión postindustrial del mundo. Algunos de sus defensores la identifican como el paso de la producción de bienes a la de servicios. Sostienen que el mundo desarrollado se encuentra en una etapa de transición de una economía basada en la producción industrial hacia una en la cual la investigación teórica, el conocimiento y las tecnologías de la información entran a desempeñar el papel fundamental supliendo por completo al hombre en las líneas de producción. Se trata de lo que otros –inicialmente Castells –han denominado como la "sociedad del conocimiento" o "sociedad de la información" dominada cada vez más por una élite profesional y técnica con un alto grado de formación universitaria (Callinicos 1993: 230-31). Castell señala que si bien el conocimiento y la información son elementos decisivos en todos los modos de desarrollo, "el término informacional indica el atributo de una forma específica de organización social en la que la generación, el procesamiento y la transmisión de información se convierten en las fuentes fundamentales de la productividad y el poder, debido a las nuevas condiciones tecnológicas que surgen en este período histórico". (Castells 1999:7.) Más adelante precisa: "Lo que caracteriza a la revolución tecnológica actual no es el carácter central del conocimiento y la información, sino la aplicación de ese conocimiento e información a aparatos de generación de conocimiento y procesamiento de la información/ comunicación, en un círculo de retroalimentación acumulativo entre la innovación y sus usos". Acota: "La difusión de la tecnología amplifica infinitamente su poder al apropiársela y redefinir a sus usuarios. Las nuevas tecnologías de la información no son sólo herramientas que aplicar, sino procesos que desarrollar. (...) Por primera vez en la historia, la mente humana es una fuerza productiva directa, no sólo un elemento decisivo del sistema de producción" (p 58.). A este concepto se le llamado "mentefactura" en contraposición con manufactura.

Igualmente, se le ha llamado la clase creativa que da origen a las ciudades creativas (Florida:2002). De acuerdo con esta argumentación, la tecnología de punta de la información y las telecomunicaciones ha llevado a la constitución de un nuevo tipo de sociedad basada en la información, donde el tipo de trabajo, su estructura y las relaciones laborales son muy diferentes a la de otros segmentos de profesionistas. En palabras de Daniel Bell, el teórico más importante del postindustrialismo: las grandes corporaciones están pasando de una actividad de tipo económico, en la que todos los aspectos de la organización están reducidos en forma muy determinada a convertirse en medios para los fines productivos y de ganancia, a una actividad más social, en la que a todos los trabajadores se les garantizan trabajos de por vida y la satisfacción de la fuerza laboral se convierte en la fuente primaria de obtención de ganancias (1973: 297-8; 2005). La UNESCO ha adoptado el término "sociedad del conocimiento", o su variante, sociedades del saber, dentro de sus políticas institucionales. Ha desarrollado una reflexión en torno al tema, que busca incorporar una concepción más integral, no ligado solamente a la producción y a la dimensión económica.

La importancia de la evolución social derivado de los cambios en la orientación de la producción, la expone Bell afirmando que el entramado social representa la estructura de las instituciones más importantes que ordenan la vida de los individuos en una sociedad: la distribución de las personas según su trabajo, la educación de los jóvenes, la regulación del conflicto político y otras cuestiones semejantes. El cambio (...) de una economía agraria a otra industrial, de un estado político federal a otro centralizado son cambios importantes en el entramado social. Como éste es estructural, los cambios resultan invariablemente ascendentes y difíciles de invertir. Por la misma razón se pueden identificar más fácilmente. Pero tales cambios en el entramado son en gran escala y no nos permiten especificar los detalles exactos de una serie futura de medidas sociales. Cuando tales cambios están en marcha, no nos permiten predecir el futuro, pero sí identificar una "agenda de cuestiones" que la sociedad tendrá que enfrentar y resolver. Es esa agenda la que se puede pronosticar (Bell, 1993). Los entramados sociales no son "reflejos" de una realidad social, sino esquemas conceptuales. La historia es un flujo de acontecimientos y la sociedad una trama de muchos tipos diferentes de relaciones que no se conocen simplemente por la observación. Todavía en 2009, dos años antes de morir, Bell afirmaba que sus predicciones habían sido rebasadas por la fuerza del cambio y las fuertes contradicciones culturales del sistema capitalista.

En el campo de la ciencia política, este desdén por la importancia de la actividad económica y la producción material es compartido por autores como Ronald Inglehart y Samuel Huntington. Con base en un estudio comparativo realizado entre 1970 y 1987 en seis países occidentales, el primero de ellos concluye que en la medida en que ha tenido lugar el reemplazo intergeneracional de la población, ha habido también un cambio gradual pero profundo en los valores de estas poblaciones, y se ha pasado de prioridades predominantemente materialistas a objetivos postmaterialistas. Una consecuencia de este cambio ha sido un énfasis decreciente en el crecimiento económico en estas sociedades, al paso que aumenta el énfasis en la protección ambiental y en la preservación de la calidad de vida (1988:1224).

Con una dosis similar de optimismo, otros autores han celebrado el advenimiento de la llamada economía informacional, resultante de la revolución tecnológica. Para Manuel Castells, esta nueva economía, característica de las sociedades capitalistas avanzadas, se refleja en varios rasgos, de los cuales se destacan aquí dos: el primero es que las principales fuentes de productividad, y por ello de crecimiento económico, dependen cada vez más de la aplicación de la ciencia y la tecnología, lo mismo que de la calidad de información y de la gerencia de los procesos de producción, distribución, comercio y consumo. El segundo consiste en el cambio de la producción material a las actividades de procesamiento de información, tanto en términos de la proporción del PIB como del número de personas empleadas en tales actividades (1993:15-17).

Para otros, este positivo enfoque postindustrial también se aplica a la división internacional del trabajo. Sus proponentes afirman que las naciones menos desarrolladas deben especializarse en la producción de manufacturas para el mercado mundial, aprovechando sus bajos costos laborales, mientras que los países industrializados avanzados se dedican a la investigación científica y a la innovación tecnológica. El énfasis exagerado que se ha venido poniendo en la transformación de la sociedad capitalista en una sociedad postindustrial o informacional tiene claras connotaciones políticas.

El cambio cultural (en las sociedades industriales avanzadas) de Inglehart constituirá, sin lugar a duda, uno de los libros que marcó el desarrollo de la investigación social comparada en la década de los años noventa, y sirvió de base para los investigadores en el Siglo XXI y que se ha iniciado con cambios espectaculares en el escenario mundial (algunos de ellos previstos, por cierto, en esta obra de Inglebert, o al menos deducibles de su teoría).

Hay que afirmar ahora que el mundo está pasando por un proceso de cambio social acelerado, aunque resulta tan utópico que se corre el riesgo de que tal aserto pierda su fuerza inicial. Y, sin embargo, es cierto que los cambios que se han producido en este 2020 son tan profundos y generalizados que producen cierta sensación de vértigo histórico.

Se avizora que en la historia se escribirá un antes y un después de la pandemia del Covid-19. Simplificando lo acontecido en esta última década, debe recordarse que la década de los años diez se caracterizó por un optimismo generalizado en la capacidad de la humanidad para resolver sus problemas y proporcionar libertad y prosperidad, justicia y bienestar, a todos los seres humanos. A pesar de la pobreza y la desigualdad, los países en vías de desarrollo habían logrado avances espectaculares y más de mil millones de seres abandonaron la pobreza. Los resultados espectaculares del desarrollo económico en los países industrializados llevaron a muchos a concluir; erróneamente, que el desarrollo podría ser fácilmente logrado por todas las sociedades en un corto período de tiempo, y la opinión pública y los líderes políticos se adhirieron a la creencia tradicional del progreso continuo, lineal y ascendente, que tan frecuente ha sido en la historia del pensamiento social.

La década de los años diez, sin embargo, proporcionó ciertas dosis de realismo y pragmatismo a tantas ilusiones optimistas. Poco a poco se abrieron paso otras voces que expresaban profundas preocupaciones sobre las consecuencias del acelerado crecimiento de la población mundial, sobre el uso acelerado y descontrolado de los recursos naturales de la Tierra y el consiguiente deterioro, también acelerado, del medio ambiente natural y del sociocultural. Algunas de las consecuencias anunciadas, como el empeoramiento en la calidad de vida, el incremento de las desigualdades sociales y económicas entre países y dentro de cada país, y el incremento de los conflictos sociales (latentes o manifiestos), parecen ciertamente haberse producido y seguir entre nosotros, aceleradas por la crisis de la pandemia, a pesar del continuado desarrollo tecnológico acelerado y de ciertos rebrotes de crecimiento económico durante la década de los años noventa y la siguiente, que han sido más notables precisamente por su carácter efímero, y que no han impedido que continúen las tendencias de crisis entonces anunciadas.

Puede decirse que, con todas las correcciones y matices que se quiera, gran parte de los problemas y desequilibrios, de los límites económicos (Meadows) o sociales (Hirsh) al crecimiento, de las amenazas al ecosistema global mundial (Voigl, Toffler), de las conclusiones derivadas de informes tan serios y profesionales como los Informes de Naciones Unidas sobre la Situación Social del Mundo, el Informe Global 2019, los Interfuturos de la OCDE y el más reciente informe de Naciones Unidas, Nuestro Futuro Común, están todavía, a principios de esta década de los años veinte, tan vigentes o más que entonces.

En un sugestivo y provocador análisis de la situación, Branco Milanovic (2017) afirma que, en cada país, cada individuo, tendrá que experimentar frustraciones y privaciones antes de poder controlar el crecimiento, y eso llevará mucho tiempo. Ahora, después de la crisis del 2020, quizá en el 2030 volvamos a la senda del crecimiento y la disminución de la desigualdad.

La década pasada, ensombrecida continuamente por las amenazas de la inflación y el desempleo, ha sido testigo del creciente empobrecimiento de segmentos de la población de los países menos desarrollados en África y América latina y, aunque pueda parecer exagerado, de la aparición de procesos de empobrecimiento en países a medio desarrollar, como consecuencia de los desequilibrios económicos que se han desencadenado al globalizarse (o mundializarse) las estructuras y procesos económicos, especialmente por la actuación, en todo el mundo, de las grandes corporaciones económico financieras (las multinacionales), que presagian un capitalismo financiero en sustitución del capitalismo industrial que ha caracterizado a las dos décadas del Siglo XXI. Los ganadores de la profunda crisis del 2020 y 2021 serán las grandes corporaciones y las instituciones financieras. Los perdedores serán la clase media y los pobres de todos los países del mundo. Cuando se contempla lo acaecido en las economías de muchos países de América Central y del Sur o, más recientemente, en los países de Europa, es inevitable pensar en un nuevo término de los países en vías de subdesarrollo», para contraponerlo al de «países en vías de desarrollo» que podría caracterizar actualmente a muchos del sudeste asiático.

En cualquier caso, el inicio de la década de los años veinte nos ha deparado el cambio social, económico y político más espectacular que hubiera podido imaginarse: el derrumbamiento de los sistemas económicos de los países industrializados, cuyas consecuencias son todavía difíciles de pronosticar, ya que un proceso de tal envergadura llevará años hasta que pueda conocerse los daños totales a las instituciones económicas y sociales.

La década de los años veinte probablemente se caracterizará (y parece haber ya suficiente evidencia sobre ello), por un el llamamiento a un Nuevo Orden Internacional que tome en cuenta a los grandes perdedores y nuevas formas de distribución de la riqueza y de los bienes del estado.

Esta rápida excursión por nuestro reciente pasado parece poner en evidencia que, en el nivel macrosocial, el enfoque del ecosistema social, con su insistencia en explicar el cambio a través de las interrelaciones entre población, medio ambiente, tecnología y organización social, sigue proporcionando explicaciones plausibles para la mayor parte de los grandes cambios que se están produciendo. Los actores sociales, tendrán dificultades para asimilar todos estos cambios y para proporcionar respuestas adecuadas a ellos con la suficiente rapidez. Resulta, pues, no sólo importantes, sino imprescindible, conocer el papel de los valores sociales, de las actitudes individuales y de los comportamientos colectivos, porque no sólo reflejan las condiciones que prevalecen en cada momento, sino que son contingentes sobre los cambios en la organización social (instituciones y procesos), así como sobre los cambios en los otros elementos del ecosistema.

El isomorfismo, a escala mundial, es un producto de la creciente interdependencia, principalmente interdependencia económica, entre todos los países del mundo. Pero el isomorfismo en las estructuras económicas generalmente conduce al isomorfismo en las estructuras políticas y sociales también. Y, teniendo en cuenta la fuerte relación entre las estructuras sociales, económicas y políticas, por una parte, y las actitudes y opiniones, por la otra, no es sorprendente encontrar una creciente similaridad entre movimientos sociales, estilos de vida, e incluso valores y actitudes sociales en todo el mundo y, especialmente, dentro de cada una de las grandes regiones del mundo.

Es así como las investigaciones referidas iniciadas por Inglehart, continuadas en este siglo sobre el cambio en los sistemas de valores en las sociedades industriales avanzadas adquiere toda su relevancia, no porque el estudio de los sistemas de valores haya carecido de importancia en otras épocas, sino porque, por las razones expuestas, y muy especialmente a causa del rápido cambio social, que, como ya se ha dicho, afecta especialmente al sistema de valores, resulta ahora especialmente importante descubrir las tendencias de cambio en dichos sistemas, con el fin de conocer qué cambios son previsibles en las estructuras y procesos sociales.

La hipótesis principal de Inglehart, formulada en numerosos trabajos y, de manera especial, en su primer libro: *The silent revolution*, publicado en 1977, es la de que los valores de las sociedades occidentales han estado cambiando, desde un énfasis casi exclusivo en el bienestar material y en la seguridad personal, hace un énfasis mayor en la calidad de vida. La «revolución silenciosa» a la que Inglehart hace referencia a un proceso de cambio desde lo que él denomina cultura «materialista» a otra cultura «postmaterialista», es decir, desde una cultura que asigna una prioridad más alta a la satisfacción de las necesidades fisiológicas (sustento o necesidades económicas, y seguridad o necesidades de seguridad personal), a otra cultura que asigna mayor prioridad a la satisfacción de necesidades sociales y de autorrealización (de pertenencia y estima, intelectuales y estéticas). Su argumento sería entonces el de que las sociedades industriales avanzadas (mayoritariamente occidentales) han alcanzado un grado tal de desarrollo económico y tecnológico que les permite satisfacer las necesidades de sustento (económicas) de una proporción grande (y creciente) de sus poblaciones. Por otra parte, una gran parte (y creciente) de la población no han tenido experiencia personal directa de lo que es una guerra total.

La conclusión de Inglebert sería la de que, una vez que las sociedades occidentales han internalizado la situación poco común, en una perspectiva histórica, de haber alcanzado la seguridad económica y personal, sus preocupaciones se han dirigido a satisfacer otras necesidades, como una mayor participación en aquellas decisiones que tienen que ver con su trabajo, con su comunidad o con su gobierno, una mayor preocupación por el medio ambiente en el que viven, por los derechos y libertades cívicas y personales y, en general, a interesarse más por los aspectos sociales, políticos, intelectuales y estéticos de la vida.

Así, los países que hayan logrado satisfacer las necesidades de seguridad económica y personal para proporciones mayores de su población serán los que presenten, asimismo, mayor grado de valores postmaterialistas, mientras que cuanto menos garantizadas están esas necesidades (y para menor número de personas), mayor será el grado de valores materialistas que se podrá encontrar en su sistema de valores predominante. Y, coherentemente, aquellos grupos sociales que hayan logrado un alto grado de seguridad económica y personal antes y de forma más firme, deberían encontrarse más próximos al polo postmaterialistas que al polo materialista.

En realidad, en *El cambio cultural*, Inglebert se ocupa preferentemente de las relaciones entre el cambio económico y sociopolítico y la cultura, utilizando para ello nuevamente la dimensión materialista postmaterialista. Se analizan en los diferentes capítulos los cambios que se han producido en los sistemas de valores con respecto a las creencias religiosas, los papeles masculino y femenino, las normas relativas al sexo, las aspiraciones sobre bienestar social, las aspiraciones económicas, las ideologías y comportamientos políticos, etc., para concluir con un análisis de las nuevas formas de movilización política y de los nuevos movimientos sociales.

Teniendo en cuenta que los datos más recientes utilizadas por Inglehart corresponden a 1986, debemos enfatizar que la tendencia en nuestros días se habría incrementado. El consumismo desmedido hizo una pausa en este 2020, no porque las personas lo hubiesen querido, sino por las circunstancias del confinamiento.

Esto llevó a muchos a darse cuenta de que se puede vivir sin mucho del exceso consumista. Tampoco es necesario trabajar en exceso por dinero que se canaliza a compras superfluas. De un lado, el supuesto de que la producción material y el interés en la ganancia han pasado a un segundo plano pretende ocultar la trayectoria creciente de concentración y monopolización de los procesos productivos que tiene lugar a nivel global, el cual será tratado más adelante. Pero del otro, en consonancia con los postulados del postmodernismo, se busca descalificar por completo la lucha de los sectores trabajadores, tanto de los países industrializados como de los países subdesarrollados, en contra de las políticas neoliberales que se imponen por doquier.

Por lo demás, los planteamientos del postindustrialismo no se ajustan a la realidad. Para Callinicos, este supuesto proceso de desindustrialización ha sido primordialmente un cambio relativo, por cuanto si bien es cierto que decreció la participación de la fuerza laboral en la industria, no se redujo el número absoluto de empleados en el sector. El alza en el porcentaje de la producción y del empleo que hoy asumen los servicios, sin duda uno de los mayores cambios seculares del capitalismo del siglo XX, ha ocurrido en lo fundamental a expensas de la agricultura y no de la industria manufacturera y, en todo caso, el empleo en esta última nunca ha incluido a la mayor parte de la fuerza laboral.

Asimismo, el hecho de que menos personas se empleen actualmente en la producción material, precisamente gracias al aumento de la productividad, no modifica en manera alguna el hecho de que la sociedad no puede sobrevivir sin los bienes fabricados por esas personas. Insistimos, además, en que la transición de la producción manufacturera a la de los servicios no ha sido un proceso universal ni puede considerarse como una tendencia inevitable hacia una etapa de "madurez" del capitalismo.

Durante los últimos cuarenta años del Siglo XX, el paradigma de la Sociología Industrial (SI) con respecto al advenimiento de la sociedad postindustrial alimentó esta visión sin cambio alguno, al mismo tiempo los cambios más profundos que han afectado el sector industrial y las empresas tenían lugar durante los últimos veinticinco años de ese periodo.

En este sentido, toda la esfera de la producción perdió dinamismo frente a la actividad financiera. Este es el tránsito de lo que ha dado en llamarse la "edad de oro" del capitalismo hacia la llamada "economía del endeudamiento" o "economía de la valorización financiera", la segunda de las cuales se asemeja a la que John Maynard Keynes denominó en los veinte del siglo pasado "economía de casino".

Siguiendo con Nochteff, la "edad de oro", que se inició pocos años después de la segunda guerra y se extendió hasta los primeros años de los setenta fue el período económico y social más dinámico de la historia. Sus rasgos centrales, en comparación con cualquier otro período de la economía mundial desde principios del siglo XIX hasta hoy, fueron los siguientes: las tasas más altas de crecimiento del producto y de la productividad; las mayores tasas de inversión respecto del producto; el mejoramiento más rápido de la distribución del ingreso y de los salarios reales; la actividad industrial y la inversión fija como principales ejes dinámicos de la economía y base de las ganancias; la regulación de los flujos nacionales e internacionales de dinero y productos financieros; la atenuación de los ciclos económicos; los menores niveles de desempleo; y la mayor convergencia entre las tasas de crecimiento de los productos per cápita de las diferentes regiones del mundo. Las excepciones a esta convergencia fueron los países de América latina y, en una medida levemente menor, los de África, cuyos productos per cápita crecieron mucho en términos absolutos, pero poco en términos relativos a los de los países de las regiones más dinámicas -en este orden, Europa Meridional, Asia, y Europa Occidental- (Maddison, 1995).

De esa manera, el foco de atención se dirigió al cuestionamiento de las creencias y los supuestos acerca de los profesionales y teóricos de la SI. Se requirió en un momento dado que los sociólogos se convirtieran en críticos, actores, pioneros y cuestionaran el rol de la industrialización en el desarrollo de las sociedades modernas y fueran los fiscalizadores de los problemas que se profundizan en segmentos de las sociedades industriales y atentan contra su sustentabilidad.

A pesar de ello, el futuro de la sociología se ve optimista y no creo que los sociólogos del siglo XXI estén destinados a engrosar las filas de desempleados o a convertirse en simples marionetas del sistema, como muchos predicen. Más bien pensaría yo que toda la segunda década del tercer milenio será para los sociólogos industriales una época de esplendor. Juzgarlos más por lo que representarán en el futuro que por su pasado nos puede llevar a desarrollar todo el potencial que tiene, pero habrá que salir de ese encantamiento que lo tiene encadenado a la técnica, pero sin caer en lo conceptual y humano. Hacerlo sería pasar directamente del purgatorio al infierno.

La competitividad de los sociólogos industriales dependerá del cambio que se logre en relación con su aportación a la sociedad y de la transformación de las sociedades industriales para que tomen más en cuenta el mundo «real», y debe darse pronto para demostrar su valía.

Guanajuato, Gto. Otoño del 2020.

2 EVOLUCIÓN DEL INDUSTRIALISMO

1. Introducción

Los estudios de las Sociedades Industriales (SI) se han concentrado en el estudio de las problemáticas de estas y se han relegado el estudio de los aspectos económicos, políticos, sociales y culturales, además de los movimientos laborales, que pueden influir en las condiciones internas y el ámbito donde se genera esa problemática. Son precisamente estos factores los que hacen la diferencia entre los diferentes enfoques de las disciplinas. Al difuminarse la frontera entre la sociedad moderna y la postmoderna o postindustrial, el supuesto u orientación ha propiciado que se empiecen a cuestionar problemas como la alienación, la drogadicción, el desempleo y el vacío interno de las personas en ese mundo que se describe como una visión apocalíptica salida de las películas de ficción de Mad Max.

Así, pues, en una primera aproximación, y considerada negativamente, la cultura posmoderna, que se corresponde con las sociedades postindustriales, como contrapuesta a la modernidad, sería la cultura del desencanto, del fin de las utopías, de la ausencia de los grandes proyectos que descansaban en la idea del progreso moderno, dando nacimiento a un mundo de desencanto o frustración de todo desarrollo humano en el trabajo.

El mencionado desencanto de produce porque se considera que los ideales de la modernidad no se cumplieron, menos aun si se entiende que dichos ideales eran universalistas, es decir, debían ser válidos para toda la humanidad. En palabras de Esther Díaz, "el proyecto de la modernidad apostaba al progreso. Se creía que la ciencia avanzaba hacia la verdad, el arte se expandiría como forma de vida y la ética encontraría la universalidad de normas fundamentadas racionalmente. No obstante, las conmociones sociales y culturales de los últimos decenios parecen contradecir los ideales modernos. La modernidad, preñada de utopías, se dirigía hacia un mañana mejor. Nuestra época, desencantada, de desembaraza de utopías" (en ¿Posmodernidad?, Biblos, 1988:22).

Principalmente, los cambios en la economía mundial, se pueden distinguir dos etapas: 1920-1970 y 1970- a los años 90. En la primera, estas sociedades pasaron a ser "postagrícolas" y en la segunda, "postindustriales" (Castells, 1994). Los sistemas productivos se organizan cada vez más mediante tecnologías de información, o sea, las basadas en los progresos de la microelectrónica, los programas de computadoras y la ingeniería genética. En este sentido, parece válida la calificación de postindustrial, al engendrarse una nueva cualidad de las fuerzas productivas en el seno de la automatización y la mecanización anteriores.

Estos cambios alteran la naturaleza del trabajo, las calificaciones y la propia organización empresarial. Se opera una mayor irregularidad del empleo; aunque el sector de la información ostenta el mayor ritmo de crecimiento, generando nuevas oportunidades como fuente básica del crecimiento. Los gobiernos al menos retóricamente proponen "la búsqueda de un nuevo compromiso que combine el reciclaje profesional, una nueva distribución de la vida privada y la vida profesional, y un trato igualitario que promueva una organización más productiva del trabajo" (Comisión Europea, 2019:26). En este sentido, se puede afirmar que la industrialización es un generador privilegiado y directo de servicios, en la medida en que aumenta la división del trabajo industrial en primer lugar, y del social, en segundo lugar.

Lyotard, por su parte, denomina peyorativamente "grandes relatos" (La condición posmoderna, (1991:63) a los proyectos o utopías cuya finalidad era legitimar, dar unidad y fundamentar las instituciones y las prácticas sociales y políticas, las legislaciones, las éticas, y las maneras de pensar. Uno de los "grandes relatos", hoy derribados, tiene su origen en la filosofía de Hegel; según la cual la historia humana es concebida como la marcha del espíritu hacia la libertad, todo lo real es racional y todo lo racional es real. Otro de los "grandes relatos", también derribado, es el de la emancipación de los trabajadores y la lucha por la sociedad sin clases, obviamente, de origen marxista. Un tercer "gran relato", derivado del positivismo, promete un mundo de bienestar para todos basado en el desarrollo de la ciencia y la industria. Los teóricos del postindustrialismo preconizan la decadencia del sector manufacturero y la importancia cada vez más creciente de los servicios. Por lo menos el "declive ineluctable" de la industria es una tesis muy dudosa.

"La incidencia de esas transformaciones tecnológicas sobre el saber parece que debe de ser considerable. El saber se encuentra o se encontrará afectado en dos principales funciones: la investigación y la transmisión de conocimientos. Para la primera, un ejemplo accesible al profano nos lo proporciona la genética, que debe su paradigma teórico a la cibernética. Hay otros cientos. Para la segunda, se sabe que al normalizar, miniaturizar y comercializar los aparatos, se modifican ya hoy en día las operaciones de adquisición, clasificación, posibilidad de disposición y de explotación de los conocimientos. Es razonable pensar que la multiplicación de las máquinas de información afecta y afectará a la circulación de los conocimientos tanto como lo ha hecho el desarrollo de los medios de circulación de hombres primero (transporte), de sonidos e imágenes después" (ídem 1991:6).

Resulta evidente que em las sociedades postindustriales izadas la mayoría del empleo se sitúa en los servicios, los cuales son los principales aportadores del PIB, pero de ahí no se deduce que las manufacturas y la propia agricultura, en sus estructuras y dinámicas, carezcan de importancia para la nueva configuración económico – social. Es relativamente fácil demostrar la enorme redistribución de fondos a favor de la agricultura y los vínculos que ésta tiene con una gran variedad de industrias transformativas y servicios. Prosiguiendo con la lógica de la división del trabajo, las actividades indirectas, que no son sino servicios a la producción, pasan a tener una magnitud y una especialización tal que la empresa industrial va dejando de realizarlos internamente y los contrata a otras empresas. Así, actividades de servicios que se computaban como industriales cuando se realizaban dentro de las firmas manufactureras pasan a computarse como de servicios cuando se realizan fuera de ellas (outsourcing). Ello reduce –ceteris paribus- la dimensión de la industria tanto desde el punto de vista del valor agregado como del empleo, y aumenta la del sector de servicios. Esta es otra forma por la cual el dinamismo industrial genera servicios y, a la vez, un fenómeno que puede (y suele) conducir a interpretaciones erróneas de los datos de producto y empleo.

Para Lyotard, este corte metodológico determina dos grandes tipos de discursos sobre la sociedad que proviene del siglo XIX. Pues "la idea de que la sociedad forma un todo orgánico, a falta del cual deja de ser sociedad (y la sociología ya no tiene objeto), dominaba el espíritu de los fundadores de la escuela francesa; se precisa con el funcionalismo; toma otra dirección cuando Parsons en los años 50 asimila la sociedad a un sistema autorregulado. El modelo teórico e incluso material ya no es el organismo vivo, lo proporciona la cibernética que multiplica sus aplicaciones durante y al final de la segunda guerra mundial" (ídem 13).

Pero existen otros teóricos que lo refutan, entre otros, Frankel (1992),

Lyon (1988), Cohen y Zysman (1987), afirman que muchos servicios dependen de sus vínculos con la rama manufacturera y aseguran que nos encontramos hoy ante un nuevo tipo de economía industrial, en el cual el "postindustrialismo" es un mito.

El concepto "servicios" es en muchos casos ambiguo, englobando actividades de todo tipo, enraizadas en las distintas estructuras sociales. Las estadísticas oficiales lo usan como una partida residual que abarca todo, excepto agricultura, minería, manufactura, construcción y empresas públicas de todo tipo. El fomento de la información hace imposible definir los servicios por su "intangibilidad" en la contraposición por la materialidad de los productos. Por ser las economías cada vez más complejas hay que precisar los tipos de "servicios".

Los postindustrialistas insisten en la idea del dominio absoluto de las profesiones que utilizan gran densidad de información, por ejemplo, las de directivos, profesionales científicos e intelectuales y técnicos. Pero varios analistas los refutan argumentando que la estructura social es cada vez más polarizada, en la cual la base y la cúspide progresan a costa de los niveles intermedios (Frankel, 1992; Stiglitz, 2012, Castells, 1994). Este último, aventura la hipótesis acerca de la existencia de dos modelos distintos de economía altamente desarrollada o informacional:
- Un "modelo de economía de servicios", liderado por los Estados Unidos, Reino Unido y Canadá. Como el empleo agrícola casi ha desaparecido, la distinción entre ramas de servicios será lo decisivo, predominando lo de gestión del capital y ensanchándose los de tipo social. Crece el personal de dirección, incluyendo los mandos intermedios. Francia se acerca aparentemente a este modelo, aunque todavía cuenta con una extensa base industrial.
- Un "modelo infoindustrial", representado claramente por Japón y en gran medida por Alemania. El empleo industrial se mantiene relativamente alto, con entradas y salidas estables en sus categorías propias, los servicios de la producción son mucho más importantes que los financieros, y parecen más directamente ligados a las empresas productoras.

Si es cierto que asistimos al colapso de las filosofías de la modernidad, si se trata de una crisis terminal, corresponde preguntarse qué alternativas se abren o cómo es el mundo posmoderno. Según Lyotard, la posmodernidad no sería un proyecto o un ideal más, sino, por el contrario, lo que resta de la crisis de los "grandes relatos", lo que queda de la clausura de las ideologías. Quizá, lo que resta de la crisis de los "grandes relatos", o lo que queda de la clausura de las ideologías, no es sino la imposición de una ideología única; la de la economía de libre mercado, el consumo, el capitalismo duro y salvaje, el consumismo desbordado, el embrutecimiento en el trabajo, una globalización desbordante y neoliberal, de la cual, la condición posmoderna o "posmodernidad" viene a ser algo así como el sustento, la base filosófica necesaria para el disimulo de lo que no es el fin de las ideologías, sino el triunfo de una de las que estaba en pugna. El dios del mercado y del consumismo habrá triunfado.

Uno de los factores apocalípticos a los que se hace referencia es el mundo del trabajo ya que, en la sociedad posindustrial, y derivado de la necesidad de incrementar la productividad para ser más competitivos como empresas y como países, la división del trabajo se ha encaminado a establecer puestos con pocas tareas o actividades, y las existentes las ha convertido en rutinas. El principio de estandarización de la producción ha servido para propiciar la aplicación de la administración burocrática, que es compatible con la maquinaria formalizada de los procesos de contratación colectiva. Este tipo de industrialización a larga escala propicia la sindicalización en masa, basada en la fuerza de la unión de trabajadores. Al nivel social, la viabilidad de la producción en masa requiere de políticas públicas y de intervenciones administrativas y macroeconómicas como una forma de regulación. Sin embargo, sólo propicia el debilitamiento de los sindicatos al no existir una participación real de los agremiados.

Un fenómeno que suele no tomarse en cuenta cuando se habla de la "postindustrialización" y de la "sociedad de servicios" es la diferencia entre tipos de servicios según los niveles de riqueza e industrialización de las economías. En las economías de industrialización más avanzada tecnológicamente, como son las de Estados Unidos, la Unión Europea o el Japón, los servicios tienen orígenes, características y funciones de producción muy diferentes de las de los países pobres o de ingresos medios. En primer lugar, en los países ricos avanzados tecnológicamente el origen o motor del crecimiento de los servicios es el mismo proceso de desarrollo. Por una parte, la mayor división del trabajo y la creciente especialización tecnológica hacen que las empresas industriales (y primarias) externalicen servicios y que, a la vez, surjan servicios que se prestan fundamentalmente a esas empresas. Por otra, la mayor complejidad de coordinación, combinada con el aumento del ingreso debido a los aumentos de productividad en los sectores primarios y secundarios y con la consolidación de las democracias en los países centrales produjo un crecimiento muy importante del gasto público.

Aunque se plantea el deseo de la descentralización de autoridad dentro de su función, lo que detiene ese proceso es la creencia que tales objetivos son demasiado radicales y la sospecha que, si tal objetivo fuera conocido por la mayoría de los trabajadores, rompería la moral de los de los administradores de línea y contribuiría a una reticencia a actuar bajo tales orientaciones descentralizadoras.

Ahí radica el conflicto, precisamente porque el método de decisión sobre la implantación de nuevos procedimientos o procesos de producción implica, parcialmente, la crítica a los métodos informales de resolución de problemas y, en parte, a la tendencia a la burocratización de las funciones centrales de la organización.

Curiosamente, la mayoría de los administradores de línea no creen que los desarrollos de la administración de personal en los años noventa hayan inexorablemente reducido el derecho de la administración a controlar el trabajo. Sienten que ello ya se hacía antes de la llegada de los cambios estructurales derivados de la inserción de los países en el proceso de globalización y también se piensa que será una característica distintiva del tercer milenio, aunque en lo que va de la segunda década no se han flexibilizado las relaciones laborales tanto como se había pronosticado.

Una postura común entre analistas es que los sindicatos han perdido poder de negociación dentro de un mundo que también experimenta cambios políticos y un proceso democratizador que ha alcanzado -en menor o mayor medida- a las centrales corporativistas; por lo anterior el poder a la antigua -derivado de los favores y contra favores dentro del sistema político- ha dejado sin estrategias claras a los sindicatos y a los trabajadores les ha entrado una profunda desconfianza acerca de las intenciones y los resultados que obtendrán en un proceso de negociación de sus líderes con las empresas que de antemano saben que está viciado.

Quizá es ésta la visión que también se encuentra, y es compartida en el mismo sentido por los analistas de la SI, la que produce problemas para que se puedan integrar las diferentes visiones. Adicionalmente surge el problema de la teoría y la realidad cotidiana, ya que el balance de control sobre el trabajo tanto de entradas -reclutamiento- como de salidas-relaciones laborales- no ha cambiado en lo normativo desde la última década del siglo pasado en la mayoría de los países. Por ello, durante los años recientes el contenido de los puestos se ha incrementado llegándose a convertir en un asunto de controversia por el llamado enfoque de multihabilidades, el trabajo subrogado u outsourcing, el trabajo por contrato a tiempo fijo y otras formas de burlar la ley para no pagar por la seguridad social de los empleados.

Lo anterior implica que los trabajadores con los cambios tecnológicos introducidos en su centro de trabajo y en su puesto específico, realizan labores que requieren conocimientos muy superiores a los que su contrato original o su descripción de puesto demanda, sobre todo aquellos con salarios mínimos establecidos, pero que se ven forzados a continuar con su puesto por la inexistencia de oportunidades laborales. Al incrementarse las tareas del puesto en realidad se convierte en uno nuevo y diferente. ¿Qué han hecho los representantes sindicales para proteger los derechos de sus agremiados frente a la «flexibilidad salvaje»? ¿Qué han hecho los administradores de personal para lograr la equidad en el trabajo y en la remuneración? Casi nada, tanto representantes de los trabajadores, como las autoridades, han mostrado una creciente declinación a aceptar la intervención sindical en la asignación de trabajo y diseño de los puestos y tareas, sobre todo cuando existen cambios tecnológicos.

Paradójicamente, el catalizador que más frecuentemente rechaza esta resistencia contra la autoridad ha sido la administración que ejercita la evaluación en el trabajo o la revisión de los resultados en el trabajo. Desde el punto de vista de los administradores, no importa que tan objetivamente necesario los trabajadores y los sindicatos piensen que se requiera la revisión, los administradores interpretan los eventos subsecuentes como «interferencia preconcebida» dentro de su esfera de competencia en el diseño de los puestos. Ellos normalmente aseguran que «los especialistas» en administración de personal no tienen que vivir de forma cercana con las consecuencias de sus propias intervenciones, mientras que los jefes de línea sí.

A su vez, el modelo neoliberal aplicado a ultranza en nuestro México y en muchos otros países conlleva a que, debido a las necesidades de un mayor crecimiento económico, el proceso de industrialización haga caso omiso de las obligaciones sociales y comunitarias no explícitamente acordadas dentro de un contrato económico, pero que sirve de base al dinamismo industrial. La consecuencia es que el desarrollo industrializante motiva un proceso, a menudo violento o radical, si se prefiere este término, de cambio social y político.

A pesar de todo, continúan actuando fuerzas sociales incompatibles, por ejemplo: la actividad económica, tanto en las fábricas como en la sociedad en su conjunto, aumenta su grado de interdependencia, al mismo tiempo que los empresarios individualmente toman decisiones acerca de la organización de la producción de una manera fragmentada y no planificada persiguiendo sus intereses particulares que a veces pueden incluso ser contrarios a los intereses de la sociedad en su conjunto; como consecuencia de ello se han producido la repetición de ciclos económicos con sus fases de prosperidad y de crisis, como lo ilustra la historia de los años, 1987, 1998, 2000, 2008 y 2020.

Sabemos que la existencia de fuerzas sociales contradictorias constituye la oportunidad y la principal escapatoria a través de la cual los hombres pueden hacer su propia historia. En la época de la revolución industrial, la clase empresarial, fue capaz de transformar la sociedad industrial porque la marea de dinamismo económico y tecnológico actuaba en su favor. Hoy, la contradicción social que ofrece el mayor potencial de cambio estructural es la existente entre el carácter independiente, colectivo, de la actividad productiva y la concentración de la propiedad y el control de los recursos económicos en un número pequeño de manos. Aquellos que en realidad trabajan juntos en la producción de bienes y servicios –como trabajadores manuales directos o indirectos, como técnicos, o realizando otros trabajos de oficina- sufren esta contradicción en una serie de formas variadas. En consecuencia, ellos tienen un interés claro en crear nuevas estructuras de dirección industrial y social que reflejen el carácter social de la actividad económica y que reemplacen las formas frecuentemente antisociales de control económico contemporáneo, por formas más acordes con nuestros tiempos y se adapten y se orienten hacia una democratización industrial. Pareciera que hemos convertido todo lo anterior en normalidad, aunque, sin duda el modelo crítico se ha mantenido y como afirma Lyotard, "se ha refinado de cara a ese proceso, en minorías como la Escuela de Frankfurt o como el grupo *Socialisme ou Babarie.* Pero no se puede ocultar que la base social del principio de la división, la lucha de clases, se difuminó hasta el punto de perder toda radicalidad, encontrándose finalmente expuesto al peligro de perder su estabilidad teórica y reducirse a una «utopía», a una «esperanza», a una protesta en favor del honor alzado en nombre del hombre, o de la razón, o de la creatividad, o incluso de la categoría social afectada *in extremis* por las funciones ya bastante improbables de sujeto crítico, como el tercer mundo o la juventud estudiantil" (ídem, 14).

La colaboración espontánea de los diferentes agentes económicos que la producción moderna requiere ofrece una base para la participación colectiva de los trabajadores, orientada a la transformación de la sociedad donde el ingrediente adicional de crucial importancia para esa transformación es la empresa consciente para el logro de este objetivo. En qué medida las pautas existentes en la SI contribuyen a la mencionada toma de conciencia, es una de las principales cuestiones a tratar de explicar. Aunque no es necesario ser muy perspicaz para reconocer en el mundo de hoy fuerzas contradictorias similares que sirven de base al sistema social de las sociedades postindustriales. Los frecuentes e intensos conflictos sociales que ocurren son el resultado natural de esas contradicciones. Esta esquemática (o esquelética) llamada de atención no tenía otra función que precisar la problemática en la que intentamos situar la cuestión del saber en las sociedades industriales avanzadas. Pues no se puede saber lo que es el saber, es decir, qué problemas encaran hoy su desarrollo y su difusión, si no se sabe nada de la sociedad donde aparece. Y, hoy más que nunca, saber algo de esta última, es en principio elegir la manera de interrogar, que es también la manera de la que ella puede proporcionar respuestas. No se puede decidir que el papel fundamental del saber es ser un elemento indispensable del funcionamiento de la sociedad y obrar en consecuencia adecuadamente, más que si se ha decidido que se trata de una máquina enorme.

Por ello, debido a la gran complejidad teórica y conceptual de toda esa problemática, se prefiere estudiar la técnica -administración de personal- que los problemas del entorno social y económico. Quizás la razón de la falta de atractivo de la sociedad industrial como área importante de investigación es que, hasta hace poco tiempo ha sido generalmente considerada como una de las áreas más complejas y poco interesantes de la investigación social. Hacía falta que ocurriera una importante crisis económica y se cuestionara el modelo de industrialización y sus consecuencias; y se deterioraran a tal grado, las relaciones entre patrones, sindicatos y la empresa, y el funcionamiento de éstos fueran un obstáculo para la modernización y el desarrollo de los países, para que la sociedad y los intelectuales mostraran interés por este proceso que incluye toda la vida social, política y económica.

El otro factor de referencia es el de la cultura y los valores. Se ha producido un cambio fundamental en relación con los valores, ya que estos no han cambiado en esencia, pero si en contenido. Uno está tentado a escapar a esa alternativa distinguiendo dos tipos de saber, uno positivista que encuentra fácilmente su explicación en las técnicas relativas a los hombres y a los materiales y que se dispone a convertirse en una fuerza productiva indispensable al sistema, otro crítico o reflexivo o hermenéutico que, al interrogarse directamente o indirectamente sobre los valores o los objetivos, obstaculiza toda «recuperación». Los antiguos valores "ya no valen o no se aplican", hay en la posmodernidad una nueva significación en torno a los valores. Así lo explica la ya citada Esther Díaz, (2018:79: "la modernidad se preguntaba acerca de lo necesario (categórico). En cambio, la posmodernidad se pregunta acerca de lo conveniente (hipotético). En la modernidad, la pregunta era; ¿qué debo hacer?, y la respuesta era categórica: actuar según el deber... Había que cumplir con el deber por el deber mismo, sin medir sus consecuencias. En cambio, en la posmodernidad se pregunta acerca de lo instrumental; ¿qué me conviene hacer? La respuesta es hipotética; actuar según lo que desea obtener". La condición postmoderna del orden quedará aquí como cuestión pendiente; los juegos de lenguaje son, por una parte, el mínimo de relación exigido para que haya sociedad, y no es preciso recurrir a una robinsonada para hacer que esto se admita: desde antes de su nacimiento, el ser humano está ya situado con referencia a la historia que cuenta su ambiente y con respecto a la cual tendrá posteriormente que conducirse. O más sencillamente aún: la cuestión del lazo social, en tanto que cuestión, es un juego del lenguaje, el de la interrogación, que sitúa inmediatamente a aquél que la plantea, a aquél a quien se dirige, y al referente que interroga: esta cuestión ya es, pues, el lazo social. Por otra parte, en una sociedad donde el componente comunicacional se hace cada día más evidente a la vez como realidad y como problema, es seguro que el aspecto lingüístico adquiere nueva importancia, y sería superficial reducirlo a la alternativa tradicional de la palabra manipuladora o de la transmisión unilateral de mensajes, por un lado, o bien de la libre expresión o del diálogo por el otro. Unas palabras sobre este último asunto. Traduciendo ese problema a simples términos de la teoría de la comunicación, se olvidarían dos cosas: los mensajes están dotados de formas y de efectos muy diferentes, según sean, por ejemplo, denotativos, prescriptivos, valorativos, performativos, etc. Es seguro que no sólo funcionan en tanto que comunican información. Reducirlos a esa función, es adoptar una perspectiva que privilegia indebidamente el punto de vista del sistema y su sólo interés. Pues es la máquina cibernética la que funciona con información, pero por ejemplo los objetivos que se le han propuesto al programarla proceden de enunciados prescriptivos y valorativos que la máquina no corregirá en el curso de su funcionamiento, por ejemplo, la maximización de sus actuaciones. Pero, ¿cómo garantizar que la maximización de sus actuaciones constituya siempre el mejor objetivo para el sistema social? Los «átomos» que forman la materia son en cualquier caso competentes con respecto a esos enunciados, y especialmente en esta cuestión. Y por otra parte, la teoría de la información en su versión cibernética trivial deja de lado un aspecto decisivo ya subrayado, el aspecto agonístico. Los átomos están situados en cruces de relaciones pragmáticas, pero también son desplazados por los mensajes que los atraviesan, en un movimiento perpetuo. Cada «compañero» de lenguaje sufre entonces «jugadas» que le atribuyen un «desplazamiento», una alteración, sean del tipo que sean, y eso no solamente en calidad de destinatario y de referente, también como destinados. Esas «jugadas» no pueden dejar de suscitar «contra jugadas»; pues todo el mundo sabe por experiencia que estas últimas no son «buenas» si sólo son reactivas. Porque entonces no son más que efectos programados en la estrategia del adversario, perfeccionan a éste y, por tanto, van a rastras de una modificación de la relación de las fuerzas respectivas. De ahí la importancia que tiene el intensificar el desplazamiento, e incluso el desorientarlo, de modo que se pueda hacer una «jugada» (un nuevo enunciado) que sea inesperada. Lo que se precisa para comprender de esta manera las relaciones sociales, a cualquier escala que se las tome, no es únicamente una teoría de la comunicación, sino una teoría de los juegos, que incluya a la agonística en sus presupuestos. Y ya se adivina que, en ese contexto, la novedad requerida no es la simple «innovación». Se encontrará en bastantes sociólogos de la generación contemporánea con qué sostener este acercamiento, sin hablar de los lingüistas a los filósofos del lenguaje. Esta «atomización» de lo social en redes flexibles de juegos de lenguaje puede parecer bien alejada de la realidad moderna que aparece antes que nada bloqueada por la artrosis burocrática. Incluso se puede invocar el peso de las instituciones que imponen límites a los juegos, y por tanto reducen la inventiva de los compañeros en cuestión de jugadas. Lo que no nos parece que ofrezca ninguna dificultad especial.

Por tal motivo, Lipovetzky ha definido la realidad actual con la expresión de "sociedad postmoral", en la cual predomina una nueva moral, caracterizada por ubicarse más allá del deber, que funciona según una ética mínima, sin obligación ni sanción, tolerante y permisiva.

En ese entorno cambiante, el debate sobre las sociedades industriales ha sido el detonador para escribir este libro con la colaboración de académicos que tienen diferentes concepciones, pero que enriquecen y complementan la visión. Si excluimos los trabajos poco serios de divulgación, las personas que están vinculadas al estudio de la SI y los estudiosos serios del tema son pocas y aisladas, y a menudo sus colegas académicos les contemplaban con cierta perplejidad. Afortunadamente, con el proceso de apertura económica y el de globalización, además del establecimiento en los países globalizados de organizaciones de múltiples nacionalidades, esta situación ha cambiado. Los profesionales de la sociología industrial solían quejarse de la falta de atención de los profesionales de otras áreas afines y de los medios de comunicación hacia sus actividades, hoy la atención es más bien excesiva. Desde los noventa con las crisis de los tigres asiáticos, hasta hoy que se discute en el mismo sentido la crisis del 2020, los reflectores se han dirigido hacia los conflictos y las relaciones sociales, y el Estado con sus acciones que han sido elevadas al rango de cuestión político-social fundamental. En cursos de sociología industrial, el proceso de industrialización y economía -a nivel de licenciatura o postgrado-, se incrementa la atención a este tema.

En ese contexto, el objetivo de este libro es proporcionar una introducción breve y sencilla, además de fácil de leer, de la problemática de las sociedades industriales y del proceso de industrialización para ese creciente número de estudiosos de estas. Al mismo tiempo, se dirige al lector en general, y particularmente a aquellos, cuyas actividades en cualquier tipo de empresa proporcionan el objeto de análisis e investigación para nosotros. No se desespere por el breve recorrido histórico, servirá para seguir el hilo crítico de la historia y de cómo se normaliza todo, hasta la explotación laboral.

En el proceso de elaboración del texto distinguimos tres perspectivas. La primera, establece la necesidad de relacionar las estrategias de la SI con las estrategias corporativas, tanto empresariales como sindicales. La segunda, trata las estrategias de SI como importantes, pero también como relativamente autónomas, porque su creación refleja el crecimiento de un acercamiento profesional y autoconsciente de los problemas laborales (entiéndase por laborales cualquier problema vinculado al trabajo y a su entorno). Finalmente, la tercera, resalta la naturaleza informal y espontánea de la SI, esto es, la carencia de un pensamiento estratégico.

De hecho, en cada acercamiento subyacen diferentes modelos organizacionales. El primero toma una visión pluralista, en la cual subyace la naturaleza política de las organizaciones y remarca la naturaleza cambiante de la vida organizacional. Lo anterior ocurre porque los diferentes grupos de interés dentro de la empresa no sólo compiten por los recursos existentes, sino también, implícita o explícitamente, tratan de influenciar la dirección global de toda la estrategia organizacional.

El segundo tiene una visión funcional de la cúspide hacia el último de los niveles operativos de los obreros, en la cual la administración de personal y de la estrategia corporativa, son vistos como funciones especializadas donde predomina la técnica y la gestión, aunque la última sea una prerrogativa de la alta dirección.

La tercera también toma una visión funcional, pero establece que la SI es esencialmente un área vinculada únicamente a la de producción; y los especialistas de relaciones laborales, si es que existen, deben asesorar a la administración de línea. El énfasis se hace en los trabajadores y los administradores que enfrentan la incertidumbre y la fluctuación del sistema de producción, la mano de obra y los mercados.

No pretendemos que se piense que los problemas teóricos que surgen de estos diferentes acercamientos no son complejos, ni tan difíciles que no impliquen una ardua tarea para articularlos. Ciertamente, los términos convencionales con los cuales se teoriza sobre las sociedades industriales parecen inadecuados para nuestros propósitos (marxismo versus pluralismo). Creemos que no podemos distinguir los varios acercamientos por el grado de determinismo o el grado en el cual existan opciones para la administración. Por ejemplo, en el tercer grupo se puede argumentar que la estrategia corporativa es irrelevante cuando el curso de acción de la empresa es determinado por las características del medio ambiente en el que está inserta la organización, o alternativamente, se puede pensar que está «dado» debido al propósito de las SI, que han sido vistas simple y esencialmente como técnica de análisis operativo. En cualquiera de los casos -si se asume uno de ellos- las conclusiones serían radicalmente diferentes.

El estudio de la estrategia de gestión ha despertado poco interés en los estudiosos de las SI que piensan que las leyes económicas son autónomas y determinan el curso de la vida organizacional, de tal forma que la administración no tiene opción ante ello, así que los objetivos y la mejor manera de lograrlos ya está determinada por el entorno económico; se piensa que los administradores no tienen la clase de autonomía que el término «estrategia» requiere. Sin embargo, el entorno se considera una restricción, y no un factor determinante.

Sin embargo, la idea de estrategia no implica una fuerza o fuerzas externas que uno debe anticipar; el pensamiento estratégico surge de la necesidad de enfrentar exitosamente las presiones de las fuerzas, no porque ellas deban ignorarse. La carencia de autonomía y de pensamiento estratégico no es mutuamente exclusiva. Argumentar lo contrario es cometer el error común de asociar opciones con libertad y tratar su opuesto como determinismo.

Puede existir una discernible diferencia entre los que opinan que las organizaciones no tienen en realidad estrategias, y aquellos que afirman que tienen y deben tener tales estrategias, así como entre aquellos que creen que aún si los administradores no lo reconocen, de cualquier manera, todas las organizaciones tienen estrategias.

Las primeras dos posturas asumen que existe un elemento de conciencia en la noción de estrategia, esto es, que representa un acercamiento propuesto y deseado que guía la acción futura, y que debe ser el resultado de un pensamiento estratégico. Quienes creen que un elemento de conciencia no es necesario para el uso de estrategia, están asumiendo que es necesario y válido el analizar decisiones tomadas por las administraciones sobre el tiempo por una investigación *ex post facto,* y que ésta revela una lógica y estructura clara de eventos.

El uso del término «elección estratégica» que se ha convertido en una moda en las investigaciones recientes sobre el tema, conduce a una visión de la estrategia en la cual se enfatiza sobre el elemento de elección que la administración puede tener, no solamente en el descubrimiento y adaptación de la empresa a las condiciones prevalecientes del entorno, sino en darle forma a los objetivos y políticas empresariales.

Esto implica que la finalidad administrativa no es fija, sino abierta, de tal manera que los administradores no son un grupo «neutral» que decide racionalmente la estrategia organizacional puramente en términos de objetivos organizacionales no competitivos. También implica moverse más allá de la concepción de la organización en términos de fines preestablecidos, con una administración monolítica que realiza sus actividades para coordinarlos. Si aceptamos esto por adelantado, podemos tratar de resolver la cuestión de la diversidad de posibles estrategias para una empresa a un tiempo dado, donde los objetivos estratégicos de la SI deberán ser congruentes con los empresariales.

La concepción de estrategia corporativa, una dirección global en la cual la empresa se mueve si todos los integrantes trabajan en la misma dirección, se convierte en un problema. Este es el punto que más divide a los investigadores en SI. Existe un desacuerdo fundamental de lo que ocurre en las organizaciones, ya que el pensamiento convencional implica un consenso dado por parte de la gestión y un conflicto entre los trabajadores y la administración enfocada a las recompensas y estímulos; la SI se convierten en el estudio de tal conflicto. En contraste, existe el argumento que aboga por una estrategia laboral en la empresa, basada en la necesidad de acomodar diferentes objetivos administrativos y definiciones de la situación, y, por lo tanto, reconciliar la conducta organizacional conflictiva.

Sin embargo, en realidad, el argumento de la utilización de la estrategia como concepto clave depende en mucho de la concepción de estrategia. Si la estrategia es simplemente vista como un curso de desarrollo natural de la organización, entonces el argumento de la estrategia es visto esencialmente como intelectual concerniente a la necesidad de estudiar para descubrir la lógica del desarrollo histórico. Si se enfoca más a la concientización, entonces al argumentar la estrategia se pide más planeación de parte de los administradores. El argumento plantea que los especialistas -profesionales laborales - deben ser los responsables de desarrollar en las organizaciones las decisiones de la alta dirección que cubre los aspectos del bien ser de la organización. Lo anterior nos llevará a considerar las relaciones laborales como un instrumento de control independientemente de la estrategia adoptada, sin importar si en ellas descansa el mejoramiento del desempeño y la eficacia organizacional.

También se puede argumentar que la consideración de la elección de estrategia significa, en última instancia, desarrollar instituciones para un debate racional sobre la toma de decisiones dentro de la empresa, lo que representa involucrar grupos de interés en un sistema en particular. La preocupación por el enfoque estratégico no necesariamente significa un reforzamiento del control administrativo de la alta dirección; lo que si es cierto es que este acercamiento requiere de pensar en un rediseño organizacional y, de repensar la estructura de autoridad y la legitimidad de la administración por sí misma.

En 1957 el profesor de Teoría Económica de la Universidad de Harvard, J. K. Galbraith publicaba su célebre obra *La sociedad opulenta*. En ella, y pese a la prosperidad reinante en un mundo que creía -al parecer profundamente y sin visos de duda- en el progreso indefinido, ya auguraba entonces, y de forma sorpresiva en medio del clima general de "progreso indefinido", un porvenir en exceso negro y desastroso para los muy pobres. Excluidos de cualquier sistema político como consecuencia de su absentismo electoral, iban a experimentar sucesiva y progresivamente la insolidaridad de las nuevas capas sociales que se estaban beneficiando del próspero sistema industrial; y, ya se tratara de trabajadores manuales bien pagados, ya de burócratas de cuello blanco o de los profesionales de la clase media que se habían, casi sorpresivamente, convertido en los nuevos ricos, todos valoraban y defendían el esfuerzo propio por encima de cualquiera consideración sobre la justicia o la aproximación social entre los hombres. Parecía volver la vieja idea de que los pobres se habían sumido en la miseria gracias a un destino desconocido o a consecuencia de su personal incuria.

Esta concepción tan pesimista del futuro, que chocaba con el clima de progreso y con las perspectivas de un Estado de Bienestar, resultó en exceso benigna. Porque diez años más tarde, en 1967, además se constata lo que diez años antes apenas podía avizorarse: la degradación del medio ambiente como efecto de un desarrollo industrial incontrolado; la inflación como mal endémico en la sociedad de la abundancia; la caída en recesiones igualmente graves cuando se creía solución el vuelco y compromiso con simples medidas monetaristas. "No comprendí -insistirá más tarde el economista en sus *Memorias*- lo enormes que llegarían a ser los costos públicos de la congestionada vida en las grandes metrópolis, costos agravados por la inmigración de gentes socialmente no preparadas de las zonas rurales pobres. No me di cuenta de que un equilibrio social mínimamente tolerable para la ciudad de Nueva York exigiría un gasto público muy superior a lo imaginable en aquel entonces".

Para Bell, analíticamente se puede dividir la sociedad en tres partes: la estructura social, la política y la cultura. La estructura social comprende la economía, la tecnología y el sistema de trabajo. La política regula la distribución del poder y ejerce las funciones de juez en las reivindicaciones conflictivas y en las demandas de los individuos y los grupos. La cultura es el reino del simbolismo expresivo y los significados.

En los años setenta, y en medio de un crecimiento a todas luces evidente, las diferencias se acrecientan. En muchos países europeos en los que se seguía poniendo el énfasis en el crecimiento económico y en la reconversión de las empresas comienza a crecer el desempleo, que a la vez acaba convirtiéndose en un virus resistente a cualquier decisión de choque. Pero estas decisiones, verdaderos antibióticos sociopolíticos, aun cuando en los países más adelantados supusieron la creación de millones de puestos de trabajo nuevos, se han visto contrarrestadas por el aumento antes ni siquiera imaginando del número de personas que se hallan por debajo del umbral oficial de la pobreza: más del 20 por ciento de la humanidad vive una marginación rayana en la más elemental supervivencia; el 70 por ciento que le sigue no ve el futuro con esperanza, en tanto sus sectores más bajos temen seguir o desembocar en una pobreza crasa, y sólo un 10 por ciento goza, como señala R. Dahrendorf, de oportunidades vitales cada vez mayores. Una sociedad -concluirá el mismo Galbraith- tiene que realizar una tarea más elevada que la de analizar sus objetivos, reflexionar sobre cuanto afecta para alcanzar la felicidad y la armonía y los triunfos que consigue en la lucha contra el dolor, las tensiones, la desgracia y la omnipresente maldición de la ignorancia. También debe, en cuanto sea posible, garantizar su propia supervivencia.

Aunque no conviene abusar, ni tampoco creer en demasía, en series estadísticas bajo las que se suelen disimular verdades evidentes al servicio de intereses u objetivos no siempre claros, los datos plantean en este caso una verdad evidente: en los años setenta, cuando se manifiesta y casi perpetúa la crisis económica, en los países más adelantados del mundo occidental, y peculiarmente en los de la OCDE (Organización de Cooperación y Desarrollo Económico), en el llamado Club de los ricos, el número de empleados en el sector agrícola estaba por debajo del 10 por ciento sin por ello haber disminuido, más bien al contrario, las productividades de casi todas las facetas del sector. La población de empleados en la industria comenzó también a descender con cierta rapidez, al par que aumentaba, ya en los primeros noventa, por encima del 50 por ciento el número de empleos en el sector terciario, en las conocidas habitualmente como áreas de la distribución y de los servicios.

Hay, pues, razones para justificar esta realidad y este proceso, el de sociedad postindustrial; y el hecho de que D. Bell, precisamente en 1973, publicara su clásica obra con este mismo título vino a ratificar lo que desde los años sesenta ofrecía ya los visos de un futuro que todavía hoy se mantienen en progreso: las áreas de ocupación dominantes a partir del siglo XX ceden su protagonismo y continúan siendo reemplazadas hasta el presente por otras, las de los servicios, que han dado el consiguiente lugar a una clase social mayoritaria, la que se emplea en este sector terciario de la economía: un sector en auge, progresivamente ampliable y también crecientemente abierto a los nuevos retos y expectativas que la más reciente sociedad de la información ha querido y creído impulsar en beneficio de un crecimiento económico nuevo. La sociedad postindustrial es, primordialmente, una sociedad de servicios; y, a la par que la estructura social coetánea se ha hecho depender del también nuevo orden tecno-económico, la nueva sociedad ha invertido los viejos principios calvinistas del ahorro, el trabajo duro y de la esperanza de gratificación para un mundo futuro y trascendente.

La sociedad, y con ella la vida, está ahora dominada por la cultura del disfrute inmediato. Domina, o parece así al menos, la atención a la distribución sobre el impulso a la producción; se impone la venta por encima de la fabricación, y la cultura, como escribiría Bell, se ha hecho primordialmente hedonista, preocupada por el juego, la pompa y el placer.

Se le ha preguntado por qué ha denominado a ese concepto especulativo sociedad "postindustrial", en vez de sociedad de conocimiento, sociedad profesional, términos todos ellos que describen bastante bien alguno de los aspectos sobresalientes de la sociedad que está emergiendo. Bell dice que, en ese tiempo, estaba influido indudablemente por Ralf Dahrendorf, quien en su obra *Class and Class Conflict in an Industrial Society* (1959) había hablado de una sociedad "postcapitalista", y por W.W. Rostow, que en su *Stage of Economic Growth* se había referido a una economía de "post-madurez". El término significaba entonces –y todavía hoy- que la sociedad occidental se halla a mitad de camino de un amplio cambio histórico en el que las viejas relaciones sociales (que se asentaban sobre la propiedad), las estructuras de poder existentes (centradas sobre las élites reducidas) y la cultura burguesa (basada en las nociones de represión y renuncia a la gratificación) se estaban desgastando rápidamente. Las fuentes del cataclismo son científicas y tecnológicas.

Pero son también culturales, puesto que la cultura, en opinión de Bell, ha obtenido autonomía en la sociedad occidental. No está completamente claro a qué se asemejarán esas nuevas formas sociales. No es probable que consigan la unidad del sistema económico y la estructura del carácter característico de la civilización capitalista desde mediados del siglo XVIII a mediados del XX. El prefijo post indicaba, así, que estamos viviendo en una época intersticial (Bell, 1991:57)

Zbigniew Brzezinski opina que ha acertado en la diana del futuro con su neologismo la sociedad "tecnotrónica": "una sociedad conformada cultural, psicológica, social y económicamente por el impacto de la tecnología y la electrónica, en especial en el área de los computadores y las comunicaciones". Pero la formulación tiene dos inconvenientes. En primer lugar, el neologismo de Brzezinski desvía el foco del cambio desde el conocimiento teórico hacia las aplicaciones prácticas de la tecnología, aunque en su exposición remite a muchos tipos de conocimiento, tanto puro como, desde la biología molecular a la economía, que son de importancia decisiva en la sociedad. En segundo lugar, la idea de la naturaleza "conformadora" o la primacía de los factores "tecnotrónicos" implican un determinismo tecnológico que se desmiente por la subordinación del sistema económico al político. No creo que la estructura social "determine" otros aspectos de la sociedad, sino más bien que los cambios en la estructura social (que cabe predecir) plantean problemas gerenciales o decisiones políticas en el sistema político (cuyas respuestas son mucho menos previsibles) y, como se ha indicado, creo que la autonomía actual de la cultura genera cambios en los estilos y valores de la vida que no derivan de los cambios en la misma estructura social (Bell, 1991:59).

Actualmente, ambos sistemas, el capitalismo occidental y el socialismo chino, se enfrentan con las consecuencias de los cambios científicos y tecnológicos que están revolucionando la estructura social. En suma, la emergencia de un nuevo tipo de sociedad pone en cuestión la distribución de la riqueza, el poder y el estatus, que son los temas centrales en cualquier sociedad. Ahora la riqueza, el poder y el estatus no son dimensiones de clase, sino valores solicitados y conseguidos por las clases. Quienes crean las clases en una sociedad son los ejes fundamentales de la estratificación. Los dos ejes principales de la estratificación en la sociedad occidental son la propiedad y el conocimiento. A lo largo de ambos funciona un sistema político que los controla cada vez más y hace surgir élites temporales (en el sentido de que no hay necesariamente continuidad de poder de un grupo social específico por medio de los cargos, como sí la había de una familia o una clase a través de la propiedad y las ventajas diferenciadas por la pertenencia a una meritocracia (Bell, 1991:64).

En los años ochenta la tendencia continúa, crece y se generaliza, porque el ahorro, que la economía clásica consideraba y creía locomotora del crecimiento, ha sido reemplazado por el crédito. Frente a la vieja virtud del ahorro ha triunfado de forma general y casi monopolísticamente el aumento obligado de la deuda, la generalización de la hipoteca y la capitalización del futuro. La capacidad para endeudarse ha desbancado y sustituido con una prisa hasta ahora desconocida a la vieja virtud del ahorro; y en precipitada marcha hacia el año 2030 ni los individuos, ni las empresas, ni todas las economías de cualquier tipo y volumen podrán mantenerse sin el galopante aumento de los créditos.

No viven mejor los que más ahorran, sino los que mejor acceden al préstamo en cualquiera de sus formas, porque, según juicio del propio Bell, se ha impuesto el giro hedonístico de la ética protestante. La gente -entiéndase su referencia a las sociedades occidentales- provoca y experimenta a partir de los años setenta una revolución silenciosa (R. Inglehart), un cambio de valores y de estilos desde lo material a lo postmaterial: los valores de los occidentales han ido cambiando desde un exagerado énfasis en el bienestar material y en la seguridad física hacia un énfasis mayor en la calidad de la vida.

R. Dahrendorf comenta la encuesta realizada por R. Inglehart en los Estados Unidos de América y en nueve países de la Unión Europea; y concluye este proceso de cambio desde un materialismo que valora, en primer lugar, el crecimiento y la estabilidad económicos, la lucha contra la inflación y las preferencias por la ley y el orden, a un postmaterialismo en el que priman el amor por la belleza, la libre expresión, la mayor participación sociopolítica y una sociedad menos impersonal: después de un período prolongado de crecimiento económico casi ininterrumpido, el eje principal de la política comenzó a cambiar desde las cuestiones económicas a las cuestiones relacionadas con el modo de vida, lo que trajo consigo una modificación en el electorado más interesado en conseguir el cambio. ¿Se trata de una tendencia positiva, de una tendencia nueva? ¿O acaso se plantea una forma de respuesta, una opción por valores volubles, sujetos a influencias poco estables y a vientos de soplo pluridireccional?

Hasta los setenta, y desde 1945, se acrecienta y desarrolla la cooperación entre las naciones occidentales, al abrigo de la coyuntura económica alcista y del global enfrentamiento a la órbita soviética y se logra en líneas generales un sistema internacional relativamente estable. La Unión Europea es la historia de un éxito: el primer ejemplo duradero de ejercicio conjunto de soberano por seis países, nueve después, posteriormente diez y finalmente veintiocho (hasta que oficialmente salga Reino Unido) para ir en dirección contraria a la de los países consumistas.

Para 1990 también, superadas las fases de constitución y ampliación, se proyectaba ya el tercer proyecto: la creación de la unión económica y monetaria con una sola moneda, el euro. ¿Qué ocurrió mientras tanto? La suma, y a veces la potenciación, de la crisis petrolífera, la suspensión de la convertibilidad del dólar en oro, la flotación de la moneda y, sobre todo, la inflación existente en los países de la OCDE había provocado un auge sin freno de las relaciones de poder por encima o frente a la defensa del derecho como el sumo determinante de las relaciones internacionales. Cada cual tiende a defenderse a sí mismo. Las alianzas, incluidas la de la Organización del Tratado del Atlántico Norte y la de la Unión Europea, están debilitadas.

Mientras, los países en vías de desarrollo se hunden profundamente en sus propias ciénagas. Varios de ellos se han convertido en exportadores netos de capital hacia los países ricos. La paz mundial depende por entero de las dos superpotencias y de sus líderes. La estanflación en la época post Covid -19 –continúa apuntando en la misma línea- fue la plaga de los años setenta, pero en 2008 experimentaron el fenómeno más desconcertante del desempleo, a pesar de que el crecimiento económico se extendiera a muchos países avanzados. Lo ocurrido en 2020 será la peor depresión en 100 años.

Entonces, cuando todavía creían algunos hombres, más por rutina que por convicción, en ciertas permanencias de la teoría marxista, los sociólogos habían logrado demostrar suficientemente su plena superación como teoría científica. La relajación paulatina del frente clasista a consecuencia de los cambios estructurales tanto de la organización empresarial como del conflicto entre clases a lo largo de los años noventa hasta el presente ha permitido el predominio de grupos de intereses y de cuasigrupos con poder y dominación en las empresas industriales, en los Estados e incluso en las iglesias. Funcionan todos ellos como asociaciones de dominación; y los conflictos que en los mismos se desarrollan y se manifiestan vienen a reflejar las estructuras autoritarias que en todos ellos se constituyen y amplían. Porque, como concluyera Bendix, allí donde se fundan empresas, habrá siempre algunos que manden y muchos que obedezcan.

Todas las empresas, todos los tipos de empresas, en toda época y lugar constituyen asociaciones de dominación; y hasta la orquesta mejor constituida y trabada necesita de un director capaz de articular unos sonidos de manera que surja la melodía de la manera más perfecta y mejor interpretada. Precisamente porque los intereses son comunes, los músicos son compañeros y no enemigos, se impone una dirección. Porque, de no ser comunes los intereses, no cabría el conflicto ni nada por lo que luchar.

Hay, además, que tener en cuenta que los intereses de los grupos dominantes tienden a convertirse en valores vigentes dentro de la comunidad estructural, ya se trate de empresarios, de dirigentes políticos o de jerarquías eclesiásticas. Y aun cuando los viejos capitalistas sean sustituidos por los nuevos dirigentes, o managers, no por ello quedan suprimidas las bases y razones del conflicto. No son las personas sino los puestos de dirección los que actúan al frente de las empresas como grupos de dominación; y sus estructuras continúan generando y manteniendo grupos e intereses latentes en pugna. Dominan, pues, los intereses de grupos sobre los viejos conflictos de clase. Y, aunque queden en muchos lugares restos de los viejos enfrentamientos a consecuencia de la lucha por la redistribución que la llamada clase mayoritaria continúa planteando, en las modernas sociedades abiertas la movilidad individual ha sustituido a la lucha de clases, y los movimientos sociales han dejado igualmente obsoletos a los partidos de clases.

En los primeros setenta, en fin, a partir del ya señalado derrumbamiento del orden mundial, el Club de Roma lanzaba el primer S. O. S. en el que se mezclaban el incremento de la población y el auge de la injusticia, la crisis energética y el desempleo, la ruptura monetaria, el proteccionismo, analfabetismo, corrupción y terrorismo mundiales, en un prediagnóstico que venía a resumir la sorpresa por un crecimiento negativo en los países más ricos y habituados a índices situados permanentemente en alza. Si las tendencias de crecimiento actual de la población mundial, la industrialización, la contaminación, la producción de bienes y la disminución de los recursos continúa como hasta ahora, en los próximos siglos habremos alcanzado los límites al crecimiento en este planeta. El debate comenzó a renovarse y lo que solía discutirse con más fuerza, una vez resuelto el primer susto generado de forma inmediata por la subida del precio del petróleo, era esta doble cuestión: ¿Seguía siendo viable el crecimiento económico? ¿Seguía, además, siendo deseable? Y las respuestas fueron tantas y tan diversas que no lograron levantar del todo el pesimismo, a la par que generaban intentos nuevos de búsqueda de una responsabilidad civil ante las dificultades que traía el ya insostenible Estado de Bienestar. Hoy debería replantarse un nuevo sistema construido sobre las bases de las ruinas económicas que dejará la crisis del año 2020.

En la década anterior se comenzó a insistir en la búsqueda de alternativas a un bienestar exclusivamente medido en renta real o en producto interior bruto; y se tendió a la preocupación y proyección por el crecimiento equilibrado, o por el crecimiento cualitativo. Los ciudadanos y los Gobiernos tenían que elegir. Tenían que ser capaces de costearse el lujo, tal como era, caprichoso y de corta vida. Otros trataron de revivir el espíritu del crecimiento económico en su más cruda forma cuantitativa. Trataron de hacerse ricos rápidamente. La teoría y la práctica de la política económica respondieron pasándose al lado de la oferta, estimulando a los empresarios, incentivando a los empleados y librando subvenciones para la tecnología (Stiglitz 2013, Milanovic, 2016, Kuttner, 2018).

Podemos resumir, en palabras de Bell, que el concepto de sociedad postindustrial remite en primer lugar a cambios en la estructura social, a la manera como se transforma la economía y remodela el sistema de empleo, y a las nuevas relaciones entre la teoría y la actividad empírica, en particular entre la ciencia y la tecnología. Donde los cambios en la estructura social plantean problemas al resto de la sociedad de tres maneras. Primeramente, la estructura social – especialmente la estructura social– es una estructura de roles, establecida para coordinar las actuaciones de los individuos para conseguir fines específicos. Los roles dividen a los individuos al definir modos limitados de conducta apropiados para una situación particular; pero los individuos no siempre aceptan con gusto tales roles.

3. CULTURA, VALORES EN LA POSMODERNIDAD

El corte metodológico que determina dos grandes tipos de discursos sobre la sociedad proviene del siglo XIX. La idea de que la sociedad forma un todo orgánico, a falta del cual deja de ser sociedad (y la sociología ya no tiene objeto), dominaba el espíritu de los fundadores de la escuela francesa; se precisa con el funcionalismo; toma otra dirección cuando Parsons en los años 50 asimila la sociedad a un sistema autorregulado. El modelo teórico e incluso material ya no es el organismo vivo, lo proporciona la cibernética que multiplica sus aplicaciones durante y al final de la segunda guerra mundial.

Aquí, sin caer en el simplismo de una sociología de la teoría social, resulta difícil no establecer al menos un paralelismo entre esta versión tecnocrática «dura» de la sociedad y el esfuerzo ascético que se exige; aparecería bajo el nombre de «liberalismo avanzado» en las sociedades industriales más desarrolladas en su esfuerzo para hacerse competitivas (y, por tanto, optimizar su «racionalidad») en el contexto del relanzamiento de la guerra económica mundial a partir de la llegada de Trump al poder. Más allá del inmenso cambio que lleva del pensamiento de un Comte al de un Luhmann, se adivina una misma idea de lo social: que la sociedad es una totalidad unida, una «unicidad». Lo que Parsons formula claramente: «La condición más decisiva para que un análisis dinámico sea válido, es que cada problema se refiera continua y sistemáticamente al estado del sistema considerado como un todo (...). Un proceso o un conjunto de condiciones o bien "contribuye" al mantenimiento (o al desarrollo) del sistema, o bien es "disfuncional" en lo que se refiere a la integridad y eficacia del sistema». Esta idea es también la de los «tecnócratas» (Parsons:). De ahí su credibilidad: al contar con los medios para hacerse realidad, esa credibilidad cuenta con los de administrar sus pruebas. Lo que Horkheimer llamaba la «paranoia» de la razón.

En la cultura posmoderna los procesos sociales permiten que se acentúe el individualismo extremo, hasta llegar al nivel del egoísmo más atroz, en un "proceso de personalización" que abarca todos los aspectos de la vida social y que significa, según el francés Gilles Lipovetzky, por un lado, la fractura de la socialización disciplinaria y, por el otro, la elaboración de una sociedad flexible basada en la información y en la estimulación de necesidades. Por "sociedad flexible" se entiende claramente una sociedad anómica, donde han caducado los viejos y tradicionales valores y se disuelven los valores absolutos. Así, ya no se está en la presencia de una moral absoluta, sino relativista, que parte del sentimiento, donde lo moral pasa a ser lo que cada uno siente de tal manera. Por otra parte, en la "estimulación de necesidades", se observa otra de las características del hombre posmoderno; la de satisfacer sus propios deseos, la búsqueda del placer, que se hacen pasar por necesidades. Esto se manifiesta en una sociedad de consumo, sumada a un individualismo hedonista y narcisista. Al individualismo lo acompaña la ausencia de trascendencia, el vacío interior, ya no sólo en sentido religioso y filosófico, producto del proceso de secularización y desacralización de la modernidad, sino que también desaparece la trascendencia de una vida consagrada a un ideal, cualquiera que éste sea, ya no existen objetivos a alcanzar. O sea, una total falta de interés y compromiso para con el terreno de las ideas, propias del hombre posmoderno. En palabras de Cerdá: "al hombre posmoderno no le interesa el proyecto histórico y globalizante de la modernidad; sigue actuando, negociando, previendo, pero el proceso en su conjunto parece ahora desprovisto de toda finalidad. Es indiferente con el pasado y sin proyectos para el futuro, vive un tipo de existencialismo hedonista, cuyo ambiente para dicho estilo de vida parece ser presentado por la democracia política y el liberalismo económico" (en El desencanto weberiano en la sociedad posmoderna, p. 26 y 27). En ese mundo el "ser" ya no cuenta, hoy el valor es "parecer", lo que en las corrientes psicológicas actuales se conoce como la "cultura del simulacro".

La cultura joven ha impuesto sus criterios de rechazo a las rigideces del orden moral, las profundidades del espíritu y las exigencias del pensamiento. Lo importante es divertirse, relajarse, escaparle al estudio y gozar del ocio. Es el "crepúsculo del deber" -manifiesta Lipovetzky (1996)-, la declinación de la responsabilidad, la austeridad y de las grandes virtudes del pasado. Quizá dos normas sean las más promocionadas en la joven galaxia que giramos actualmente: el peso y el antienvejecimiento. Estas tendencias se observan claramente en la evolución del consumo de productos cosméticos y la popularidad de las dietas. La obsesión por la edad y las arrugas se manifiestan asimismo en el apogeo de la cirugía estética. La lucha contra las arrugas y los excedentes corporales indeseables son liderados por el afán remodelador del aspecto que buscan desafiarlos deterioros del tiempo y acomodarse a la estética de la juventud" (Pereyra,44).

El sujeto se auto concibe como un individuo constituido por un cuerpo con necesidades que deben ser satisfechas constantemente y que, al mismo tiempo, se va consumiendo irremediablemente, aunque, una batería de terapias logre demorar la decadencia. Este individuo, aunque establezca vínculos con otros semejantes, se halla fundamentalmente solo, entre otros individuos que persiguen su propia satisfacción. Aislado, vive su existencia como un perpetuo presente, con un pasado que es un tenue recuerdo de satisfacciones y frustraciones y un futuro que es concebido como un juego de nuevos deseos y satisfacciones. Cerdá lo observa al afirmar que: "el ocaso de los valores supremos (como la verdad, la libertad, la razón, la humanidad o Dios) es uno de los dramas del hombre actual".

La posmodernidad se propone vaciar al hombre de dichos valores, reemplazándolo con otros como el "hedonismo" y su brazo más directo, el "consumismo", el "relativismo" con su "permisividad", y todos unidos por el materialismo. En consecuencia, busca el consumo, el confort, los objetos de lujo, el dinero y el poder, elementos necesarios para dar respuesta a las necesidades que se plantean y que definen a la sociedad posmoderna como la apoteosis de la sociedad de consumo. En palabras de Ander-Egg; "asumir -a fines del siglo XX- el modo burgués de ser en el mundo es vivir conforme a los valores de la sociedad de consumo, cuyo modelo está configurado por la santa trinidad del hombre contemporáneo (posmoderno), que no es el Padre y el Hijo y el Espíritu Santo, como explica la religión cristiana, sino el Dinero, el Consumo y el estatus. Éstos son, no sólo el objetivo final, sino la medida de todas las cosas". Mientras la modernidad exaltaba el ahorro, la posmodernidad estimula el crédito. Esto facilita el consumo, porque ante la antinomia tener o ser, para la cultura posmoderna soy lo que tengo. El hombre posmoderno se halla muy lejos de aquel sujeto que hacía de la conciencia y del cultivo esforzado de una persona su mayor orgullo. Al contrario, la publicidad nos invita a adelgazar sin esfuerzo, a estudiar un idioma sin esfuerzo, a dejar de fumar sin esfuerzo, y a lograr el colmo de la felicidad en una playa del Caribe, con la piel tostada, bebiendo un trago, recostado en una reposera, con los ojos cerrados y el Smartphone colgado. El hombre huye ante cualquier meta que le suponga sacrifico o esfuerzo para su consecución.

Lipovetzky proporciona en las siguientes palabras un buen resumen de la sociedad posmoderna: "... es aquella en que reina la indiferencia de masa, donde predomina el sentimiento de reiteración y estancamiento, en que la autonomía privada no se discute, donde lo nuevo se acoge como lo antiguo, donde se banaliza la innovación, en la que el futuro no se asimila ya a un progreso ineluctable. La sociedad moderna era conquistadora, creía en el futuro, en la ciencia y en la técnica, se instituyó como ruptura con las jerarquías de sangre y la soberanía sagrada, con las tradiciones y los particularismos en nombre de lo universal, de la razón, de la revolución".

Vivimos en sociedades de consumo de masas, estas sociedades no son las mismas que las que surgieron en los setenta y ochenta del siglo pasado, cuando se produjo la modernización de los modos de vida a través del consumo. Ya no estamos en la sociedad del consumo, sino en la del hiperconsumo, aplicada a la postmodernidad. En esas décadas había un televisor, un teléfono y un automóvil por familia. El consumo era colectivo, familiar. Hoy, vemos un pluriequipamiento de los hogares, ya que allí donde antes existía equipamiento colectivo, ahora existe equipamiento por persona. Vemos una híperindividualización del consumo. Incluso los hogares de los desempleados tienen hasta tres televisores.

Lipovetsky explicó que este fenómeno tiene que ver con una desalineación, una desincronización de los modos y estilos de vida postmodernos. Su argumento es que antes el consumo era "ostentatorio", para impresionar o buscar algún estatus frente al entorno. Hoy, el consumo compra y busca otras ganancias en el nivel personal: placer, emoción, aventura, comunicación con el prójimo, experiencias lúdicas. El consumo de hoy crea algo relacional, para estar en contacto con quienes nos rodean.

Pasamos del capitalismo de producción al capitalismo cultural y de un consumidor de estatus a otro de tipo emocional y atomizado. Ya no compro para otros, sino para mí mismo. Hay una suerte de intimización del acto; la gente quiere sentir cosas, vivir experiencias nuevas.

Esta conducta representa una paradoja porque a pesar de ser emocional, no es un consumo impulsivo, sino reflexivo e informado. Además, este neoconsumidor, mientras más compra, mayor conciencia ecológica y preocupación sanitaria demuestra.

"Estamos en el exceso del saber, donde la proliferación de información ha complejizado hasta las acciones más naturales. Aumenta la ansiedad, y los que eran comportamientos antropológicos, como comer, correr o jugar, fueron engullidos por el modelo hasta transformarlos también en productos de consumo. Estamos frente a una mercantilización integral de todos los modos de vida, incluso de las cosas que eran las más elementales" (Conferencia, noviembre del 2015).

El autor señala que, a pesar de las críticas, el consumo no se debe satanizar por completo y que sólo se vuelve detestable cuando se transforma en el sentido final de la existencia. "Los humanistas sabemos que es bueno que la gente disfrute, saboree, la pase bien. Pero si lo esencial del domingo es ir al mall a comprar y comparar precios y productos, el consumo se vuelve despreciable".

Y agrega: "Lo que me aproblema es cuando la vida gira en torno al consumo. Y allí es donde la educación debe proponer otros modelos de vida, distintos al imperante de hoy. El ser humano es capaz de crear, de amar, de hacer familia, de hacer arte, y eso no tiene nada que ver con el consumo. Hay que cambiar el sistema educacional para que la vida no sea esclava del consumo, ya que la parte central de la vida es pensar, amar, compartir y crear" (ídem)

Antes de la era del hiperconsumismo las opciones de vida estaban reguladas por las grandes verdades o la familia o el Estado, hoy se han fragmentado hasta tal punto que parecen ser "a la carta", a gusto y medida de cada sujeto. Donde antes había dogma general, hoy existe autonomización, individualización. Las cosas se desincronizaron, ya no existen visiones generales, ahora todo es a nivel personal. Ya no existen esos grandes frenos colectivos que regulaban el comportamiento personal".

"No estamos en decadencia, estamos en una sociedad compleja, donde todo se debate, y hay mucha incertidumbre. Pero también hay valores universales", Y agrega: "El combate del futuro es el debate responsable y colectivo. Efectivamente estamos en sociedades en conflicto y en debate permanente, pero ese es el precio que debemos pagar por vivir en sociedades libres".

La charla magistral del filósofo francés formó parte del Ciclo de Conferencias "Implicancias de vivir e investigar en un mundo híper moderno", organizado por las Facultades de Agronomía e Ingeniería Forestal y Educación. Colombia.

En sus obras -en particular, *La era del vacío*- analiza lo que se ha considerado la sociedad posmoderna, con temas recurrentes como el narcisismo apático, el consumismo, el híperindividualismo psicologista, la deserción de los valores tradicionales, la hípermodernidad, la cultura de masas y su indiferencia, la abolición de lo trágico, el hedonismo instanteneísta, la pérdida de la conciencia histórica y el descrédito del futuro.

Esa época se está disipando a ojos vistas; en parte, es contra esos principios futuristas que se establecen nuestras sociedades, por este hecho posmodernas, ávidas de identidad, de diferencia, de conservación, de tranquilidad, de realización inmediata; se disuelven la confianza y la fe en el futuro, ya nadie cree en el porvenir radiante de la revolución y el progreso, la gente quiere vivir enseguida, aquí y ahora, conservarse joven y no ya forjar el hombre nuevo.

Para Lipovetzky, la sociedad posmoderna es la era del vacío en la que los sucesos y las personas pasan y se deslizan, en la que no hay ídolos ni tabúes definitivos, pero tampoco tragedia o apocalipsis. En la sociedad posmoderna no hay lugar para la revolución, ni para fuertes compromisos políticos, la sociedad es como es, y la idea de cambiar radicalmente a la misma, ya no se le ocurre a nadie. Naturalmente, también la educación se modifica de una época a otra: después de la educación autoritaria y mecánica, que Lipovetzky atribuye a la modernidad, se constituye el "régimen homeopático y cibernético"; después de la administración imperativa, la programación opcional, a la carta, sería propia de la posmodernidad.

Lipovetzky menciona que "...ya no se cree en la exigencia de una educación moral elevada, en la que inculcar principios morales superiores no es más que un objetivo marginal de la educación dad a los niños" (en El crepúsculo del deber, citado por Cerdá, en El desencanto weberiano en la sociedad posmoderna, p. 29). Cerdá menciona que: "La condición posmoderna se caracteriza por el derrumbe de las instituciones tradicionales (escuela, iglesia, familia y Estado) y por el predominio del desorden y vacío moral" (en El desencanto weberiano en la sociedad posmoderna, p. 29).

Los cambios suscitan invariablemente, esta cuestión: ¿cuál es el cambio primordial –la estructura social o la cultura- y cuál es la fuerza propulsora? Paradójicamente, a quienes ponen el acento sobre los cambios económicos y estructurales siguiendo el método marxista tradicional se les etiqueta como conservadores y tecnócratas, mientras que a quienes resaltan la autonomía de la conciencia –el reino de la ideología– se les llama revolucionarios.

Para Lipovetzky la segunda revolución moderna (o hipermodernidad) "se está produciendo ante nuestros propios ojos no significa en absoluto la desaparición de los fines. Representa en tan pequeña medida el triunfo definitivo del materialismo y el cinismo que asistimos por el contrario a la consolidación de una serie de sentimientos y valores tradicionales: el gusto por la sociabilidad, el voluntariado, la indignación moral, la valorización del amor (2006:8).

Posmodernidad; Cultura De La Imagen Y Del Simulacro

Como ya se mencionó, en la condición posmoderna se disuelven las coordenadas que antes se creían firmes, es el fin de las autoridades absolutas, domina la sospecha e impera un hiperindividualismo hedonista y narcisista.

Predomina el desencanto y la incertidumbre, claudicando el idealismo, las revoluciones y utopías. El enfoque posmoderno cambia la noción de tiempo, es el advenimiento de la cultura de la imagen, de la prioridad del objeto tele presente. De alguna manera, la televisión y el zapping se han constituido en protagonistas centrales de la cultura, lo que Sarlo denomina "gran sacerdote electrónico" o escuela básica donde la "alfabetización mediática" se impone "por encima de la alfabetización de la letra. El individuo hípercontemporáneo, más autónomo, es también más frágil que nunca, en la medida en que las promesas y exigencias que lo definen se vuelven más grandes y pesadas. La libertad, la comodidad, la calidad y esperanza de vida no restan nada a lo trágico de la existencia; antes bien, hacen más cruel el escándalo.

Uno de los temas básicos del debate posmoderno gira en torno a la realidad. La misma se ha vuelto difusa, incierta. Se habla de información, pero, cuánto de verdad hay en esa información. ¿Asistimos a la verdad de lo real o al espectáculo de lo real? ¿Hasta qué punto la información televisiva es una gigantesca farsa al servicio de las leyes del mercado, el rating o la negociación de productos de consumo? Lo real del acontecimiento de desvanecer, se torna irrelevante, lo que importa es el efecto que provoca su exhibición. En el contexto de la cultura de la imagen en la cual estamos sumidos, donde la realidad es más virtual que real, también lo malo se vuelve liviano, pierde gravedad. Con la modernidad se produjo una ruptura, no ya para reinscribir el presente en el centro de las preocupaciones de todos, sino para invertir el orden de la temporalidad y traspasar del pasado al futuro el lugar de la felicidad venidera y el fin del sufrimiento. Esta ruptura esencial en la historia de la humanidad cristalizó con la forma de un discurso radicalmente opuesto al de la decadencia, alegando esta vez las conquistas de la ciencia y señalando las condiciones de un progreso infinito cuyos herederos tendríamos que ser nosotros. La razón tendría que poder reinar en el mundo y crear las condiciones de la paz, la equidad y la justicia (2006:14)

Jean Baudrillard, sociólogo francés, en un estudio de la sociedad actual, establece la diferencia entre disimular y simular. Lo primero es fingir no tener lo que se tiene. Quien disimula, intenta pasar desapercibido. Pero quien simula, aparenta ser quien no es, o poseer lo que no tiene; busca crear una imagen de algo inexistente. El disimulo no cambia la realidad, sólo la oculta o enmascara, en cambio la simulación muestra como verdadero algo que no lo es. Uno remite a una presencia, lo otro a una ausencia, a una nada. Ahora el problema actual es la simulación, concluye Baudrillard. Y según Pereyra, el ejemplo más ilustrativo de este fenómeno es Disney World; un mundo de fantasía que parece ser más verdadero que el real. Todo parece real, increíblemente verídico, pero es sólo fantasía, parodia, un gran simulacro. Disney no ha sido solamente el creador de Donald, Mickey, y el resto de los personajes surgidos de su creatividad, fue el inventor de la industria de la imaginación, el genio de la simulación de la cultura posmoderna.

Los análisis tradicionales del mundo moderno, tanto de la derecha como de la izquierda, se basan por lo general en una crítica parecida: la consecuencia última de la autonomía prometida por la Ilustración ha sido una alienación total del mundo humano, que vive bajo el terrible peso de las dos plagas de la modernidad: la técnica y el liberalismo económico. Por un lado, la modernidad no ha conseguido materializar los ideales ilustrados que se había fijado como objetivo; por otro, en vez de garantizar una auténtica liberación, ha dado lugar a un estado de esclavitud real, burocrática y disciplinaria que se ejerce no sólo sobre los cuerpos, sino también sobre los espíritus.

Los modelos de simulación son infinitos, en la política, en las ventas, en la moda, en la cosmética, en todas las cosas que nos hacen parecer diferentes de lo que somos. Tenemos caretas para cada ocasión; para una fiesta, para el trabajo, para el aula, con nuestras amistades, en público, sólo en el ámbito de la más absoluta intimidad nos mostramos tal como somos, o en las situaciones límite, en los momentos de mayor crisis. Ahora el simulacro produce una disociación entre lo que se muestra y la realidad, entre el ser y el parecer.

Asimismo, la televisión ha trasladado los espacios de la fantasía a una superficie gris plomiza de 40 a 75 pulgadas. Pulsando el control remoto se ven novelas y series llenas de conflictos y dramas inimaginables, se puede ingresar a la habitación de una pareja para observar su vida íntima, viajar por el espacio en una nave del siglo XXI, ver las cosas más insólitas, con la vívida sensación de lo real. No hay necesidad de imaginarse ni pensar nada. Todo está al alcance de la vista. La televisión y el *zapping* sepultaron la ficción y alimentaron la omnipotencia narcisista, al lograr casi cualquier satisfacción imaginaria sin ensueños ni idealizaciones. La televisión padece de una "presión de la urgencia"; la competencia con los otros medios y el valor del tiempo exige premura y una velocidad que hace imposible el desarrollo del pensamiento elaborado y reflexivo. Esto privilegia el fast thinkers, una especie de *fast for* cultural, alimento predigerido, pre pensado, o pensamiento light.

La explicación que se impone consiste en decir que «los perpetuos escarceos de la moda son, ante todo, efecto de nuevas valoraciones sociales vinculadas a una nueva posición e imagen del individuo respecto al conjunto colectivo [...] Lejos de ser un epifenómeno, la conciencia de ser individuos con un destino particular, la voluntad de expresar una identidad singular, la celebración cultural de la identidad personal, han sido una "fuerza productiva", el motor mismo de la mutabilidad de la moda. Para que se diera el auge de las frivolidades fue precisa una revolución en la imagen de las personas y en la propia conciencia, conmocionando las mentalidades y valores tradicionales; fue preciso que se ligaran la exaltación de la unicidad de los seres y su complemento, la promoción social de los signos de la diferencia personal». Lipovetzky, 2006:18)

La sociedad postindustrial, como resulta evidente, es una sociedad del conocimiento en un doble sentido: primero, las fuentes de innovación derivan cada vez más de la investigación y del desarrollo (y de modo más directo, se produce una nueva relación entre la ciencia y la tecnología en razón del carácter central del conocimiento teórico); segundo, la carga de la sociedad –que se mide por una mayor proporción del Producto Nacional Bruto y una mayor tasa de empleo- reside cada vez más en el campo del conocimiento. En la sociedad postindustrial, la habilidad técnica pasa a ser la base del poder, y la educación el modo de acceso a él: los que van a la cabeza (o la élite del grupo) en esta sociedad son los científicos. Pero esto no significa que los científicos sean monolíticos y actúen como un grupo corporativo. En las situaciones políticas reales, los científicos pueden hallarse divididos ideológicamente (...), alineándose grupos diferentes de científicos con diferentes facciones de otras élites (Bell, 1991:412).

4 SOCIEDAD E INDUSTRIALIZACIÓN

Las sociedades y las empresas responden y condicionan los avances de la industrialización. Si no entendemos los elementos diferenciadores del proceso de industrialización de un país, no podremos comprender totalmente los elementos configuradores de su problemática.

Es claro para la mayoría de las personas que el mundo entró a una nueva era: la era de la industrialización total, que está alcanzando los países en vías de industrialización como México. A las nuevas generaciones, en el tercer milenio les tocará vivir el cambio de una nación que se dirija hacia el post-industrialismo con todas sus consecuencias positivas y negativas.

Una época de cambios es también una época de especulaciones y de toma de decisiones. Historiadores, politólogos, sociólogos, economistas, antropólogos entre otros más, están tratando de predecir el curso de la historia para tomar decisiones a la luz del entendimiento de la época, el lugar y las fuerzas que influyen en los acontecimientos.

Los intelectuales, los administradores, el gobierno y los líderes que mañana gobernarán o estarán en posiciones claves están en medio de esta gran transformación. También lo están los sociólogos industriales, quienes tienen un mayor respaldo teórico para entender y aportar soluciones a los problemas que enfrentaremos como país, y los fenómenos discretos que existirán en nuestra sociedad en el contexto de la industrialización. Para capturar el entendimiento necesario de este proceso industrializador requerimos de una interpretación general de los procesos sociales históricos y los actuales. Lo anterior conduce a crear un marco de referencia propio para nuestra realidad, que puede basarse en las ideas y descubrimientos de otros investigadores, pero que debe ser total y completamente diferente en su integración conceptual para poder aportar soluciones y propuestas creativas que respondan a una realidad concreta.

Nuestro acercamiento a una explicación de los diferentes arreglos que, en el proceso histórico, estará basado en la lógica de la industrialización, de las élites que guiaron y aún guían este proceso y las condiciones críticas, tanto sociales como culturales que caracterizaron cada una de las etapas del desarrollo de los países industrializados.

Hemos visto -y lo vemos ahora- cómo países han sido conducido con diferentes tipos de liderazgo en diferentes estadios del desarrollo de la sociedad, enfrentando problemas universales, ofreciendo ideologías para explicar y defender las diferentes maneras para enfrentar los retos; pero esta aparente diversidad, patrones de conducta que permiten las explicaciones y las comparaciones y el entendimiento de lo que es universal, está relacionado con el patrón de industrialización que es único.

La utopía actual es una sociedad mundial con un industrialismo plural; una sociedad donde la diversidad y la uniformidad lucharán por la supremacía donde los administrados y los administradores aún lucharán su interminable guerra de poder; pero sin las batallas titánicas que ya serán parte de la historia.

Los *sociólogos* industriales no pueden ser mudos testigos de la historia de la transformación del hombre, del trabajo y de la sociedad. Están llamados a jugar un papel activo desde su propia trinchera en las organizaciones para colaborar en hacer de este mundo del trabajo un mundo mejor, más justo, más equitativo y donde el trabajador deje de ser tan sólo un apéndice de la máquina y un número en una nómina, para convertirse en un ser humano autorrealizado en el trabajo y en la sociedad.

Debido a lo anterior, no tenemos un marco de referencia intelectual para entender qué pasó y porqué. Lo cierto es que los Sistemas Industriales en los países de África y América latina fueron adquiriendo características que se fueron estructurando y derivando de los cambios económicos de los países, pero también ligado a sistemas políticos, autoritarios y verticales, que propició los controles sindicales y convirtió al movimiento obrero en un rehén de los objetivos de los gobiernos en turno, conduciéndolo hacia la dependencia y el corporativismo.

El resultado de la mezcla de variables económicas, administrativas, laborales y del proceso industrializador trata de sintetizar el efecto sobre las empresas industriales para preguntarnos cómo este proceso de globalización y de incremento en la inversión extranjera ha afectado algunas de las áreas laborales. La combinación de estos tres factores -globalización, organizaciones extranjeras, introducción de nueva tecnología- ha producido algo que se ha dado en llamar «la flexibilidad salvaje». Con este término se identifica la tendencia a cambiar las regulaciones laborales, para dar la facultad a la administración para ubicar a los trabajadores en los puestos que requiera el proceso de producción. Independientemente de lo que establezca el contrato individual o colectivo y significa un cambio en las condiciones de trabajo pactadas originalmente.

Este proceso sigue la lógica del industrialismo y se relaciona con las estrategias de la élite industrializadora que cambia la naturaleza de la administración, el proceso de desarrollo de la fuerza de trabajo, la respuesta de los trabajadores al proceso y los patrones que emergen en las relaciones de la fuerza de trabajo -Gobierno o Estado- administración. Obviamente, de aquí surgen problemas como el relacionado con la educación, y cómo se ajustará ésta a las necesidades de mano de obra calificada para atender las necesidades del proceso industrializador. Y también cómo en el trabajo se dará formación a los trabajadores para que se compatibilicen sus habilidades y capacidades con las requeridas en los procesos de cambio tecnológico y del proceso productivo.

Hemos rebasado los supuestos en los que se basaron predicciones como las de «Un mundo feliz» y «1984». Ahora las tendencias de «modernización», control y consumismo nos llevan a un mundo todavía no previsto. Pero también existe la posibilidad de dar un giro radical a la forma en que se conduce la industrialización a partir de la crisis del año 2020. Eso aún no lo podemos prever.

El Sistema Industrial

El sistema industrial tiene dos niveles que le permiten alcanzar sus objetivos: administradores y administrados, y un patrón de interacción entre ellos. El patrón varía de país a otro, y de tiempo en tiempo dentro de la misma nación.

La industrialización en cualquier país presenta muchas de las mismas características. Sin embargo, existen también grandes diferencias en la forma en que las sociedades industrializadas se organizan, lo que agrega variedad y conflicto a la escena mundial. La mayoría de esas diferencias pueden ser explicadas por el carácter de la élite industrializadora que esté a cargo, de los objetivos que se proponga alcanzar, de las estrategias que sigan, y de cómo consideren el acercamiento trabajador – administración – Estado.

A partir de 1989 -unificación alemana- y de 1991 -desintegración de la URSS- la evolución del contexto internacional ha sido sumamente dinámica, compleja y caótica. Dicho proceso ha tenido importantes implicaciones para países en vías de industrialización, que, sin embargo, con frecuencia se soslayan, salvo cuando se argumenta que la economía internacional hace imposible el logro de las metas nacionales. En la medida en que no se han modificado políticas e instituciones de acuerdo con un conjunto de circunstancias cambiantes, existe un amplio reto para el sistema industrial de orientarse a la modernización para ajustarse a los cambios mundiales.

La nueva etapa de la industrialización mundial, impulsada por la globalización y basada en las tecnologías de la información y la comunicación en un grado mucho mayor, implica también un cambio significativo en las características de las organizaciones económicas y sociales, y de sus integrantes. Unas y otras requieren gran capacidad de innovación y adaptación. Con frecuencia se piensa que estas características son aplicables sólo a los países avanzados y no a un país como México.

Sin embargo, a México y países similares al estar inmersos en el sistema económico globalizado, a través del comercio, de los flujos de tecnología, de las corrientes financieras, de la información y la cultura, le afecta la evolución de los patrones, la de la demanda y las perspectivas de crecimiento. De tal manera, el proceso de industrialización por fuerza está condicionado por las grandes tendencias mundiales.

En el nivel mundial, los conceptos organizacionales han evolucionado rápidamente en función de los requerimientos y las posibilidades de las nuevas tecnologías. A diferencia de las tecnologías tradicionales, que se caracterizan por las economías de escala, las nuevas también han abierto amplias posibilidades para la producción de escalas menores, en las nuevas industrias y en las industrias tradicionales. La creciente importancia de la innovación tecnológica significa mayores ventajas relativas para las organizaciones más flexibles y abiertas, por contraste con las estructuras tradicionales, de carácter vertical y jerárquico. Estas últimas sólo pueden ser apropiadas para las industrias donde las economías de escala son de gran importancia, pues en dichos casos la creación de grandes organizaciones, operadas en forma altamente centralizada, representa todavía una forma viable, aunque no necesariamente óptima, de organización. Pero también requiere de nuevos modelos organizacionales del mundo del trabajo.

En la administración pública, la industrialización ha significado tradicionalmente un énfasis prioritario en lo cuantificable, en detrimento de los aspectos organizacionales de la política industrial.

Dentro de este esquema, las organizaciones privadas generalmente han obtenido una rentabilidad satisfactoria a pesar de caracterizarse por patrones de comportamiento que en forma alguna pueden considerarse socialmente óptimos. La lista de éstos puede ser larga: plantas sobre dimensionadas en relación al tamaño del mercado, tecnologías demasiado complejas e intensivas en el uso de capital, falta de atención a la calidad del producto, ineficiencia operativa, requerimientos de mano de obra calificada superiores a la disponibilidad de la misma, dependencia de refacciones e insumos costosos y de importación, desaprovechamiento de recursos locales, inadecuación del producto a las necesidades reales del mercado, falta de una orientación interna hacia el desarrollo tecnológico como vía hacia la competitividad, preocupación exclusiva por el mercado internacional, etcétera.

En suma, el impulso hacia la industrialización en la empresa privada en buena medida se agota en el logro de las altas utilidades a plazos relativamente cortos. En el sector público la falta de eficiencia operativa y el incrementalismo han mermado la capacidad de respuesta del Estado a las demandas sociales.

La descentralización y el fortalecimiento de la capacidad de promoción del desarrollo económico, al igual que las decisiones en materia de política industrial, son sólo parte de un proceso que se inserta en un contexto más amplio, en el que las dimensiones más relevantes son las de carácter político, social y cultural.

Las demandas sociales y políticas, principalmente empleo mejor remunerado, que plantea la creciente población del país, obligan a transformar el carácter del desarrollo industrial. Ya no puede ser éste un proceso cuyos beneficios se concentren en unas cuantas grandes ciudades y cuya rentabilidad se logre a expensas del resto de la economía.

Tampoco puede el aparato gubernamental seguir utilizando recursos de manera excesiva e ineficiente, y a la vez impidiendo el logro de la máxima eficiencia en la esfera privada de la sociedad. O la industrialización es el camino para satisfacer las aspiraciones básicas de la mayoría de la población, o no es justificable continuar la transferencia de recursos escasos del resto de la economía hacia dicho sector. De ahí el imperativo de un cambio para el sector industrial; a futuro deber cumplir un papel mucho más amplio que el de las últimas décadas.

Al mismo tiempo que es indispensable ampliar el espacio económico y social para la acción individual, el desarrollo industrial requiere también fortalecer la capacidad de acción gubernamental en los niveles federal, estatal y municipal. Ello, como se ha señalado, obliga al replanteamiento de los esquemas de organización y funcionamiento interno vigentes en diversos tipos de instituciones, tanto públicas como privadas. La sociedad mexicana ha logrado construir una base sólida que ha sufrido una seria desarticulación en los últimos 25 años, a raíz de su incapacidad para reconocer la necesidad de consolidar logros y redefinir la posición del país ante el mundo.

En materia de política industrial, desde los años ochenta ha existido conciencia de la necesidad de redefinir estrategias e instrumentos en función de los objetivos de crecimiento, equidad y eficiencia, y en función del reto que plantea la explosión demográfica. Sin embargo, el esquema tradicional de industrialización y de política industrial ha persistido mucho más allá de su vigencia. La tarea en esta primera década del tercer milenio ha de ser la de articular la política de desarrollo industrial de acuerdo con una visión del futuro que resuelva nuestra problemática. La orientación debe incorporar el óptimo aprovechamiento de las tecnologías más modernas, para fortalecer tanto la posición de México en el sistema económico internacional, como la capacidad del país para satisfacer las aspiraciones de los mexicanos.

Sin embargo, a menos que dicha visión del futuro implique un cambio de fondo en los criterios del funcionamiento de las distintas organizaciones que integran la sociedad nacional -pública, privada y social-, es difícil que las políticas actuales puedan tener éxito. El cambio en cada una de las diversas áreas obliga a plantear transformaciones en un ámbito más amplio, de otra manera, es difícil alcanzar los resultados esperados.

Además, existe un rezago en el aporte del sector industrial a la solución de los grandes problemas sociales ya que no ha guardado relaciones con la magnitud del esfuerzo gubernamental y el monto de los recursos, públicos y privados, canalizados a dicho sector. El mismo éxito logrado en materia industrial propició un crecimiento urbano cuyos costos son ya un serio obstáculo para la industria. La generación de empleo en la industria manufacturera ha sido muy inferior a la del sector servicio, y claramente insuficiente para hacer mella en la magnitud del problema del desempleo. El énfasis industrializante ha significado que los recursos gubernamentales orientados hacia el sector en un alto porcentaje contribuyen a una desigual distribución del ingreso. En la medida en la cual las actividades industriales están orientadas a satisfacer las demandas de los grupos de niveles medios y altos de ingreso, con procesos caracterizados por la baja utilización de mano de obra y por niveles bajos de salarios, los beneficios del crecimiento del sector no se difunden ampliamente.

Por otra parte, la orientación de la política industrial ha sido generalmente adversa para el bienestar de la población del sector rural. Dado el alto grado de centralización en la toma de decisiones y la concentración de recursos para atender a la población urbana, la carencia de infraestructura adecuada para las actividades secundarias en el medio rural ha limitado sus posibilidades de expansión.

La estrategia de desarrollo industrial ha implicado un proceso de concentración de recursos públicos en infraestructura urbana, para la producción y para satisfacer las necesidades de los habitantes de las ciudades, o en infraestructura de comunicaciones y transportes orientada a satisfacer las necesidades de la industria y de un conjunto de actividades que emplean un porcentaje relativamente bajo de la fuerza de trabajo.

El auge de la llamada «economía subterránea» durante estos años de crisis, que ha llegado a ocupar a la mitad de la población trabajadora, tema poco estudiado, pero no por ello menos relevante, es indicativo de las reservas de «energía social» y de la existencia de oportunidades económicas explotables en pequeña escala. El análisis de la evidencia al respecto permite sustentar la conclusión, que es indispensable una transformación a fondo del sistema si esperamos que se modifique la relación entre el crecimiento industrial y las características del desarrollo económico del país.

Por lo que toca al proceso de urbanización acelerada que ha acompañado al desarrollo industrial, éste es en la actualidad un fenómeno con un elevado grado de inercia. Ello condiciona las opciones de desarrollo, pues obliga a dedicar grandes volúmenes de recursos a la satisfacción de las demandas de infraestructura social urbana. A la vez, sin embargo, el carácter predominantemente urbano de la población nacional obliga a subrayar la necesidad de diseñar nuevos instrumentos de política de desarrollo, acordes a dichas condiciones. Si bien puede decirse que el carácter del proceso de industrialización contribuyó en mucho al elevado ritmo de urbanización, las posibles soluciones a los problemas resultantes de dicho crecimiento rebasan, ya con mucho, el marco de la política industrial propiamente dicha. De ahí la necesidad de lograr una plena integración entre el manejo de la política industrial y el conjunto de la política de desarrollo.

La concentración urbana ya es un lastre para el crecimiento equilibrado de los países. Por lo que toca al contexto internacional de la política industrial, es evidente que su rápida evolución obliga al país a definir nuevos mecanismos de política económica. La descentralización y la reducción de los trámites que deben enfrentar las organizaciones nacionales son de importancia fundamental, como lo es también la creación de cuerpos técnicos de alto nivel, de carácter mixto, público-privado-social, para centralizar y diseminar el conocimiento relevante para la definición de políticas gubernamentales y la toma de decisiones privadas en materia de desarrollo industrial. Ello implica incorporar directamente la política de ciencia y tecnología a la política industrial o sectorial, en el caso de la agricultura. Y es que sin una inversión adecuada en ciencia y tecnología el país puede convertirse en un simple testigo y/o en un actor importante, de los beneficios económicos que surgen del proceso globalizador.

El diseño de nuevas políticas en materia de desarrollo tecnológico es igualmente importante como base para la industria de bienes de capital. De otra manera, no es posible estructurar una política de competitividad internacional, efectiva en la mano de obra y recursos naturales baratos. En los próximos años el país deber contar con mecanismos de desarrollo y aplicación de nuevas tecnologías, y ello es posible sin la creación de organizaciones con objetivos de largo plazo y con una ética y espíritu altamente nacionalista. Sin duda, los esquemas de privilegios y alta tolerancia a la ineficiencia que hasta ahora han caracterizado a las organizaciones encargadas de estas tareas tendrían que cambiar drásticamente-

Indudablemente, el hilo común que une a todas las recomendaciones de política presentadas a lo largo de este trabajo -de carácter general, pues existen múltiples opciones de avance- es la necesidad de transformar el aparato administrativo público, no sólo en las áreas vinculadas con la política industrial, a fin de que se consideren de manera explícita los objetivos que se desea alcanzar. La tarea es de orden claramente político en el sentido más amplio del término. Requiere de un proceso amplio de discusión abierta, que permita conciliar los intereses particulares y especiales -legítimos muchos de ellos- con los objetivos nacionales, y en particular con las presiones que implica para la acción publica la dinámica de la población, sobre todo en los jóvenes.

El señalamiento de múltiples áreas que requieren cambios revela un problema característico de la mayoría de los análisis de la política industrial, y de las políticas de desarrollo en general: el de la exclusión de los instrumentos no económicos. Tal es el caso de los medios de comunicación masiva, sobre todos los electrónicos, que pueden generar un alto grado de consenso social y político o bien minarlo. Pueden igualmente modificar actitudes e influir sobre el comportamiento de los consumidores.

La eficiencia productiva y el desarrollo tecnológico, base para la competitividad internacional permanente, pasan a ser entonces objetivos secundarios. El nivel extremadamente deprimido de los salarios reales, que ha sido uno de los resultados tanto de la inflación como de las políticas que intentan controlarla, hace difícil pensar en una pronta recuperación del nivel de demanda interna. A tal resultado contribuye también la posibilidad de que el sector público reasuma un ritmo de gastos similares al de las décadas pasadas -a menos que se optara por una política de endeudamiento externo creciente, ésta además de ser poco factible, es por demás peligrosa y llevaría a un ciclo de inflación- recesión. Sería, ésta una historia sin fin.

Los problemas que debe enfrentar en los próximos años la política industrial de México, se derivan de la necesidad de adecuar el desarrollo del sector a los requerimientos de una población que en el 2020 está por rebasar los 130 millones.

Sin Duda, Hasta Ahora Se Han Planteado Más Preguntas Que Respuestas; Éstas Se Darán En El Desarrollo Del Trabajo.

5 LA HISTORIA TIENE LA RESPUESTA

Bajo el primer sistema de aportación de capital, el cliente-productor o maestro-artesano, cambiaron materiales naturales y algunas veces herramientas simples y maquinaria, a una fuerza de trabajo dispersada, quienes trabajaban en sus propias casas, para una cierta cantidad de producción física y se les pagaba un precio estipulado por cada unidad en primera instancia.

El socio capitalista debería entonces cobrar el monto de la producción y arreglar su venta. Desde este punto de vista, el sistema tuvo algunas ventajas:
• Requirió una mínima inversión de capital;
• Ofreció flexibilidad en los cambios de la demanda del producto;
• Los riesgos fueron esparcidos sobre un número de unidades discretas y operando;
• Y desde el punto de vista de la administración laboral, hubo ahorros en el costo y en problemas de reclutamiento, supervisión y mantenimiento de una fuerza de trabajo.

Conocemos que el desarrollo de la empresa no está solamente determinado por la tecnología o la eficiencia, sino que era socialmente determinada, sin embargo, se falla al agregar que las nuevas estructuras permiten nuevas estrategias, mientras que también generan nuevos problemas.

Esto nos lleva a la conclusión de que el sistema del socio capitalista solamente fue reemplazado lentamente por la producción empresarial, continuó para existir al mismo tiempo con la organización, aún y cuando se expandió en escala a fines del siglo XVIII y principios del siglo XIX, fue una forma conveniente durante periodos de alta demanda para expandir la producción.

Puede asumirse que, con el desarrollo de los sistemas empresariales, el patrón llega a emplear y controlar a sus trabajadores directamente. Esto no era muy común para el patrón en muchas industrias y afectaba la seguridad en el manejo laboral, en un sistema de contratación interna.

Bajo el sistema de contratación interna, el patrón de la fábrica proporcionaba el ambiente físico, el socio capitalista proveía materiales en estado natural, por lo general, así como la maquinaria y acordaba la venta del producto; además de supervisar el proceso de trabajo, recibía una cantidad por parte del empresario por los bienes terminados.

El ingreso del contratista consistía en la diferencia, por un lado, entre los productos que él pagaba a sus empleados, más el costo de cualquier capital activo que él podía proporcionar; y, por otro lado, el precio de sus ventas al empresario. Para el patrón, las ventajas de subcontratación eran que muchos de los riesgos de operación podían ser compartidos con otros, quienes pudieran también proporcionar pequeñas cantidades de capital. Desde el punto de vista del manejo laboral, las ventajas futuras del sistema se basarían en el ahorro, en el costo y en el problema de reclutamiento, supervisión y control de la fuerza de trabajo: la administración laboral podía ser delegada a otros.

Para el contratista el sistema le permitía retener un alto grado de independencia en el proceso de producción y obtener un beneficio. Si el ingreso propio del subcontratista era minimizado por el precio de reducción del contrato del patrón, él podía en el momento contar con sus propios productos de sus empleados y además esperar retener su margen de utilidad.

Este sistema fue ampliamente difundido en Inglaterra en el siglo XIX; de hecho, en la industria de la construcción prevaleció el sistema de subcontratación. Bajo este sistema el trabajador experimentado, contrataba a sus ayudantes y pagaba sus productos de sus propios ahorros. Realmente tenía las funciones más restringidas que el subcontratista, por lo general trabajaba bajo el mando de un capataz en una empresa y rara vez tenía más de una docena de ayudantes (jóvenes aprendices).

Eran una especie de Maestros Artesanos y comúnmente se veían a sí mismos como trabajadores y formaban parte de las primeras organizaciones sindicales. Desde el punto de vista del empresario, una de las principales similitudes entre el subcontratista y el administrador, era que ellos relegaban mucha de su labor administrativa, incluyendo el reclutamiento, la supervisión, disciplina y pago de trabajadores. Ya desde entonces se notaba además una marcada oposición sindical a los subcontratistas, aunque ellos actuaban una parte; esta oposición parecía tener menos importancia que los factores económicos y tecnológicos influenciando la administración.

El sistema de subcontratación comenzó a dar nuevos métodos de producción y de manejo laboral, a principios del siglo XX y como característica principal de estos sistemas se encuentran los equipos de trabajo.

El Supervisor Y Los Sistemas De Control

El supervisor que a su vez es socio capitalista, pero que es empleado directamente por la organización, no se hace cargo de ninguna forma del subcontratista. Los supervisores más antiguos en la empresa fueron así mismos formadores de subcontratistas, ya que la mayoría de ellos tienen un origen similar y han adquirido su posición por razón de su conocimiento hacia la producción.

Los supervisores tradicionales del siglo XIX desarrollaban las mismas funciones del subcontratista: controlaban las funciones de planeación de la producción y, la velocidad y métodos de trabajo, también controlaban las funciones de contratación, despidos, promoción, pagos y manejo de inconformidades.

Las diferencias principales entre el supervisor y el subcontratista eran las siguientes: el supervisor no empleaba su propia mano de obra, el salario que él recibía como empleado de la empresa era su principal fuente de ingreso y no tenía ningún interés en las variaciones entre costos, producción y utilidades. A principios de este siglo el número de supervisores en Inglaterra y Estados Unidos aumentó al doble y contaban con mayor conocimiento de matemáticas y administración, aunque tenían menos control o poder que en el siglo pasado.

El nacimiento de la administración científica (1911) contribuyó a difundir el esquema del supervisor como el heredero de la tradición del contratista y contribuyó a la muerte de éste en las empresas. Los mecanismos de control del trabajo siguieron siendo los mismos, tan sólo de refinaron y se hicieron más sutiles.

Los empleados británicos y norteamericanos de fines del siglo XIX y principios del siglo XX frecuentemente se apoyaban en las organizaciones empleadoras como un medio de control laboral. Las asociaciones de empleadores desarrollaron tres principales funciones:
1. Se encontraban abiertos al antisindicalismo, en otros operaban más para defender ampliamente prerrogativas gerenciales y limitar más la actividad sindical empresarial en los lugares de trabajo.
2. Las organizaciones de empleadores toman la iniciativa en el establecimiento de relaciones con los sindicatos empresariales. Éstos eran utilizados para traer alguna estabilidad a las RI y para defender los derechos administrativos a través de la acción colectiva.
3. Las organizaciones de empleadores gradualmente desarrollaron acuerdos

sustantivos en riesgos y condiciones de trabajo. Antes de la Primera Guerra Mundial y en los inmediatos años de la posguerra la consolidación de las asociaciones nacionales les permitió extenderse a un nivel nacional.

La Extensión De Las Jerarquías Internas

Es en Inglaterra donde a finales del siglo XIX y principios del XX las actividades del paternalismo y seguridad social se acentúan. Por primera vez el personal especializado fue señalado para administrar programas de las empresas de seguridad social. Los pioneros de la seguridad social en 1891 establecieron al primer trabajador de tiempo completo. Con frecuencia los oficinistas de seguridad social eran mujeres y pasaban mucho de su tiempo en asuntos recreativos y educacionales, ellas no tenían un papel en la política central de la empresa. La mayoría de ellas serían consultadas en la determinación de riesgos y también serían tomadas en cuenta para asuntos del sindicato. Fue así como comenzaron a introducirse, a través de su trabajo, en reclutamiento y capacitación, también podían ser consultadas en despidos, podían ser parte de cuerpos de consulta o asesores; otras comprobaban los sistemas de trabajo a destajo y el nivel de desempeño, y la mayoría de ellas estaban involucradas en determinar índices de ausentismo y retardos.

Durante la Primera Guerra Mundial hubo una extensión y elaboración considerable en el sistema de seguridad social, por una gran presión de parte del gobierno y aumentó con respecto a los trabajadores masculinos. Además, se enfatizaron algunas actividades propias de las relaciones laborales tales como el reclutamiento y el sindicalismo, el cuál cobró fuerza gracias a los convenios y acuerdos. El desarrollo de la seguridad social fue lento por lo que primero se le llamó administración del empleo y después administración de personal.

Al inicio de la Segunda Guerra Mundial había, sin embargo, en Estados Unidos solamente 1800 especialistas de personal con empleos y cualidades, los cuales los habían hecho elegibles para unirse a su organización profesional: El Instituto de Administración de Personal.

Algunas empresas con multiplantas donde el crecimiento se dio por expansión interna, desarrollaron más estructuras centralizadas, durante la II Guerra empresas como: ICI, UNILEVER, DUNLOP entre otras, desarrollaron estructuras centralizadas, parcialmente multidivisionales, basadas en el desarrollo y extensión de las jerarquías administrativas y departamentos administrados centralmente. Las Plantas Individuales y subsidiarias de tales empresas disfrutaban mucho menos su autonomía en asuntos financieros, de producción y mercadotecnia, que las empresas subsidiarias de estructuras federales.

En términos de relaciones laborales, algunas empresas tenían una selección; ellos podían decidir si formalmente se descentralizaba y ellos podían centralizar o formalizar su estructura de control, esta decisión dependería de algunos factores incluyendo el rango y grado de autonomía del producto en otras áreas de administración.

Aunque el desarrollo de las jerarquías internas fue una respuesta al desarrollo de las estructuras directas de control y desarrollo de más formas burocráticas de la administración laboral.

Para designar la decisión empresarial y administrativa se utiliza el término «estrategia», éste describe un grupo particular de decisiones tomadas en un periodo de tiempo determinado, para un objetivo dado. En una empresa, cuando hay una jerarquía de toma de decisiones, una decisión resultará o las líneas de acción descansarán en la política para escoger la decisión más específica, tomada por los gerentes de operación, quienes se habrán tenido que poner de acuerdo acerca de los problemas (funciones). Las estrategias de las relaciones laborales se refieren a políticas a largo plazo, las cuales son desarrolladas por la gerencia de una empresa para cambiar o preservar los procedimientos, prácticas o resultados de las actividades.

Una estrategia puede ser altamente centralizada y su trato presiona a todas las decisiones de las relaciones laborales al nivel empresarial o pudiera ser un acercamiento muy descentralizado, dejando tales cuestiones para ser establecidas por una persona a nivel supervisor de taller. El concepto de una estrategia ha sido la idea clave para quienes han estado interesados en la política empresarial.

Una política de relaciones laborales de una empresa debería formar una parte integral de la estrategia total con la cual logra sus objetivos empresariales, de esta forma no sólo definirá el curso de acción de la empresa con relación a las tareas o al desempeño particular, también reflejará la interacción de las relaciones laborales con políticas en otras áreas, así como la producción o mercadotecnia.

En resumen, podemos decir, en relación con este punto, que:

a) Las organizaciones normalmente tienen estrategias corporativas para determinar su aprovechamiento en la búsqueda de objetivos empresariales.

b) El pensamiento estratégico es requerido para el éxito corporativo y que los empresarios se permitan a sí mismos una tendencia a permitir que las relaciones laborales que se basen en él.

c) Que los empresarios tomen decisiones en el asunto.

d) Que en la selección de sus políticas de Relaciones laborales se impliquen otros objetivos y políticas.

e) Que la introducción de más pensamiento estratégico dentro de la gerencia es simplemente un asunto de voluntad. No hay obstáculos o presiones en contra de su desarrollo.

Las estrategias de relaciones laborales similarmente pueden ser definidas, así como ligadas a:

·La fuerza sindical y tipo de sindicalización.

·La necesidad relativa para institucionalizar conflictos.

·El costo proporcional de producción y materia prima y precio de competitividad de productos.

·La relativa provisión de trabajo disponible y efectividad de trabajo laboral.

·Los objetivos políticos y sociales de movimiento laboral.

·Los tipos de tecnología empleados (sistemas de producción) y sus requerimientos Humanos.

Todos los grandes problemas como inflexibilidad de empleo, falta de seguridad en el trabajo, actitudes defensivas consecuentes, conflictos intersindicales con el nivel de administración, sistemas inadecuados de compensaciones, falta de sistemas de evaluación interna, deben de estar contemplados y contar con las estrategias para enfrentarlos en la organización de la producción y el proceso de reclutamiento por parte de la gerencia. El conflicto entre el personal y las funciones se vincula a la forma en que la alta gerencia toma las decisiones. Debe existir una capacidad corporativa y la voluntad para formular estrategias y llevarlas a cabo. Sólo cambios mayores organizacionales en estructura, reclutamiento y desarrollo de personal podrían proporcionar tal capacidad y solamente cambios mayores en lo político, al menos dentro del sector de las grandes empresas, podrían proporcionar la voluntad para
esto.

La creación de condiciones de desarrollo en el tamaño de mercado norteamericano llevó a una producción a escala sin precedente, en consecuencia, hubo demanda para nuevos trabajadores. Durante el periodo de la última década se ha enfatizado la noción de «eficiencia» por lo que se crearon nuevas técnicas en el campo de selección de personal con tests de evaluación en el trabajo, ergonomía, estudios de tiempos y nuevos métodos de entrenamiento basados en las aportaciones de la modificación de la conducta, el trabajo en equipo, la facultación de los trabajadores y la creación de un entorno de libertad y autonomía para la toma de decisiones de los trabajadores. Las variaciones entre organizaciones deben tomarse en cuenta según las características específicas del proceso de producción y los estilos particulares.

La práctica y experiencia de negociar y participar activamente con los responsables de línea es benéfico, pues puede tener muy buenos efectos en las creencias y objetivos de los especialistas de personal.

Se argumenta que es necesario entender el criterio utilizado por el personal que toma decisiones y sus orientaciones, para explicar el desarrollo del responsable de RI utilizadas en las organizaciones, también es necesario estudiar las bases de estos postulados. Se ha argumentado también que la ideología gerencial tiene un gran significado en la creación de las políticas de las relaciones laborales en las empresas. Es a través del especifico rol de especialistas que se puede interpretar «el mundo del trabajo» a través de los valores que respaldan sus acciones. Valores que son comunes en organizaciones y son penetrantes para la necesidad de demostrar abiertamente que el o la relacionista industrial representan a la autoridad. Estos valores tienen que ser vistos en todas las acciones del gerente para que puedan ser un ejemplo para todo el personal.

Es también posible para los especialistas, la influencia, al menos en algunos aspectos en general de la ideología, de la gerencia general, dueño o administrador de la organización lo que lleva a un proceso de acomodación parcial.

La verdadera especialización del gerente de personal podría describirse como capacidad para sobrevivir, para adaptarse y facilitarle al gerente general sus acciones. La habilidad para cambiar acorde con la cultura de la empresa en el último dictamen del cuerpo de directivos no resulta con el gerente que no sea camaleón, porque el objetivo interactivo de este trabajo constantemente provee de posibilidades en el cambio de interpretaciones. Tal vez esto sea satisfactorio porque permite la solución para redefinir los problemas, por ejemplo, cambiando reglas.

En este sentido los gerentes podrían ser descritos como especialistas ambiguos. Este rol sin embargo claramente limita la posibilidad de desarrollar la capacidad para pensar en la estrategia gerencial. Se ha visto que el balance del control sobre la contratación de trabajo no ha cambiado mucho; durante los últimos años las empresas han estado más preocupadas con la reducción de personal, en lugar de reclutar para incrementar la plantilla de personal.

En este contexto, el control sobre el trabajo se ha convertido en un tema controvertido. Cada día que pasa los empleados representantes tanto de los sindicatos de los obreros como de los administradores, siguen incrementado su apatía para aceptar la autoridad gerencial tradicional. Algunos de los gerentes de línea que tienen experiencia en relaciones sindicales, argumentan que en el transcurso del tiempo no es necesario que sean una carga para el patrón como resultado de aceptar la sindicalización, o que el patrón pierda parte del control por causa de la sindicalización.

Algunas empresas han emprendido ciertas reformas en sus procedimientos incrementando la toma de decisiones de los responsables de línea y responsabilizándolos de los resultados de su personal para asegurar el éxito de las relaciones laborales. Fueron estas reformas interpretadas en la manera de cómo se ve afectado el balance de control entre los gerentes de línea y los especialistas.

Las respuestas de las empresas a las aspiraciones de los sindicatos para incrementar el control del trabajo fue la disminución de la presión a los gerentes individuales retirándoles su poder de toma de decisiones y poniéndolas en manos de especialistas.

El Enfoque Integral

Integrar las aportaciones de las aproximaciones económicas, sociológicas e históricas, dentro de un marco teórico que les dé coherencia, es difícil. Además, integrar los mecanismos de control y aceptar su realidad con los paradigmas o esquemas de los administradores o relacionistas industriales, es más difícil. Para ello necesitamos una teoría de la producción de los sujetos sociales y del campo dentro del cual se desarrollan estas estrategias.

Abordar desde esta teoría el tema de las estrategias patronales de gestión y control de mano de obra -a través de los administradores- nos lleva a plantear como preferentes las siguientes cuestiones:

a) La producción diferencial de los sujetos de las estrategias (la dinámica de posiciones y disposiciones), y

b) El planteamiento de una economía política generalizada que rompa la dicotomía entre economía y moral, abordando la cuestión de la producción social del valor de los sujetos y objetos implicados en un campo de estrategias.

Posiciones Y Disposiciones

Uno de los problemas principales al intentar un análisis de las relaciones laborales, es que una buena parte de la literatura económico y sociológica reduce el sujeto – trabajador a una máquina, donde cualquier persona, en una misma situación de recursos y de información, tomaría la misma decisión. Es el esquema de la toma de decisiones bajo expectativas racionales.

Rara vez surge la cuestión de que pueda haber una producción diferencial de los esquemas cognitivos y valorativos de los sujetos, aunque se ha desarrollado ya de manera amplia la toma de decisiones bajo expectativas no racionales. Buena parte de la sociología del trabajo hace lo mismo. Se limita a estudiar como «factores» de las decisiones empresariales, características de la situación -tipo de producción, tecnología, sector productivo, características de la mano de obra o del mercado de trabajo, etcétera-.

La decisión sería un output necesario del input de factores. Y si no lo es, también queda el recurso a factores «culturales» que explicarían la diversidad de opciones tomadas a igualdad de factores. Reducción, por tanto, del sujeto a algoritmo y posición. Y, por consiguiente, la escisión, dentro de este sujeto, de una racionalidad económica -convertida implícitamente en naturaleza humana- y una interiorización cultural derivada, fruto de la socialización. Frente a este sujeto, se plantea la problemática de la producción social de sujetos. Los sujetos no son únicamente la posición actual que ocupan, son también la historia incorporada -hecha cuerpo- de sus posiciones anteriores. Sujetos en posiciones idénticas producen estrategias distintas.

La teoría del esquema mental da cuenta de esa producción. A través de su historia, el sujeto es producido. Incorpora esquemas de producción de prácticas: esquemas indisociablemente cognitivos y valorativos.

El esquema se define como un sistema de principios generadores de prácticas, apreciaciones y percepciones. Este sistema es incorporado a lo largo de la historia del individuo, y su matriz básica se forma en la socialización primaria, mediante un proceso de «familiarización práctica» con unos espacios y prácticas, producidos siguiendo los mismos esquemas generativos, y en los que se hayan inscritas las divisiones y categorías del mundo social del grupo en el que el individuo se encuentra.

El concepto de esquema es indisociable del de «racionalidad práctica». Los esquemas cognitivos mediante los cuales los individuos dan sentido a su experiencia no son racionales ni irracionales, son «razonables». Formados en la práctica, son esquemas para la práctica, funcionan dentro de una urgencia de tiempo. Presuponen un sistema de categorías y esquemas cognitivos a partir de los cuales se va a dar sentido a la situación, se va a seleccionar la información relevante y se van a producir prácticas y decisiones.

Pero estos esquemas de producción de percepciones, apreciaciones y prácticas no son iguales para todos los individuos. Dependen de la «trayectoria social» del conjunto de posiciones ocupadas en las diferentes instituciones sociales y, sobre todo, de la posición familiar en la estructura social.

La formación de esquemas es función de la posición en la estructura social. A cada posición distinta le corresponderán distintos universos de experiencias, ámbitos de prácticas, categorías de percepción y apreciación: la inmersión en mundos de experiencias distintos produce sujetos distintos.

Pero la posición en el espacio social no se reduce a la simple posesión de capital económico. Hay otras especies de capital. El capital es una relación social, permite la apropiación -y la expropiación- de recursos. La estructura de capital de un grupo dará la medida en que pueda apropiarse de una parte del producto socialmente producido. Además del capital económico, juegan un papel importante en la apropiación diferencial del producto socialmente producido el capital cultural, el simbólico o el social.

La formación del esquema de un individuo estará en función de la estructura de su grupo y de su posición en los diversos grupos con los que se relaciona. El esquema es funcional a la posición social del grupo: conjunto de esquemas generativos de percepción, apreciación y prácticas; se mantiene porque funciona, porque permite la reproducción simple -mantenimiento de la posición-, o ampliada -promoción social- del grupo. Pero el esquema no siempre funciona: formados sus esquemas básicos en las etapas más tempranas de socialización -de producción de sujetos- puede hallarse confrontado a situaciones muy distintas a aquellas en que ha sido producido.

La imposición de un principio de equivalencia, de una jerarquía entre principios de equivalencia o de un ordenamiento de sujetos y objetos dentro de un principio de equivalencia es lo que se denomina «violencia simbólica». Mediante la violencia simbólica se logra la complicidad de los dominados en su dominación.

Las Estrategias Patronales De Gestión De Mano De Obra

El esquema teórico anterior -de producción de sujetos, de estrategias y del valor de sujetos, objetos y estrategias- nos puede proporcionar los elementos fundamentales para emprender el estudio de las estrategias patronales de gestión de mano de obra.

Para comprender una práctica o estrategia tenemos que comprender cómo ha sido producido el agente de la práctica y el campo dentro del cual ésta tiene lugar. La estrategia es el resultado de la relación entre estos dos sistemas de relaciones. Y estos dos sistemas de relaciones sólo pueden ser comprendidos si se ha comprendido la historia de su producción.

La mayor parte de la sociología industrial ha descuidado, en su estudio de las estrategias de gestión de mano de obra, el estudio en profundidad de la producción de los sujetos de estas estrategias: empresarios, relaciones laborales, supervisores, etc. En nuestro marco teórico, este «olvido» es inaceptable. Entre una serie de «condiciones objetivas» -estado del campo, como desarrollo tecnológico, relación entre oferta y demanda de trabajo, legislación laboral, etc.- y la estrategia producida por empresarios o los Relacionistas

Industriales median los esquemas cognitivos y valorativos de estos agentes. Estudiar la producción de estos agentes requiere estudiar no sólo su posición, sino también su disposición. Este estudio requiere dejar a un lado los estrechos marcos de la organización del «mercado de trabajo».

No hemos de tener en cuenta únicamente la posición de los agentes dentro de la empresa, sino también fuera. Dentro de la empresa, el sujeto tiene una determinada parcela de poder, competencias, atribuciones, tareas a realizar, inserción en una serie de redes, etc. Pero el sujeto no hace únicamente lo que la definición institucional de su posición implica. El sujeto ocupa su posición: utiliza a la organización en estrategias cuyos objetivos no son los de la organización.

Para comprender las estrategias dentro de la empresa, hay que comprender el lugar que ocupan en el campo general de estrategias de promoción y reproducción social del sujeto. La «empresa» -o su staff ejecutivo- deja así de ser el sujeto del relato -una unidad- para pasar a ser una entidad problemática: un lugar de confrontación de diversos sujetos y grupos sociales que producen estrategias -indisociablemente de producción de valor y de apropiación de recursos- que sólo pueden comprenderse comprendiendo también la posición de los sujetos fuera de la organización.

Pero no basta con situar la posición del agente dentro de la empresa en su campo general de estrategias. Hay que introducir la historia de la producción de este agente: historia que el agente ha incorporado en forma de esquemas de percepción, apreciación y producción de prácticas. Así, hay que comprender toda la trayectoria familiar -fundamental, por la importancia de la socialización primaria en la conformación del esquema-.

Pero también toda la historia de las diferentes redes sociales en las que el sujeto ha estado inmerso y de las instituciones -y su posición en éstas-por las que ha pasado, historia incorporada sin la cual no podríamos explicar la diferencia de prácticas a igualdad de condiciones

El campo dentro del cual se desarrollan las estrategias de los agentes suele ser concebido como las «condiciones objetivas» dentro de las cuales se toma una decisión. Y buena parte de la sociología industrial se dedica a aislar algunas de ellas como «variables independientes» de las estrategias.

Sin embargo, si en vez de «fetichizar» factores como la tecnología o las cualidades, nos remitimos a los procesos sociales de construcción de estos factores como procesos de confrontación de estrategias de grupos y sujetos -definidos tanto por sus posiciones actuales en las relaciones de producción y en la estructura de distribución de capital en los diversos mercados como por la historia incorporada de sus posiciones pasadas-, hemos de cambiar totalmente la perspectiva en el estudio del campo y, olvidando el fácil aislamiento de algún «factor» como variable independiente, describir el proceso de producción continua de sujetos, objetos y grupos.

El área en el que un sujeto o grupo produce sus estrategias estaría así constituido: por la estructura de las estrategias pasadas realizadas por los distintos grupos, objetivadas ahora en la estructura del campo en forma de objetos -así como la tecnología, divisiones de grupos, códigos legales, derechos y deberes no escritos de los diversos grupos, estructura de cualificaciones, etcétera-; por la estructura de las estrategias efectivamente realizadas en el momento por los otros grupos y agentes.

Es volver a situar, por tanto, a una estrategia particular de un agente en el campo de todas sus estrategias de promoción y reproducción social, y en el campo de las estrategias del resto de agentes y grupos aplicados. Esto nos lleva a considerar toda práctica efectivamente realizada como el producto de una colusión de estrategias. Y esto es así incluso en el caso de los trabajadores que parecen más débiles, más a merced del empresario. Entender las prácticas de gestión de mano de obra implica entender por qué los dominados participan en su dominación. Los obreros no son simples objetos de la violencia -física o simbólica- del empresario. También son sujetos de estrategias, y obtienen, dentro de una economía simbólica, que es también una economía política de promoción y reproducción social, beneficios de su dominación. Muchos de los trabajos en sociología industrial contraponen una dominación basada en el control y otra basada en la cooperación. En el marco teórico que aquí proponemos, toda relación económica es una relación moral, y viceversa.

Aún en las relaciones aparentemente más «duras», más basadas en el control es necesario un trabajo de imposición simbólica. Todo contrato tiene una base moral que no se reduce a lo explícito, a lo escrito. Hay una economía simbólica de las RI, como de todas las relaciones sociales. Economía indisociablemente política, económica y moral, pero en la que es importante distinguir las estrategias que se presentan como puramente económicas, de las que sólo pueden funcionar sobre el desconocimiento del interés económico.

Estas estrategias simbólicas están fundadas sobre la lógica del don: sólo si se presentan como desinteresadas tienen eficacia económica. Por ejemplo, algunas de las más modernas técnicas de administración de recursos humanos, que se emplean en las empresas bajo el asesoramiento de expertos en consultoría, tienen como fundamento este tipo de estrategias de ocultación y manipulación simbólica, de intenciones e intereses reales. Las empresas contratan en estos casos un servicio de expertise que supuestamente les debe permitir amortiguar la «violencia explícita» de las operaciones más puramente mercantiles que realizan con sus recursos humanos (reducción de plantilla, recortes salariales), de tal forma que sean mejor aceptadas por la plantilla

Estudiar la empresa y el mercado de trabajo, por tanto, supone estudiar esta dinámica de estrategias de producción de valor: la acumulación de «crédito social» en las diversas redes del juego a través de una dinámica de dones; las estrategias por definir y redefinir las fronteras de los grupos; la manipulación del mercado de bienes de legitimación ya que las estrategias, para ser eficaces, han de ser legítimas y de los principios de equivalencia del valor de sujetos y objetos. Estudiar las organizaciones es estudiar toda esta trama de relaciones sociales en las que se construye el valor de los sujetos y los objetos en juego.

Estudiar la producción social del valor del trabajo humano en las organizaciones, es también, finalmente, una parte importante de la investigación sociológica más general sobre los procesos de construcción social de campos de valor y de interés históricamente variables, y sobre la «dominación por la lógica de la economía» como parte de una «economía de la dominación política» que se desarrolla en todos los ámbitos de nuestra vida.

Así, el modo de análisis científico social propio de la sociología económica debiera contar entre las finalidades últimas de su búsqueda científica, el esclarecimiento de las distintas formas de la violencia social, de sus distintas causas y de sus distintos modos de composición y predominio histórico: Se comprende que el desarrollo de las fuerzas de subversión y de crítica que las formas más brutales de la explotación «económica» han suscitado, y la revelación de los efectos ideológicos y prácticos de los mecanismos que aseguran la reproducción de las relaciones de dominación, determinen un retorno a modos de acumulación fundados en la conversión del capital económico en capital simbólico, como todas las formas de redistribución legitimadora, pública (política «social») o privada (financiación de fundaciones «desinteresadas», etc.) mediante las cuales los gobernantes se aseguran un capital simbólico que no parece deber nada a la lógica de la explotación.

Poder Y Sindicalismo

El poder se considera como la capacidad de influir en el comportamiento, se utilizan modelos conceptuales de poder relativamente simples para examinar las fuerzas motivacionales que pueden crear diferentes sistemas administrativos y sociales para resolver conflictos.

En estos conflictos sólo hay ganadores y perdedores. Para lograr los fines, cada parte a menudo trata de utilizar alguna forma de poder que la parte contraria recibe perjudicial para ello, por ejemplo: las huelgas, las interrupciones de trabajo, el sabotaje por parte de trabajadores, traen consigo actitudes de temor y son desfavorables para la parte perjudicada, esto es un poder negativo (P-). Cuando existe una resolución de conflictos en los que sólo hay ganadores, cada parte trata de comprender el punto de vista de la otra y, por lo tanto, habrá resultados positivos, este poder será (P+).

El sindicalismo se sitúa hoy en terreno menos claro ya que la defensa de los intereses de los trabajadores no necesariamente se traduce hoy aquí en enfrentamiento con la clase oponente y con el actual estado de cosas. Cabe un sindicalismo integrado en el sistema y formando parte de él. El sindicalismo ha pasado de ser centro y totalidad a ser parte, una parte más dentro de los elementos de ese cambio social que deberá ser más amplio y social. La nueva situación supone una redefinición de la propuesta de transformación social y dentro de ella, el papel del sindicalismo, éste no puede plantearse como un hecho autosuficiente, aislado de otras problemáticas y propuestas sociales.

El sindicalismo nace por la necesidad y con la finalidad de proteger a los trabajadores y sus intereses laborales, como lo son el salario, prestaciones, condiciones laborales, etc. Este objetivo trajo como consecuencia el disgusto de los empresarios ya que sus ganancias dejarían de ser altas y lucrativas, a consecuencia de esto, los obreros crean asociaciones con la firme intención de presionar a los patrones para obtener lo que querían.

Estos grupos llamados sindicatos, con el luchar y el pasar del tiempo obtienen un poder dentro de la empresa y dentro de la sociedad, ya que no solamente es un organismo de defensa laboral, sino que se convierte en un organismo de transformación social, participando activamente dentro de la vida social.

El poder que obtuvieron estos grupos mediante grandes luchas ha sido parte de corrupción para algunos líderes sindicales, que lo único que intentan es obtener beneficios personales a través de los intereses y sacrificios de los obreros. Esto ha caído en una mafia casi incomparable, ya que estos líderes no tratan de beneficiar al obrero, sino al patrón y, hasta beneficiar al propio gobierno con la finalidad de ocupar una posición acomodada dentro de una sociedad consumista y materialista.

Dentro de una empresa donde los trabajadores son explotados, el manejo de los conflictos se inicia de acuerdo con cómo se dan las estrategias, la visión de una sociedad industrializada para manejar estos desacuerdos y conflictos, refleja una filosofía, unos valores y un sistema social más refinado o más en decadencia, lo mismo que todos los demás principios y procedimientos empleados por las organizaciones que están dentro de esta sociedad.

El control de un conflicto es una función importante de dicha investigación dentro de cualquier empresa es, en consecuencia, la existencia de mejores principios y estrategias para manejar los conflictos de una forma más constructiva. El conflicto es inherente a la vida de toda empresa y de todo individuo. Se dice que no existe crecimiento organizativo si no existe conflicto, la mayoría de las interacciones humanas se caracterizan por el desacuerdo y el conflicto y las que tienen lugar en el contexto de las organizaciones, no son la excepción.

El sindicato podría ser una organización de carácter remunerativo ya que los individuos se integran en función a sus intereses económicos recibidos por el desempeño de una actividad o servicio, no obstante, existe una importante proporción de individuos para quienes lo más importante de su trabajo es la finalidad que persigue. Las huelgas mismas intensifican el conflicto dado que ocasionan que los trabajadores y sus sindicatos creen sentimientos hostiles y amargos hacia la administración en curso. Esto acarrea, por lo tanto, una sociedad conflictiva y mal encaminada hacia algunos valores triviales que las personas consideran importantes, pero que nos ocasiona problemas y muy malas consecuencias en nuestras vidas personales y en el ámbito de la colectividad.

Con argumentos más efectistas que efectivos, en el mundo se aboga por hacer política sindical del Siglo XXI, porque se está perdiendo la carrera y la apuesta por un sindicalismo moderno adecuado a los nuevos tiempos, un sindicalismo que conecte con los trabajadores de nuestra sociedad actual. Sobre todo, los jóvenes quienes cada vez más rehúyen a incorporarse a las asociaciones sindicales, su apatía es desesperante para los líderes sindicales. Hace un tiempo escribía que uno de los retos principales con los que el sindicalismo actual tenía que lidiar, es tener la capacidad para articular una respuesta contundente para todos aquellos indignados por las promesas incumplidas de la globalización y sus efectos más perjudiciales en el mercado de trabajo, los bajos salarios y el desempleo.

Existen cientos de autores, sin embargo, es Stiglitz quien mejor define la globalización situándola como el proceso de integración mundial en dimensiones económicas, culturales y político-ideológica. En la conformación de un mundo laboral integrativo e incluyente, la primera de ellas es la que más nos interesa, vendría acompañada de una liberalización, así como una desregulación e internalización de los mercados de bienes y servicios. Esto supone irremediablemente una progresiva pérdida de soberanía por parte de los Estados a la hora de ser capaces de regular sobre determinadas materias.

Este panorama es terreno abonado para el surgimiento de la empresa transnacional, que evita la regulación de un Estado al poder situar en diferentes espacios regulatorios las relaciones de trabajo que genera. A este proceso se le suma la deslocalización, mecanismo que permite trasladar la producción a otros países donde los costos de producción son más reducidos. El sindicalismo se enfrenta, por tanto, ante la titánica tarea de representar a los trabajadores en un escenario de alta volatilidad a la vez que el Estado social cede terreno a las políticas de corte neoliberal.

¿Cuál debe ser por tanto la respuesta de los sindicatos ante la globalización? Los sindicatos requieren de una negociación dura, pero inteligente. No se trataría tanto de atacar a la empresa multinacional, ni a la globalización sin miramientos, al fin y al cabo, se puede afirmar que es una realidad asentada y que ha conseguido ciertos beneficios en términos de bienes baratos que incrementan la calidad de vida y del bienestar, además de una lenta pero continua evolución de la renta per cápita mundial al alza, hasta antes de la crisis del 2020. También deberán reformularse algunas de sus tesis y responder de la misma manera. ante la globalización del mercado de trabajo y de la globalización de las fuerzas sindicales.

El mayor reto al que se enfrentan las confederaciones sindicales mundiales y todos los sindicatos en sus países respectivos es el de la precarización del trabajo. En primer lugar, aunque el progreso técnico ha supuesto una demanda cada vez mayor de mano de obra altamente cualificada, ha ido dejando por el camino a una gran cantidad de trabajadores que no han podido adaptarse a estas exigencias de una forma tan rápida. Se ha producido, en palabras de Ralf Dahrendorf, una descualificación de los obreros, especialmente de las industrias mecánicas. Este hecho golpea de manera significativas a las fuerzas sindicales, puesto que una gran parte de su músculo social provenía de estos centros de trabajo. Los sindicatos afrontan los retos del proceso de globalización desde una posición de debilidad. El ajuste neoliberal del capitalismo iniciado y el proceso de globalización han comportado una modificación de las relaciones de fuerza entre capital y trabajo en un sentido favorable al primero. En los países industrializados los sindicatos se han visto debilitados debido a la crisis de la ocupación, las estrategias empresariales de reorganización de la producción y las nuevas políticas de gestión de la mano de obra, y las transformaciones de la estructura productiva. Mediante un juego de palabras, podemos decir que el fin del capitalismo organizado según la conocida expresión de Lash y Urry (1987) ha comportado una reorganización del capitalismo a través de la desorganización del movimiento obrero. Desde hace ya bastantes años es común utilizar el término "crisis" para referirse a la situación de los sindicatos.

Por el otro lado, cada vez es más profunda la diferencia que empleo estándar y trabajo atípico. Gerry Rodgers aborda ambos tipos afirmando que el primero está marcado por una fuerte influencia de la negociación colectiva, con la estabilidad y la jornada completa como rasgos principales. El segundo, que empieza a ganar terreno a la vez que las políticas liberales ganan predicamento y el Estado de Bienestar se pone en duda, estaría caracterizado por la eventualidad, jornadas parciales y una progresiva degradación de los términos contractuales.

En general, puede señalarse que las grandes organizaciones sindicales del mundo, nacionales e internacionales, tienen importantes dificultades para adaptarse a los retos de la globalización y desarrollar una práctica sindical efectiva contra el neoliberalismo. La crisis sindical es un fenómeno complejo, que presenta diferentes dimensiones. Así, debemos recordar que cuando se analiza la situación actual del sindicalismo es importante evitar un enfoque estrecho, exclusivamente centrado en la concepción de los sindicatos como agentes de la negociación colectiva, sino mantener una perspectiva más amplia, que analice a los sindicatos tomando en cuenta el conjunto de sus funciones y que contemple las distintas facetas de su crisis. Ésta se manifiesta a través de varios aspectos, cuya intensidad y grado varía considerablemente en función de cada país.

También esto supone un contratiempo para los sindicatos por la dificultad de organización eficaz dentro de estas estructuras. Piénsese que no es lo mismo conseguir unificar las reclamaciones de los obreros de una fábrica o complejo industrial, con un centro de trabajo localizable y unas perspectivas temporales definidas que las de miles de personas que trabajan en centros comerciales, hostelería o call centers, con horarios partidos que no favorecen el contacto entre compañeros o sin saber si estarán en otro puesto de trabajo a los tres meses.

De forma esquemática podemos señalar las facetas de esas crisis:

a. Una crisis de afiliación, un fenómeno generalizado en muchos países, aun- que con grados muy diversos (y con algunas excepciones como es precisamente el caso español, griego, francés o alemán), y una crisis de representación, en particular entre determinados colectivos de trabajadores, como los precarios, los jóvenes o los inmigrantes, provocando situaciones de creciente envejecimiento de la afiliación sindical, dificultades para feminizar su composición y, en definitiva, dificultades para reflejar en la propia composición interna la realidad muy heterogénea de la clase trabajadora hoy en día.

b. La reducción de la conflictividad laboral en el marco de un contexto más amplio de transformación del conflicto laboral y de disminución de la capacidad de presión de los trabajadores, dentro y fuera de la empresa, y de su poder de negociación. A pesar de ello, hay que señalar la reemergencia de significativos episodios de conflictos laborales importantes en varios países europeos, Chile y Argentina en América latina y en países del sudeste asiático, aunque desde unos niveles globales de conflictividad laboral bajos.

c. Una crisis de función en el centro de trabajo, debido a los procesos de individualización de las relaciones laborales y a las nuevas técnicas de gestión de la mano de obra, que buscan cortocircuitar y hacer prescindibles a los sindicatos.

d. Una reducción de la influencia social de los sindicatos, de su valoración por parte del grueso de los asalariados y de su capacidad para actuar como organizaciones de referencia político-ideológica para estos, de su peso en la vida política y social de cada país, y de su capacidad para influenciar los procesos de toma de decisiones en el terreno político de forma sustantiva.

España y los países latinoamericanos no se caracterizan por una alta afiliación a los sindicatos, aunque está aquel en la media de la OCDE y los últimos muy abajo de la media. Además, el número de afiliados no ha parado de descender durante los últimos diez años, lo que los coloca en una situación complicada al sindicalismo de cara al futuro. Intentar capear el temporal confiando en que cuando la situación laboral mejore (si alguna vez realmente es así), también lo harán los sindicatos, resulta un tanto ingenuo por cuanto lo que está verdaderamente en juego es la esencia de la cultura sindical.

Al igual que la socialdemocracia, puede que el sindicalismo atraviese horas bajas precisamente por los grandes éxitos y avances que consiguió, sin haber sabido adaptarse a los nuevos tiempos y mostrarse útiles para las nuevas generaciones, que en muchos casos ya no van a tener las mismas dinámicas que sus padres y madres. Se trata sin lugar a duda de un proceso complejo y sin soluciones sencillas. Pero un buen comienzo puede pasar por crear redes globales de solidaridad obrera al mismo tiempo que se reconecta con las capas más jóvenes de trabajadores para demostrar que, al igual que en el pasado los sindicatos fueron útiles, también lo pueden ser ahora.

La crisis sindical, desde este punto de vista, es una crisis estratégica y de proyecto e identidad. Fenómenos como, por ejemplo, la caída de la participación de los afiliados en la vida interna de los sindicatos y la reducción de la proporción de militantes activos del conjunto total de los afiliados, muestran procesos de despolitización y debilitamiento de su base social real. Sin escuelas de sindicación, eventos, conferencias y promoción del sindicalismo y sus beneficios, difícilmente se va a atraer a jóvenes a integrarse activamente.

Esta cuestión va ligada a la creciente dinámica de institucionalización del sindicalismo y de consolidación de un sindicalismo de representantes profesionales, en un contexto paradójico en el cual, como señala Recio (2012), la institucionalización se produce en paralelo al declive de sus fuerzas reales y de su influencia social. En este sentido, debemos recordar como en la OCDE los estados han tenido lugar en las últimas décadas un proceso simultáneo de reducción de derechos sociolaborales y de institucionalización de la intervención sindical. La magnitud de la crisis contemporánea del sindicalismo ha llevado a varios autores, en particular durante los años noventa, y a partir del 2015 cuando se da el nivel más bajo de afiliación sindical en el mundo, a defender un punto de vista fatalista y considerar que éste se encuentra en una crisis terminal e irreversible, como es el caso de Castells (1997) para quien el sindicalismo está históricamente superado. Estos puntos de vista entroncan, en cierto modo, con obras precedentes como las de Touraine (1986), Munck (2014), OIT (2017), Leone (2012). Contrariamente a este punto de vista, consideramos que dicha crisis ni es irreversible ni es inevitable y su evolución depende, en parte, de las propias opciones estratégicas que los mismos sindicatos adopten (Antentas, 2006).

Poder Y Política En Las Organizaciones

Como hemos dicho, esta estrategia presenta elementos claramente problemáticos que explican los límites de los resultados obtenidos, en términos de cambios en los procesos de liberalización económica o de regulación de las actividades de las multinacionales. El problema fundamental del sindicalismo es que no posee una capacidad de acción internacional efectiva real en ninguno de los distintos ámbitos de la acción sindical, ya sea en el nivel de empresa, de sector o general. A pesar de ser reconocido como un interlocutor legítimo en distintas instancias internacionales, la capacidad de influenciar en la toma de decisiones por parte sindical es muy limitada. La estructura de la administración y el sindicato consta de tres actores principales: los trabajadores y sus representantes (sindicatos); los gerentes (dirección) y los representantes del gobierno en la rama legislativa, la judicial y la ejecutiva (Gobierno). Aun cuando cada una de las partes depende de las otras, no son iguales. El gobierno es la fuerza dominante (el poder), ya que define los papeles de la administración y los sindicatos mediante leyes.

El poder es el potencial de influir sobre personas y hechos, mientras que la política es el proceso de acumular y ejercitar el poder. Existen varios métodos para medir el poder: uno de ellos es calcular la influencia potencial examinando los resultados de decisiones controvertidas en una organización; un segundo método es determinar el poder examinando las fuentes de poder disponibles para cada una de las partes y las limitaciones para su uso, el tercer método supone que existe una distribución de poder relativamente establece en un momento dado en un tiempo, que los miembros de la empresa saben quién tiene mucho poder y que están dispuestos a hablar abiertamente acerca de la distribución del mismo. Pero ya que todos los métodos son inexactos, el mejor planteamiento es utilizar diferentes medidas.

Se define a la política como la actividad o conducta por medio de la cual, el poder es desarrollado y utilizado para obtener los resultados de la propia preferencia. La conducta no política comprende procesos de análisis, toma de decisiones y otras actividades que no incluyen el uso del poder o su acumulación.

Las personas o instituciones que poseen el poder tienen la capacidad de influir. Mientras que la autoridad tiene el derecho de ejercerla. La autoridad se basa en las percepciones acerca de las prerrogativas, responsabilidades y obligaciones asociadas con el puesto de una persona en una empresa o sistema social; un problema que se presenta en las organizaciones y por el cual los órganos defensores de los trabajadores deben actuar, es que en estas organizaciones van y vienen y no puede haber tiempo suficiente para desarrollar estos tipos de influencia personal.

Así la empresa confía en la autoridad como un mecanismo para la obtención de una conformidad mínima de los requerimientos del papel y directivas de la administración.

Dentro del conflicto, este no necesariamente conduce a la acción política y es probable que una decisión sea considerada como importante si está en juego el status o supervivencia de la parte, si está en peligro el equilibrio de poder en la organización, si se encuentran involucrados profundos valores ideológicos; aquí entraría el poder de parte del gobierno ya que moldea la estructura entre los sindicatos y los administradores, por medio de la creación de leyes a favor de cada una de las partes y sobre todo de los trabajadores, como lo podría ser toda la Ley Federal del Trabajo, sus tribunales laborales, etc.

Existen problemas dentro de las relaciones que se dan entre los obreros y los patrones, para mostrar alguno de los casos se puede el modo en cómo, el sindicato poderoso, toma decisiones con la finalidad de perjudicar al patrón, para presionarlo de manera de que el patrón accediera a las peticiones del sindicato. Aun cuando la mayoría de los sindicatos no abusan de su poder y que existen casos aislados, creo que deberían de existir restricciones legales más fuertes en contra de los excesos de los sindicatos (huelgas por solidaridad, huelgas en servicios básicos, etc.).

La cooptación es un proceso para obtener el apoyo de partes opositoras o minar su oposición. Una forma de cooptación es invitar a representantes de un grupo a unirse a un comité o consejo de asesores, cuyas decisiones es probable que se opongan al grupo; si se puede inducir a los representantes para respaldar públicamente la posición de la otra parte sobre alguna premisa, es probable que las actividades privadas de los representantes cambien hacia una consistencia con su posición pública para reducir la discordia. Este método es muy usado en nuestro medio por parte de patrones o líderes sindicales, con la finalidad de evitar conflictos o con la intención de tener a su favor la parte contraria y así poder hacer lo que les favorezca, de esta manera es como la mayoría de las personas que tienen un puesto o posición dentro de una organización, va corrompiendo a éstos y por lo tanto a las personas.

Es posible que los conceptos y definiciones sean claros y que lleven la mejor de las intenciones, pero los fines con que los usan algunos líderes que poseen esa capacidad de influir es mucho más diferente, se encamina a su beneficio único, ya sea por algún nivel de vida, dinero en demasía, seguir teniendo el poder, etc.

Estas personas se caracterizan por poseer una orientación al poder personalizada y por lo tanto son emocionalmente inmaduras y tienen pocas inhibiciones o autocontrol. Ejercitan el poder impulsivamente para dominar a otros y mantenerlos débiles y dependientes. Las personas que tienen una orientación hacia el poder socializada son más maduras emocionalmente; ejercitan el poder para el beneficio de otros y dudan acerca de usar el poder de manera manipulativa.

Por último, diremos que las luchas por el poder son una parte necesaria del proceso de adaptación, pero al menos que exista alguna restricción en la variedad de las tácticas de poder utilizadas, el conflicto puede sufrir una escalada hasta el punto en que inmovilice la empresa o la desintegre.

6 LA FLEXIBILIDAD LABORAL

Marco De Cambio

En este capítulo se analizan los conceptos de relaciones laborales (RL a partir de ahora), vinculándolos a los cambios derivados de la introducción del concepto de flexibilidad laboral. Luego se describe la lógica de la flexibilización de la contratación colectiva, en relación con la crisis de la base sociotécnica de los procesos colectivos, tratando de adelantar una explicación de los factores que influyen en la flexibilización de las relaciones laborales en México. Como se describió anteriormente, en su modelo Dunlop propuso el concepto de Sistema de Relaciones Industriales (SRI) para referirse a los «valores básicos las leyes, las instituciones de empleo». Sin embargo, en la teoría social actual el concepto de sistema provoca un cierto recelo por la forma en que se le utiliza, como justificante de todo, han resultado más pertinentes los de rejilla o de «constelación», para dar cuenta de relaciones menos duras que las sistemáticas, con discontinuidades, dispersiones, contradicciones, relaciones duras (causa–efecto), junto a laxas (impresiones ilustraciones). Otro tanto podríamos decir del «sistema de RI», como constelación de relaciones no todas son funcionales con respecto al todo, un «sistema» no totalmente coherente. Por otra parte, la definición de Dunlop tiene un pequeño sesgo con la acentuación del carácter regular de las RL, con valores compartidos, normas claramente establecidas y aceptadas por los actores formando con sus instituciones un sistema, a la manera del sistema social de Parsons.

De cualquier manera, el concepto de SRI remite a varios niveles de análisis que, sin constituir un sistema, pudieran ser articulados con otros niveles propios de las relaciones laborales. Por un lado, la negociación colectiva que es el centro de las RL podría ser contemplada en tres niveles: a) El estratégico: objetivos, estructuras y estrategias de sindicatos y administración; b) El funcional: proceso propiamente de negociación colectiva, que implica un marco jurídico laboral, instituciones y procedimientos, así como costumbres y tradiciones; y c) El del lugar de trabajo: como se traducen las RL y la negociación colectiva en el lugar de trabajo. Algunos espacios y niveles son de relación inmediata en el lugar de trabajo y otros, son medidos por instituciones, a continuación, se describen sólo algunos de ellos.

En primer lugar, no habría por qué suponer que las relaciones de capitales, trabajo (C–T) en el proceso de trabajo forman un solo sistema, ni que los valores son compartidos, ni que hay una integración total para que el proceso de trabajo sea eficiente. Por ejemplo, habría que considerar el peso de la coerción en el proceso de trabajo, con normas no necesariamente consensuales sino considerarlas como impuestas verticalmente por la dirección. Algunas de las principales dimensiones de las relaciones C–T en el proceso de trabajo serían:

·El proceso de emplear.
·El proceso de desemplear.
·Los estilos de mando.
·Las sanciones.
·La estabilidad de empleo.
·La participación obrera en el diseño del proceso.
·La división del trabajo y la forma de la asignación de las tareas.
·La capacitación.
·Las funciones de los puestos.
·La movilidad interna.
·La estructura jerárquica.
·Los grupos informales de trabajo.
·Las relaciones interpersonales dentro del trabajo.
·Los conflictos entre obreros y de éstos con los mandos Intermedios.
·La «negociación colectiva» informal en los lugares de trabajo en cuanto a interpretación de las normas laborales.

En segundo lugar, está la circulación de la fuerza de trabajo: las relacionadas en el ingreso (salario) de los trabajadores y el volumen del empleo (mercado de trabajo), entre otras. Estas relaciones han sido campo privilegiado de la contratación colectiva. Además, en la reproducción social de la fuerza de trabajo. Pueden ser desglosadas en una gestión estatal de la fuerza de trabajo y una gestión organizacional y sindical de la fuerza de trabajo. Por otra parte, existe el área del conflicto y la negociación colectiva, que pueden estar presentes sin agotarlas en las tres anteriores.

Niveles relacionados con la negociación y el conflicto serían los de la relación entre sindicatos y estado, y el sistema jurídico laboral; a otro nivel habría que incluir el proceso de negociación colectiva en su aspecto formal e informal, o bien en México «las dos lógicas de la negociación colectiva», donde lo informal no es simplemente lo que llena los poros que deja fuera lo formal, sin aquello que llega a sustituirlo. Y, finalmente dentro de los conflictos, tendrían que ser también consideradas las relaciones de los sindicatos con el «sistema político» y las relaciones más amplias (pactos históricos, corporativismo) entre sindicatos (Estado–organización).

Con esos antecedentes, y las características específicas de la industrialización del país, tendremos que analizar lo que ha ocurrido en el curso de las últimas décadas, cuando las organizaciones de México han tenido que responder al rápido cambio tecnológico, a la recesión de 1995, a los mercados globales cada vez más inciertos y competitivos y al cambio de las expectativas de los trabajadores. Una de las estrategias para enfrentar estas condiciones, ha sido eliminar los rigores del mercado laboral, como el trabajo restrictivo y las prácticas administrativas, las horas de trabajo fijas, las competencias anticuadas y una instrucción y formación impropias. Los cambios en la tecnología y las prácticas laborales también han sido acompañados de una reestructuración corporativa radical, que ha dado como resultado unas estructuras administrativas más eficaces y uniformes. El desplazamiento del cambio constante es una realidad en la vida organizacional de fines de los años noventa y lo que va de este siglo XXI.

Tener una estructura formal facilita los cambios de conducta, pero no los garantiza. La participación real y la que se recomienda formalmente, están lejos de la perfecta correlación. La participación informal se puede presentar en el lugar de trabajo, y puede que el sindicato y la organización colaboren a niveles elevados, ambos sin estructuras formales de participación. Por otro lado, muchas estructuras formales se atrofian enseguida. Para que los esquemas formales de participación tengan un efecto duradero tiene que recibir un gran apoyo de los altos directivos de la organización y, en las organizaciones sindicalizadas, de los altos mandos sindicales.

Es obvio que, ante la problemática del entorno, una sola forma de participación puede tener poco efecto, sobre todo si es incongruente con otras políticas empresariales y sindicales. La participación informal genuina, tiene que fortalecer la participación formal, en el lugar de trabajo, no la «seudoparticipación». Los programas específicos formales, funcionan mejor cuando se combinan con otras prácticas diseñadas para desarrollar una cultura de «alto compromiso», tales como los pagos diferenciales en base al conocimiento y la habilidad, y la participación en las utilidades.

Además, la experiencia en México indica que es más probable que la introducción de prácticas de flexibilidad laboral tenga éxito, si existen relaciones de colaboración a niveles altos, entre los participantes directos y representativos de los agentes que participan en la organización; ya que sin esta la colaboración, a niveles bajos nunca obtendrá apoyo. La participación representativa puede sobrevivir sin participación directa, pero no logrará todos sus beneficios.

Por último, participación sólo puede conducir al estancamiento y a la frustración, a no ser que las relaciones globales trabajadores–empresa sean razonablemente buenas. Los mandos de ambos lados deben desarrollar nuevas actitudes y destrezas. Esto está lejos de ser fácil, puesto que no es probable que desaparezcan los conflictos de intereses; lo más difícil es quizá que todos deben aprender a tolerar las tensiones que surgen, cuando coexisten relaciones confrontadas y de colaboración.

En la medida en que la tecnología se hace más compleja y el entorno más turbulento, es posible que la empresa dependa cada vez más del conocimiento del compromiso y de la capacidad de los trabajadores para ejercer la discreción. Los cambios de estrategias en el mercado laboral y en la tecnología han puesto a otro de los principales grupos con interés en la organización, los sindicatos, bajo una presión cada vez mayor, las afiliaciones decrecen con rapidez.

A nivel de organizaciones, el debate de la flexibilidad se lleva a cabo sobre la competitividad y la capacidad de respuesta, pero a nivel individual, esto no tiene una traducción sencilla. Si las relaciones laborales se definen en función de la distribución de poder dentro de una empresa, tanto vertical como horizontalmente, entonces la flexibilidad laboral tiene que definirse dentro del mismo marco.

El concepto de flexibilidad, sólo se puede entender completamente en el contexto de las relaciones de trabajo entre todos los grupos con intereses en la organización. Especialmente importantes son las relaciones entre los gerentes, los sindicatos y los trabajadores. La flexibilidad es un componente clave del control empresarial. La adopción de formas distintas de flexibilidad proporciona una oportunidad más para redefinir las relaciones de poder entre estos grupos de interés, dentro de las organizaciones de una forma abierta y disimulada.

La flexibilidad laboral al nivel de la empresa ha adquirido importancia en el debate actual sobre la flexibilidad del mercado de trabajo, por dos razones. La primera, a partir de la entrada en vigor del Tratado de Libre Comercio de América del Norte (TLCAN- TMEC), en México la dureza de la competencia internacional y los conflictos externos, han incrementado las presiones a las que se someten las organizaciones nacionales para adaptarse a la nueva situación de los mercados de productos y de los factores de producción, y ha creado un clima de inestabilidad económica donde las bruscas variaciones de los precios del petróleo, por ejemplo, obligan a las organizaciones a encontrar los medios para enfrentarse y adaptarse constante y rápidamente a las nuevas circunstancias.

La apertura comercial es un fenómeno vinculado de origen a los procesos de modernización y de reestructuración productiva, a la reelaboración de los proyectos nacionales de desarrollo y a los pactos sociales para la producción, el intercambio y el consumo. La capacidad de las economías nacionales para liberalizarse depende de su predisposición social a la modernización.

Lo mismo que la modernización, la liberalización comercial, tiende a ser un fenómeno inductivo. Esto quiere decir que su comportamiento se define de las experiencias particulares por entidades microeconómicas que ascienden de la empresa a la rama, al sector y, de ahí, hacia el diseño y el pacto de políticas macroeconómicas de desarrollo.

Los temas claves planteados como dilemas son dos: mayor flexibilidad y desregulación sin contrapartidas o flexibilidad negociada, y emergencia de sindicatos representativos, democratización de los existentes y descorporativización o continuación de los rasgos actuales del sindicalismo. Acerca de estos dos dilemas cabría esperar además que uno y otro estén sujetos a tiempos diferentes. Resulta más sencillo flexibilizar un contrato colectivo, que cambiar la estructura de representación de un sindicato.

Se esperaría por tanto un inicio de privatización y flexibilización de las relaciones laborales, sin una democratización sustancial. A consecuencia de la «privatización» de las relaciones laborales, las condiciones de trabajo serían diferentes según el tipo de organizaciones y de ramas de actividad.

Sin embargo, debido a la existencia de un sindicalismo corporativo, con posturas anacrónicas, corrupción interna y con procesos internos nada democráticos, y ante la evolución de las negociaciones colectivas y de la protección del empleo a rajatabla, las organizaciones que tienen sindicatos con esas características han disminuido su capacidad de adaptarse a los grandes cambios estructurales.

A diferencia de Estados Unidos, en que ha predominado el sindicalismo de negociación, en México lo ha hecho el sindicalismo corporativo. En el primer caso se impuso la práctica y la concepción de que la conciencia obrera nace del puesto de trabajo, y que hay un conflicto de intereses inherentes a las RL -empleo, seguridad, condiciones de trabajo, salarios vs ganancias-.

En México, el sindicalismo corporativo, se caracteriza por una dependencia elevada con respecto a las directrices estatales y, un compromiso acerca de la buena marcha del Estado que determina sus funciones de contratación a las político–estatales; es un sindicato de escasa democracia, en el sentido de existencia de restricciones a las corrientes opositoras, de controles institucionales e informales que limitan la alternancia de dirigencias y, por un monopolio de la representación garantizado por la Ley del Trabajo y apoyado por el Estado.

Por ello, la intensidad de la flexibilidad laboral depende de varios factores según el modelo contractual previo. Desde el punto de vista de la flexibilidad de la fuerza de trabajo los contratos en México han sido hegemonizados por el «modelo contractual de justicia social», aunque habría otros tres submodelos influenciados por el primero:

·El modelo de justicia social se ilustra en los contratos de las grandes organizaciones paraestatales que subsisten, sobre todo las que eran monopólicas, con sindicatos corporativos fuertes, con influencia importante en el PRI y en el Estado -petroleros, electricistas, ferrocarrileros, etcétera-. A este modelo pertenecen también los contratos de las grandes organizaciones de capital privado nacional o transnacional; con sindicatos fuertes.
·El modelo contractual de la pequeña y mediana organización, que debe considerarse como el hermano menor del primero. Su ideal sería aquél. Sin embargo, estos contratos colectivos son en general más flexibles y unilaterales.
·El submodelo de regulación laboral de los trabajadores del apartado B, basado en las leyes del ISSSTE, del trabajo burocrático y las condiciones generales de trabajo. Se trata de un submodelo de rigidez unilateral al nivel de las leyes mencionadas, por ejemplo, en los rubros de definitividad, asignación de tareas y el sistema de prestaciones.
·Submodelo contractual del sindicalismo blanco. Se trata de un modelo flexible desde el inicio, con sindicatos más preocupados en sus buenos tiempos por prestaciones económicas que por el control sobre el proceso de trabajo.

La flexibilización en México ha afectado, sobre todo, a los contratos del primer tipo, que mucho tiempo fueron presentados como una conquista de justicia social, en el sentido de proceso de larga duración sin un fin preciso, y de la alianza histórica entre movimiento obrero y Estado. La flexibilización que se ha ido implementando ha tocado sobre todo los siguientes aspectos: introducción de nueva tecnología; métodos de trabajo; organización del trabajo y estructura organizacional de las organizaciones, uso de eventuales; uso de subcontratistas; definición de personal de confianza; movilidad interna; polivalencia; compactación de tabuladores; eliminación del escalafón ciego; y mayor capacidad de la organización para reajustar personal de base.

También sobre la flexibilización de la contratación colectiva en México, influyen otros factores, como el hecho de si en el centro de la estrategia de la empresa -impulsada por la competencia- está la productividad y la calidad de manera inmediata. Es decir, entre más importante sean productividad y calidad para permanecer en el mercado, habrá mayor tendencia hacia la flexibilización de la contratación colectiva.

Influye también, si las empresas que compiten en el mercado internacional tendrán mayor tendencia a la flexibilidad. Organizaciones que colocan sus productos en nichos de mercado nacionales, que se encuentran protegidas por barreras no arancelarias, que sean monopolios u organizaciones paraestatales monopólicas tendrán menor propensión a la flexibilización.

Depende del tipo de estrategia empresarial con respecto a la productividad. Las estrategias empresariales actuales pueden poner el énfasis en los cambios tecnológicos; los cambios en la organización del trabajo; y los cambios en las relaciones capital–trabajo, dentro del proceso de trabajo.

Las estrategias empresariales hacia el interior de los procesos productivos pueden darse juntas o por separado. En México hemos identificado tres patrones de reconversión que pueden sintetizarse de la siguiente manera: a) Patrón intensivo, combina todas las formas anteriores -cambio tecnológico, nuevas formas de organización y relaciones laborales flexibles-. b) Patrón extensivo, se trata del que enfatiza el uso de tecnología blanda -organización y relaciones laborales-; y c) Patrón heterogéneo y parcial, se trata de cambios limitados que no conforman todavía un perfil productivo nuevo.

Podemos suponer que la flexibilidad laboral no es más, que un aspecto de la flexibilidad total de las organizaciones, que pueden introducir nuevos productos o retirar los antiguos, acelerar o disminuir la introducción de nuevas tecnologías, trasladar las instalaciones de producción, trasladar de un puesto a otro a los trabajadores, etc.; donde algunos cambios laborales, de empleo y de condiciones de trabajo se justifican debido a los cambios del entorno de la organización, ya que cualquier clase de rigidez como por ejemplo, la inflexibilidad de los mercados de capitales, las restricciones en el comercio, o un sistema de gestión rígido o anticuado, pueden limitar la capacidad de la empresa para reaccionar ante la evolución de la situación económica.

Derivado de los problemas para ser competitivos en un entorno internacional, los empresarios mexicanos desde hace años han pedido una reforma a la normatividad laboral, para tener un marco legal que sustente la flexibilidad laboral.

Frente a la necesidad de adaptarse, las organizaciones -en la práctica y sin tomar en cuenta la normatividad laboral- han utilizado ya el poder que tienen de actuar sobre el número de trabajadores (flexibilidad numérica) o sobre las tareas que se les asignan (flexibilidad funcional). La flexibilidad numérica constituye una estratégica orientada hacia el mercado de trabajo externo, es decir; las organizaciones modifican la gama de sus productos o las funciones de producción despidiendo a los trabajadores «descalificados» y contratando a aquellos que posean las competencias necesarias.

Por el contrario, la flexibilidad funcional es una estrategia basada en el mercado de trabajo interno: es decir, la mano de obra es tratada de manera más homogénea y las modificaciones de las cualidades requeridas se obtiene fundamentalmente por el reciclaje del personal, la redefinición de las tareas y la reconversión de los trabajadores, esto consiste en «aprovechar los recursos humanos» enfatizando la necesidad de aumentar las capacidades de los trabajadores, y se basa en la idea de que el factor trabajo debe conservarse.

Las relaciones laborales, en el marco del tratado de México con Estados Unidos y Canadá, los sindicatos y trabajadores quedaron desamparados porque la negociación del marco laboral fue negociado a nivel de gobiernos de los países, y, en el caso de México no se tomó en cuenta a sindicatos ni patrones. El resultado es un marco complemente desventajoso para los sindicatos mexicanos y sus trabajadores, sobre todo en el tema de las condiciones de trabajo y despidos. En la arena internacional se ofrece un campo de juego complejo para los sindicatos que no se puede comparar con el nivel estatal, precisamente debido a la ausencia de instituciones y mecanismos de control democráticos equivalentes a los que existen a escala estatal. Para ser efectivo en el terreno internacional el sindicalismo necesita luchar para construirse una correlación de fuerzas a escala internacional más favorable con el capital tal y como hizo históricamente en el marco del Estado nación. La correlación de fuerzas construida en el nivel del Estado-nación, y la capacidad de acción sindical real en este marco conquistada por los sindicatos, no puede trasladarse de forma mecánica en la arena internacional por una mera "adición" de la capacidad de acción y la correlación de fuerzas adquirida en el seno de cada país. El refuerzo organizativo y la revitalización de los organismos sindicales internacionales por sí sólo no conducen a una mayor operatividad sindical en el campo internacional. Para que el sindicalismo tenga a escala de América del norte o de Europa, por ejemplo, una capacidad de influencia y de presión equivalente a la que tiene en cada uno de los Estados europeos, no basta con desarrollar una estructura sindical americana o europea "desde arriba".

Flexibilidad Laboral: Los Efectos Directos

En el entorno globalizador, con la aplicación de esquemas flexibles no sustentados necesariamente en un marco jurídico, el tema de la reforma a la

Ley Federal del Trabajo ha vuelto a colocarse en un lugar central de las tareas pendientes del proyecto gubernamental de modernización. En él concurren circunstancias de orden interno y externo que llevarían a adoptar cambios en una zona del ordenamiento jurídico, cuyos rasgos esenciales se mantuvieron intactos durante 30 años.

Una de las presiones externas se deriva del capítulo laboral firmado juntamente con el Tratado de Libre Comercio (TMEC) que actualizó las objeciones en torno al régimen laboral mexicano, con argumentos contrarios, según la perspectiva desde la que son formuladas. Las organizaciones nacionales y extranjeras, sobre todo las primeras, buscan una armonización a la «baja» de los derechos laborales, para eliminar las cargas generadas por la rigidez y el excesivo proteccionismo de la legislación mexicana, comparada principalmente con la normatividad estadounidense. Las organizaciones sociales independientes, sindicales y de diversos tipos, dentro y fuera del país, demandan la adopción en forma paralela de normas trilaterales, que contrarresten el impacto negativo de la integración y garanticen un conjunto de derechos intocables para los asalariados de México, Estados Unidos y Canadá. También se persigue con ello preservar los programas de beneficio social existentes y cerrar el paso a cualquier modificación de las legislaciones nacionales, en perjuicio de los derechos adquiridos por los trabajadores.

Las modificaciones que se impulsan por los actores internos tienen como nuevos referentes a los ordenamientos y sistemas de relaciones laborales de los futuros socios comerciales de México. Los empresarios mexicanos invocan a la legislación estadounidense y la europea para pedir cambios en el derecho de huelga, salarios por hora, supresión de cláusulas de exclusión y del reparto de utilidades, ascensos escalafonarios por capacitación y movilidad vertical y horizontal de los trabajadores, entre otros rubros. Las organizaciones sindicales nacionales demandan, entre otras, normas de seguridad en el trabajo, pago justo de pensiones y jubilaciones y salarios cercanos a los existentes en Estados Unidos y Canadá.

Considerando los regímenes laborales de México, Estados Unidos, Canadá y Europa, las disparidades se observan en las características e importancia de las fuentes de la reglamentación -legislación local o federal, convenios colectivos, precedentes jurisprudenciales-, el nivel de protección ofrecida en lo individual y en lo colectivo y, el grado de intervención estatal en las relaciones laborales. Las distancias son aún mayores si se consideran las instituciones en particular. Una estrategia armonizadora exigiría, por tanto, la valoración del conjunto de cada uno de los sistemas de relaciones de trabajo y de seguridad social, no sólo porque dentro de ellos muchas veces se compensan las ventajas y desventajas de cada norma o práctica en particular, sino porque responden a desarrollos históricos, regímenes políticos y concepciones sociales difíciles de armonizar a través de normas internacionales. Recordemos que México, es el único país de los mencionados que carece de seguro de desempleo. Esta diferencia es importante, al momento de pedir la homologación laboral, ya que no es lo mismo flexibilidad laboral con seguro de desempleo, que sin él.

Aunque en apariencia, la regulación laboral en México aventaja a los otros países en la promoción de la defensa colectiva de los intereses de los asalariados, otra es la visión que podría obtenerse al considerar las posibilidades y limitaciones reales en el ejercicio de las libertades sindicales. Los beneficios de la legislación son aparentes al no operar en la práctica. Por ello entre los tres regímenes debe trascender los marcos normativos, para considerar el grado de efectividad de los derechos establecidos en ellos.

La adopción de un instrumento destinado a nivelar los derechos básicos entre países con grados desiguales de desarrollo supone cambios en las legislaciones nacionales más atrasadas para cumplir los compromisos de homologación. En el proceso de cambio deberá tenerse muy en cuenta uno de los logros indiscutibles del trabajador mexicano: la seguridad del empleo.

La expresión «seguridad del empleo» designa al conjunto de disposiciones que protegen a los trabajadores contra el despido de un empleo permanente. Estas disposiciones son múltiples: algunas como los sistemas de distribución del trabajo, tienden a impedir los descalabros laborales; otras regulan las modalidades de los despidos, concesión de indemnizaciones, etc.

Varios factores hacen que el problema de la seguridad de empleo desempeñe un papel fundamental en el debate sobre la flexibilidad del mercado de trabajo. Primero, las elevadas tasas de desempleo en el país han producido un cambio en las preferencias de los trabajadores a favor de una mayor protección del empleo.

Al mismo tiempo, las incertidumbres vinculadas a los cambios estructurales han aumentado la resistencia de los empleadores a ofrecer contratos de larga duración.
En algunos segmentos de la empresa y en ciertos niveles, la contratación por honorarios y la subcontratación externa (outsourcing) se ha hecho cada día más frecuente, poniendo en riesgo la seguridad de empleo que es una necesidad importante para los trabajadores.

La flexibilidad numérica a nivel empresa juega un papel importante ya que es el eje de otras formas de flexibilidad. Las medidas a favor de la protección del empleo tienen diversos orígenes: algunos surgen como resultado de la interacción de las fuerzas del mercado; otras de negociaciones entre los sindicatos y patrones; otras son impuestas por los gobiernos.

El debate generalmente se centra en el papel de la legislación en este ámbito. Quienes apoyan la flexibilidad laboral, opinan que la legislación relativa a la seguridad de empleo desvirtúa los mecanismos del mercado, perjudica la distribución de los recursos y reduce el nivel total del empleo y de la producción, además puede llegar a segmentar el mercado de trabajo al ofrecer una mayor estabilidad de empleo a una minoría de trabajadores, y empleos mal remunerados e inestables a la mayoría de los trabajadores. Lo anterior es cierto cuando existe en un mercado de trabajo la competencia perfecta, lo cual no es el caso de México en la mayoría de las ramas industriales.

Métodos De Protección De Empleos

Teóricamente existen mecanismos de protección de los empleos, uno de ellos es el mercado de trabajo. En el mercado de trabajo no reglamentado, las organizaciones con una tasa de despidos elevada tendrán que conceder salarios más amplios para compensar el «riesgo profesional» asociado a ésta rápida rotación de personal, así los trabajadores podrán ser indemnizados por el riesgo de desempleo. La necesidad de tener que pagar salarios más elevados estimulará a los empleadores a adoptar una estrategia eficaz de ajuste.

Otro de los mecanismos es el que instrumentan los sindicatos que se ocupan de un gran número de problemas vinculados a los despidos, porque están bien ubicados para conocer los intereses de los trabajadores, informar a la dirección y supervisar la aplicación correcta de los contratos colectivos. Sin embargo, los sindicatos tienden a responder muy poco a las preferencias del trabajador, respondiendo más bien, a las preferencias del dirigente sindical y a las prebendas que logra en la toma de decisiones que beneficien a la empresa en detrimento de los derechos del trabajador. Por tanto, los sindicatos pueden privilegiar la desaparición de la antigüedad -escalafón ciego-, que protege a los trabajadores mayores y no oponerse a reducciones de salario, aunque esto se traduzca en despidos, es decir, pueden estimar que la protección contra el despido es demasiado costosa en relación con los otros derechos a los que habría que renunciar.

Las principales cuestiones reguladas por la ley son la concesión de indemnizaciones, las reivindicaciones salariales en caso de quiebra y los despidos improcedentes. Las disposiciones legislativas, al igual que las adoptadas en el marco de la negociación colectiva, pueden generar una reducción a largo plazo del nivel del empleo, y, por tanto, la protección del empleo. Las debilidades de la acción sindical efectiva, la poca independencia respecto a las instituciones internacionales y la permanencia de un "modelo nacional competitivo" en la práctica sindical cotidiana, arroja un panorama sombrío para los trabajadores y para la defensa de los derechos laborales en el marco de la globalización. La capacidad de articular nuevas formas de solidaridad internacional aparece como un reto ineludible para los sindicatos y como un elemento clave para revertir los procesos en curso de erosión de los derechos laborales en el marco de la globalización neoliberal. En el siguiente cuadro se sintetiza, de forma deliberadamente esquemática, los principales problemas del sindicalismo frente a la globalización y las posibilidades de futuro y los retos que consideramos que debe afrontar.

A continuación, se muestra un análisis de importantes cuestiones, que afectan la flexibilidad funcional o estrategias aplicadas en el mercado de trabajo interno. El empleo de larga duración, a menudo se asocia a las grandes organizaciones, ya que la seguridad de empleo sirve de modelo de cambio para obtener la flexibilidad funcional de los trabajadores y ofrecer así un mecanismo de adaptación al cambio, por ejemplo, los cambios tecnológicos y la nueva organización del trabajo en las fábricas de automóviles, ha constatado que una reconversión y una gestión flexible de los recursos humanos, son la condición fundamental de ganancias posteriores de productividad y del control de calidad.

Sin embargo, incluso las organizaciones que han establecido contratos de por vida a menudo necesitan, no sólo un núcleo de trabajadores cualificados que sean flexibles funcionalmente, sino que también requieren una reserva cuantitativamente flexible de trabajadores menos protegidos. Para obtener esta reserva, las organizaciones pueden concertar acuerdos de subcontratación con sus suministradores y aumentar la capacidad de su núcleo de personal permanente a tiempo completo, contratando a trabajadores de tiempo parcial o temporales (mano de obra periférica).

De ahí que el creciente recurso a una mano de obra periférica pueda traducirse en una notable ganancia de eficacia para la organización; si los costos directos laborales no disminuyen inmediatamente, pueden hacerlo a mediano y largo plazo, mediante una reducción de costos indirectos de mano de obra; por ejemplo, ausencia de indemnizaciones por despido y de salarios a trabajadoras no productivas en periodo de maternidad.

La introducción de innovaciones tecnológicas en la organización da lugar a dos clases de ajustes; en primer lugar, se producen cambios en la composición de los empleos y en la dosificación de las competencias exigidas a los trabajadores. En segundo lugar, también cambian las cualidades que dan acceso al empleo y a la misma organización del trabajo. Ambos ajustes están condicionados y a veces requieren cambios en la gestión de las RL.

Los principales obstáculos surgen no tanto de las dificultades de acceso a la tecnología, como de la capacidad de explotar el capital intangible constituido por la capacidad de gestión, las cualidades laborales y la organización del trabajo. Los empresarios se sentirán quizá inclinados a creer que las nuevas tecnologías les permitirán dirigir su empresa, no sólo con un número proporcionalmente menor de trabajadores, sino también con trabajadores menos cualificados.

La necesidad de altas calificaciones y de trabajadores multifuncionales, exige a la empresa asegurar el perfeccionamiento de sus efectivos. Para la dirección, el perfeccionamiento a través de una formación específica de la empresa implica inversiones en capital humano y contratos de trabajo de larga duración, a fin de que las inversiones puedan dar sus frutos. Desde el punto de vista de los trabajadores y de los sindicatos, la estabilidad del empleo es la condición de aceptación de los cambios tecnológicos, de las funciones y las nuevas tareas.

Por esto, la dirección se asegura la flexibilidad laboral necesaria para satisfacer constantemente los imperativos del progreso técnico, ofreciendo seguridad del empleo. Al principio, las organizaciones podrían adoptar la estrategia del mercado externo de trabajo, o sea, despedir a trabajadores no cualificados y contratar a trabajadores que posean las características o cualidades requeridas, pero esto sólo provocaría una resistencia de los trabajadores ante los cambios tecnológicos y, además una de empresa de las plantillas que sería perjudicial a la introducción de nuevas tecnologías.

Es por eso por lo que es importante que los directivos de las organizaciones valoren a los recursos humanos, formando y desarrollando los existentes.

Visiones Sobre La Flexibilidad

De forma genérica, el gran reto de los sindicatos frente a la globalización podría resumirse en la necesidad de pasar del "modelo nacional competitivo" imperante donde la flexibilidad laboral es impuesta de fuera a un modelo que podemos llamar "internacionalista solidario", que intente articular respuestas internacionales coordinadas frente a la globalización. Este paso de un modelo a otro supone la priorización de las alianzas internacionales entre trabajadores frente a las firmas multinacionales y la adquisición de mayor independencia sindical respecto a las instituciones comunitarias e internacionales y la lógica de sus políticas. Para avanzar en dirección a una mayor articulación internacional de los sindicatos es importante fomentar el debate y las discusiones entre las propias organizaciones sindicales de diferentes países, algo que Hyman y Dunlop llamaron tiempo atrás irónicamente el "diálogo social interno", con el objetivo de facilitar el intercambio de puntos de vista, de información sobre experiencias concretas interesantes exportables a otros lugares y de reflexión estratégica.

En este terreno, más allá de las discusiones a través de los canales formales, conviene reforzar los lazos horizontales y el contacto directo entre trabajadores y sindicalistas de diferentes países de una misma empresa o rama para unificar puntos de vista e intentar comprender los problemas particulares desde una óptica global. La adquisición de una perspectiva global es, en el fondo, un proceso político (Pulignano, 2007) que requiere tanto un trabajo de formación y educación específico de los propios sindicalistas como el aprendizaje a través de la propia experiencia práctica concreta. El énfasis en la acción sindical internacional no debe entenderse, sin embargo, como una desvaloración de la acción sindical en el terreno local o nacional. En este sentido conviene recordar que:

a) De hecho, los trabajadores son aún más favorables que los empleadores a una flexibilización laboral, porque lo ven como una forma de incrementar sus salarios por estímulos a la productividad;

b) No existe necesariamente un conflicto de intereses entre empleadores y trabajadores sobre los cambios hacia la flexibilidad laboral contemplados, o por lo menos no son los trabajadores quienes lo perciben así;

c) Desde el punto de vista de la remuneración, los costos no saláriales y la estructura de los salarios son un mayor freno al empleo, que el nivel salarial propiamente dicho;

d) En la industria, la formación y la readaptación profesional son elementos fundamentales en las decisiones de contratación.

La aceleración del progreso técnico altera así mismo las concepciones tradicionales de las relaciones laborales, y modifica la relación de fuerzas entre los protagonistas; el control social del cambio tecnológico es ahora uno de los principales objetivos de nuestra sociedad.

El último elemento que influye en la fisonomía de las relaciones laborales, que es la población trabajadora, evoluciona rápidamente: menos obreros industriales y más administrativos y técnicos, entrada masiva de las mujeres en el mercado de trabajo, desarrollo un mercado de mano de obra «periférica» al lado de un organizado, etc.

Por ello, los dilemas de los sindicatos frente a la globalización tienen lugar en un contexto general marcado por el ascenso y multiplicación de las luchas sociales contra la globalización neoliberal, una de cuyas expresiones más visibles ha sido el movimiento "antiglobalización". El impacto devastador de la globalización neoliberal en las condiciones de vida de la mayoría de los trabajadores y sectores populares del planeta explica el ascenso de las resistencias sociales a las políticas neoliberales. El impulso globalizador del capitalismo crea las condiciones para la convergencia internacional de un amplio espectro de movimientos y organizaciones sociales afectados por su lógica depre- dadora. Se puede decir que el proceso de globalización posee una dinámica contradictoria, ya que por un lado fragmenta y por el otro unifica y debilita y activa simultáneamente las resistencias sociales.

Es a partir de este escenario de fondo que tenemos que analizar las tareas, dificultades y posibilidades que tienen los sindicatos para articular nuevas formas de solidaridad internacional entre los trabajadores. La emergencia de una nueva ola de contestación social frente a la globalización genera un contexto favorable para la renovación y revitalización de los sindicatos y para encontrar vías de salida a la crisis en que se encuentran inmersos desde hace tiempo, buscando alianzas con otros movimientos y sectores sociales hoy alejados del sindicalismo, así como un mayor contacto con las nuevas generaciones.

Flexibilización De La Seguridad Social

Los profundos ajustes ocurridos tanto en el escenario mundial como en México a nivel de las relaciones laborales, marcan la necesidad de evaluar los logros y fracasos de las instituciones laborales en lo que se refiere al mejoramiento de las condiciones de vida y de trabajo de los asalariados. Si bien los pilares originales de esa protección fueron la promulgación de una legislación destinada a uniformar las condiciones laborales, estableciendo un conjunto de derechos mínimos irrenunciables progresivamente crecientes para todo aquel que trabaje a cambio de un salario. Además, la promoción de la acción colectiva como forma de avanzar más rápido en el cumplimiento de los derechos laborales, y el papel tutelar del Estado, comprometido con los más débiles para equilibrar sus fuerzas con el poder patronal.

La reglamentación del artículo 123 es resultado de la articulación de estos elementos, con la responsabilidad estatal de hacer compatibles las aspiraciones de los trabajadores con el desarrollo. Por ello las libertades «individuales» se sacrificaron en aras de los derechos colectivos, en tanto que la tutela estatal supuso el control del proceso organizativo y reivindicativo, para circunscribirlo a los límites de las políticas gubernamentales.

La aparente rigidez de las normas se combinó con un amplio margen de discrecionalidad, legítimo por el propósito de utilizar el creciente Poder Ejecutivo Federal más apegada a criterios de oportunidad económica y política, que a los requerimientos de un Estado de Derecho en el que el poder queda sometido a vigencia de las normas. Este esquema jurídico permitió construir un modelo corporativo de las relaciones laborales, caracterizado por la subordinación que las autoridades laborales garantizaron.

El autoritarismo dominante en el escenario laboral fue útil para reprimir y, sobre todo, inhibir cualquier intento de romper con una unidad sindical artificialmente sostenida. El carácter generoso y amplio de los derechos constitucionales promulgados en una fase inicial de la acumulación capitalista, dio justificación al autoritarismo en el terreno laboral, requerido a la vez por la necesidad estatal de contar con instrumentos, como el corporativismo, para graduar la capacidad transformadora de las nuevas reglas.

En los intentos de cambiar la legislación, los cambios propuestos por los empresarios y algunos legisladores se refieren a dos grupos de cuestiones: las relativas a la conservación de un empleo y la movilidad de un empleo a otro. En la primera categoría, las propuestas de modificaciones se refieren principalmente a los periodos de prueba y el seguro de desempleo, la reducción y la ordenación del tiempo de trabajo y la elevación de los límites mínimos de protección social.

Las modificaciones más numerosas e importantes para la evolución del Derecho del Trabajo se encuentran en la segunda categoría de medidas legislativas, y son las que tienden a favorecer el empleo y la movilidad. Dicha legislación responde a tres preocupaciones fundamentales: flexibilización de los procedimientos de despido; flexibilización de las formas de contratación, en especial mediante el desarrollo de empleos denominados flexibles; contratos de duración determinada; pago por hora; trabajo a tiempo parcial, trabajo temporal; lucha contra el desempleo y esfuerzo de creación de empleo, con especial hincapié en la formación y la multiplicación de las medidas relativas a la desactivación del principio de estabilidad del empleo.

Con las políticas de flexibilización de la seguridad social. ¿Qué papel puede desempeñar la negociación colectiva de alcance nacional en este periodo de crisis? ¿Cuál es el papel de las RL en este proceso?

La orientación empresarial se está intensificando en lo que respecta a la flexibilidad y se refleja en la evolución de las políticas sociales de los directivos de la empresa, definidas en función de la concepción que tiene el empleador del papel del sindicato en la empresa y que son muy variadas; van desde la tesis que insiste en la necesidad de proseguir el dialogo con los sindicatos, hasta la tesis opuesta, que favorece la individualización de las relaciones y la integración directa de los trabajadores, con el fin último, de marginar, si no eliminar a los sindicatos.

Existe incertidumbre entre los directivos de empresa en lo que se refiere a las opciones -técnicas y sociales- que tiene ante sí. En efecto, la flexibilidad tiene un doble significado, uno social -búsqueda de mayor flexibilidad de mercado de trabajo-, y otro técnico -exigencia de la   diversificación y creación de sistemas de empresa de la producción adaptados a las nuevas técnicas-.

En lo que respecta a la negociación colectiva en la empresa, se comprueba prácticamente en todas partes, que la empresa se está convirtiendo en el lugar privilegiado de la negociación. Desde hace algunos años existe un aumento, con frecuencia oficioso, de pequeñas negociaciones que adoptan diversas formas. A menudo, la crisis económica obliga a relacionar en los acuerdos de empresa el nivel salarial, el empleo, la productividad y tiempo de trabajo. Se aprecia una tendencia similar cuando se trata de acuerdos relacionados con la introducción de nuevas tecnologías; además de los cuatro factores mencionados, en estos acuerdos se contemplan la formación y la organización del trabajo.

A. Las Dos Caras De La Flexibilidad

Para favorecer las alianzas con otras organizaciones y movimientos, tanto en el plano nacional como en el internacional, para sacar ventajas de la flexibilidad laboral y para atraer a las nuevas generaciones, es necesario que los sindicatos tengan una concepción amplia de la acción sindical, no limitándola sólo a cuestiones ligadas al trabajo productivo. Los sindicatos deberían defender reivindicaciones que afecten también al ámbito de la reproducción social e implicarse en campañas sobre cuestiones tales como la defensa del territorio y el medioambiente, los derechos humanos, la soberanía alimentaria y la defensa de otro modelo de agricultura opuesto a los intereses del agronegocio, la vivienda, los servicios públicos y otros derechos sociales, por poner algunos ejemplos.

La implicación de los sindicatos en este tipo de cuestiones debería permitir fortalecer las campañas e iniciativas sobre estos te- mas, introducirles una perspectiva de clase, y conectarlas con los problemas del mundo del trabajo asalariado y los trabajadores. Al mismo tiempo debería permitir a los sindicatos conectar con sectores de los asalariados hoy en día alejados de la acción sindical. Esta concepción amplia de la acción sindical y el interés en cuestiones que trascienden los problemas estrictos más allá del centro de trabajo facilitan la convergencia de los sindicatos con otras organizaciones en el plano nacional y en el internacional, en cuestiones como las campañas frente a las instituciones financieras internacionales, las negociaciones en el seno de la OMC, la OIT o los distintos proyectos de integración económica continental. Hacer frente a los retos de la globalización conlleva también la necesidad de desarrollar un discurso sindical en el terreno estratégico, cultural e ideológico basado en la difusión de unos valores alternativos al neo-liberalismo y a las prioridades empresariales y realizar una intensa labor de formación y educación político-sindical de los afiliados y del conjunto de los asalariados, en una visión crítica con el proceso de globalización y favorable a la solidaridad internacional.

Para ello, como ocurre con muchas expresiones vagas, suele darse a la noción de «flexibilidad del mercado de trabajo» un sentido demasiado simplista que designa una situación deseable por sí misma. Se escucha decir «aumenten la flexibilidad, y se reforzará la competitividad de la industria y el desempleo disminuirá rápidamente».

Es indudable que, si una mayor flexibilidad del mercado de trabajo puede permitir tales objetivos, resulta positiva, pero antes de llegar a una conclusión definitiva al respecto, es necesario analizar los distintos obstáculos que se oponen a la flexibilidad y evaluarlos. El más importante de ellos es la flexibilidad de los salarios.

Por flexibilidad de salarios se entiende a la vez el modo en que los salarios evolucionan en el conjunto de la actividad económica, en función de la coyuntura, y la flexibilidad relativa de los salarios, es decir, su adaptabilidad a una profesión, región u organización en respuesta a la evolución de las necesidades, se observa la tendencia de los interlocutores sociales a negociar colectivamente incrementos saláriales superiores a lo que admite el crecimiento económico. Esta tendencia se ha atenuado en cierta medida con las altas tasas de desempleo que se han originado, pero a pesar de todo, parece que, en algunos, el nivel general de los salarios no está lo bastante acorde con la evolución de las necesidades económicas para prevenir los efectos nefastos sobre el empleo.

La flexibilidad de los salarios influye en la movilidad de la mano de obra. Pocas cosas son más importantes para la mayoría de los trabajadores que la certeza de poder conservar su empleo tanto tiempo como lo deseen, al menos hasta la edad de la jubilación. Pero para garantizar la seguridad del empleo son necesarios enormes recursos, el costo de la protección del empleo es en ocasiones tan alto que los empleadores dudan en contratar a nuevos trabajadores con contratos de duración indeterminada. En general, prefieren sustituir a la mano de obra por equipos o recurrir a subcontratistas o a trabajadores de tiempo parcial. Por esta razón, algunas organizaciones estimulan a los trabajadores, mediante determinadas medidas, a acogerse a la jubilación anticipada, y contratan sistemáticamente a desempleados para sustituirlos.

Otro de los puntos sensitivos es el referente a las mejoras de la vida en el trabajo, en particular en lo concerniente a la seguridad y la higiene; la limitación de las horas extraordinarias, y una aplicación mucho más amplia de los trabajadores en las decisiones de gestión y el ejercicio de las actividades sindicales en los centros de trabajo.

En el contexto actual, es fundamental que acepte que el compromiso con la empresa no es suficiente en sí mismo para obtener la clase de mejoras que buscan muchas organizaciones. En efecto, el compromiso es uno de los cuatro objetivos clave de la política de recursos humanos; los otros son la flexibilidad, la calidad y la integración estratégica.

La flexibilidad se refiere al contenido de los trabajos y a las destrezas que se exigen para realizarlos, y también a la estructura de la organización. La calidad en este contexto abarca la calidad de trabajo, la calidad de la mano de obra, que se refleja habitualmente en la inversión que se realiza en su formación y desarrollo y la calidad del tratamiento que la gerencia da a los trabajadores.

La integración estratégica está relacionada con el ajuste entre la estrategia económica y la gestión de recursos humanos, con la forma que se cohesionan las políticas de recursos humanos y, con las medidas en que los supervisores directos aceptan los valores asociados con la gestión de recursos humanos.

Perspectivas Del Cambio

La viabilidad de una reforma laboral tendente a eliminar el ostensible desfase entre la modernización económica y la democracia, depende -entre otros factores- de la construcción de las alianzas adecuadas en el terreno social y político y, de la realización de un debate nacional, sin exclusiones, que considere las ventajas y desventajas de la institucionalidad vigente.

En lo inmediato y de mantenerse en el ámbito laboral las tendencias descritas, el Congreso sería un instrumento propicio para encaminar las relaciones laborales hacia la democracia. Conforme con ello, los escenarios más probables serían el de un ajuste de flexibilización de menor alcance que el que demandan los empresarios -incluyendo en la ley un nuevo capítulo sobre productividad- para no poner en peligro la dominación corporativa. No es de extrañar, que, en un contexto nacional e internacional favorable a los intereses del capital, los empresarios radicalicen sus posiciones y esgriman con cierto desparpajo tanto sus reivindicaciones históricas, como las que se derivan del temor a sucumbir en una economía abierta, como lo es ya la mexicana.

Frente a ello es necesario contar con la fuerza social y política para contrarrestar esas presiones y negociar una reforma equilibrada en torno a metas compartidas, como inscribir el cambio de la institucionalidad laboral en las negociaciones que las principales fuerzas de oposición promueven ante el gobierno, con el propósito de avanzar en la transición a la democracia. Después que los últimos comicios probaron lo insuficiente de circunscribir las demandas por la modernización apolítica al terreno de la legislación y procesos electorales. Esta vía haría posible inscribir la cuestión de la legislación laboral en el marco más amplio de reforma del Estado.

La dinámica contemporánea de las luchas sociales se caracteriza tanto en el ámbito nacional como en el internacional por una dialéctica y tensión entre la tendencia a la fragmentación y a la unificación. A pesar de que algunos teóricos, como Negri y Hardt (2002 y 2004), han alabado las virtudes de las dinámicas de fragmentación impulsadas por el neoliberalismo, considero que buscar la recomposición de la unidad de los asalariados y de los sectores afectados por las políticas neoliberales, en el marco de cada país y en la esfera internacional, es una tarea clave para hacer frente a la dinámica de la globalización capitalista. Los sindicatos deben tener un papel importante en la construcción de estas une- vas solidaridades frente a la fragmentación y desestructuración social.

Éstas no van a aparecer de forma mecánica como resultado reactivo al propio avance del proceso de globalización, sino que han de ser políticamente construidas de forma consciente. Sin embargo, esta tarea no puede ser un proceso aislado protagonizado exclusivamente por los sindicatos, sino que debería entenderse como fruto de la convergencia entre diferentes organizaciones y movimientos sociales, entre ellas los sindicatos, en el marco de una alianza internacional frente a la globalización neoliberal.

El horizonte estratégico para los sindicatos debería ser participar en la gestación de una "alianza social alternativa" frente al neoliberalismo o, de nuevo en términos gramscianos, de la formación de un bloque histórico alternativo portador de un discurso y de un proyecto contrahegemónico, basado en la recomposición de los sectores explotados y oprimidos opuestos al neoliberalismo. Ésta no es obviamente una tarea fácil debido a una combinación de factores diversos, pero debe intentarse.

El Debate Sobre El Futuro

A más de 35 años de entrada en vigor del TLCAN, ahora TMEC, firmado por México, Estados Unidos y Canadá y en un entorno de crisis continuas, no ha existido un mejoramiento generalizado de los empleos, y los salarios, y en general, de las condiciones laborales de los trabajadores mexicanos. Se incrementó el empleo en la industria ensambladora y de exportación, pero con niveles salariales que no corresponden al trabajo realizado.

En relación con la redistribución de los ingresos, no se prevé en el corto plazo la acentuación de las diferencias existentes; por una parte, los trabajadores más calificados vinculados al sector exportador -integrado por las grandes organizaciones nacionales y extranjeras que cuentan con la tecnología moderna, alta inversión de capital y una adecuada infraestructura técnica y administrativa-, experimentarían un proceso paulatino de recuperación de sus niveles de ingreso. Por otro lado, estarían quienes prestan sus servicios en organizaciones de menor tamaño, de baja productividad, circunscritas al mercado interno y que no tienen condiciones para beneficiarse de la competencia comercial, a menos que se vinculen a las grandes organizaciones y se conviertan en maquiladoras. Las condiciones laborales y saláriales de este sector, no se modificarán favorablemente en el corto plazo e inclusive podrían verse dramáticamente afectadas por el cierre de organizaciones, a la pérdida de numerosos empleos.

Entre los efectos previsibles a futuro de estas acciones se encuentra la creación de estructuras sindicales internacionales, con el propósito de ampliar una solidaridad interna, prácticamente inexistente, así como de conocer y compartir las experiencias de otros países, destinadas a mejorar los derechos individuales y colectivos de los trabajadores enfrentados al cambio tecnológico y de los procesos productivos.

El intento más avanzado al respecto es el del Sindicato de Telefonistas de la República Mexicana que busca constituir un Sindicato Intercontinental de Telecomunicaciones y una Federación Interamericana de Sindicatos de esa rama, con organizaciones canadienses y estadounidenses.

Se ha argumentado que conforme avance la apertura económica -hasta el 2020, toda la industria mexicana se convertirá en una gran maquiladora, subrayándose en contra de esta posibilidad, los aspectos más negativos de la mencionada industria: bajos salarios plantas contaminantes y, en menor medida, dependencia tecnológica.

Los partidarios de la apertura argumentan, por el contrario, que aumentará la inversión al mejorar las expectativas económicas y políticas, por lo que diagnostican una mayor creación de empleos; una tendencia a la igualación de los salarios entre los países firmantes; un cuidado más minucioso por hacer cumplir las reglas sobre medio ambiente; y una derrama tecnológica desde los países e industrias más avanzadas hasta los países e industrias menos desarrollados, con ventajas compartidas -mejores empleos en Estados Unidos, modernización, regreso de capitales en México-.

Un segundo nivel de discusión trata de discernir no tanto los ganadores globales -país contra país, clase contra clase-, sino los ganadores sectoriales y establecer plazos diferenciados en el análisis. Este es el tipo de razonamiento de quienes consideran positiva la apertura económica.

Podemos concluir que en las empresas donde se persiguen las estrategias de flexibilidad laboral externa, manipulan los niveles de personal que son precisos para controlar las alteraciones del rendimiento laboral, variando el número de trabajadores que sólo tienen una relación superficial con la organización. Esta relación laboral le permite a la empresa deshacerse del personal superfluo y contratar a los que poseen las destrezas necesarias para ejecutar tareas concretas. Algunos ejemplos de este tipo de flexibilidad laboral son el empleo por cuenta propia, los servicios consultivos, la subcontratación, la transferencia de personal a otra organización, el trabajo de releva, el trabajo de temporada, el trabajo a tiempo parcial -temporal, que alterna trabajo/descanso-, los contratos a plazo fijo, los proyectos para los desempleados patrocinados por el gobierno, el trabajo clandestino- pluriempleo, trabajo no declarado, trabajo familiar, extranjeros sin permisos validos-, el teletrabajo-sobre todo el trabajo familiar electrónico- y el trabajo a domicilio -por ejemplo, el textil-.

Cuando debido a las circunstancias se hace difícil conservar los niveles normales de personal, las organizaciones procuran reducirlo por desgaste natural, no sustituyendo a los empleados jubilados, disminuyendo los niveles de sueldos y salarios durante los periodos de dificultades económicas, o haciendo economías como último recurso.

Sabemos que las diferencias saláriales constituyen incentivos deseables. Hay cuatro tipos que tienen especial importancia: las diferencias regionales, que constituyen un factor de movilidad externa; las diferencias entre ramas, que desempeñan un papel en los cambios estructurales, pero no requieren una intervención superior; las diferencias saláriales en función de la calificación; en efecto, cuando los métodos de fijación de salarios reducen excesivamente esas diferencias, se produce, según los expertos, un fenómeno de descalificación perjudicial para el ajuste económico y para los progresos tecnológicos. Por último, en el caso de los jóvenes, la rigidez de los salarios es uno de los factores determinantes del desempleo del que son víctimas.

7 EL FUTURO DEL TRABAJO

El vertiginoso desarrollo de la tecnología que hemos observado en las últimas décadas sorprende, gratifica y asusta. En unos cuantos años, las personas han cambiado su forma de relacionarse con otras personas, sus hábitos más frecuentes para comprar cosas, y sus formas de trabajo. Estos cambios resultan muy asombrosos sobre todo para las generaciones más viejas, pero incluso los más jóvenes se maravillan de estos avances. Muchas personas, sobre todo las que no están en una condición de sobrevivencia, se sienten contentos y satisfechos con los aparatos más recientes. Sin embargo, también hay preocupación por los efectos indeseados. Por ejemplo, la invasión de nuestra intimidad, averiguar sin permiso nuestras preferencias y amigos, y utilizar esa información con fines comerciales y políticos.

La expresión "futuro del trabajo" es actualmente uno de los conceptos más populares en los escritos de los futuristas de diversas disciplinas. Los numerosos avances tecnológicos de los últimos tiempos están modificando rápidamente la frontera entre las actividades realizadas por los seres humanos y las ejecutadas por las máquinas, lo cual está transformando el mundo del trabajo. Existe un creciente número de estudios e iniciativas que se están llevando a cabo con el objeto de analizar qué significan estos cambios en nuestro trabajo, en nuestros ingresos, en el futuro de nuestros hijos, en nuestras empresas y en nuestros gobiernos. Estos análisis se conducen principalmente desde la óptica de las economías avanzadas, y mucho menos desde la perspectiva de las economías en desarrollo y las economías emergentes. Los temas que describen este mundo del futuro reciben títulos como Revolución 4.0, Industria 4.0, la Era de la automatización o el Encumbramiento de los robots.

Un estudio reciente en Alemania (Butollo, et. al, 2018) señala que la característica distintiva de la actual "revolución' o industria 4.0", ya sea que se lo etiquete así o no, es la introducción y difusión del internet de las cosas, que promueve la conexión en red de las piezas de montaje, transportes, máquinas e instrumentos de medición. Eso permite nuevas formas de análisis, control y optimización de procesos digitales basados en el intercambio de información en tiempo real, big data y aprendizaje automático, junto con el uso de sistemas de asistencia que proporcionan información en el proceso de trabajo en una situación de manera específica y en tiempo real (Kagerman, 2014). De este modo, Industria 4.0 es concebida más bien como un conjunto de tecnologías con aplicaciones específicas del contexto que como una nueva etapa de producción integral.

Una de las mayores preocupaciones tiene que ver con los efectos de estos avances en el trabajo. La inteligencia artificial (máquinas que realizan tareas cognitivas como las computadoras); la automatización (aparatos que llevan a cabo funciones programadas sin intervención humana, por ejemplo, al pagar un servicio o adquirir una mercancía); y la robótica (sobre todo aquellos que sustituyen a humanos en el proceso productivo) sin duda crean temores en el sentido de que las plazas laborales se verán seriamente afectadas, desplazando personas por máquinas.

Por ello, el futuro del trabajo se ha convertido en un tema cada vez más polémico. Atrae la atención de organismos internacionales, académicos y especialistas, gobiernos y autoridades, y desde luego de los medios de comunicación. Muchas personas pueden tener la creencia de que la sustitución de personas por máquinas es una tendencia imparable que además provocará despidos masivos y desempleo sin remedio.

El progreso tecnológico ofrece una oportunidad de oro para que las economías emergentes y en desarrollo crezcan más rápidamente y alcancen mayores niveles de prosperidad en un período más breve. Sin embargo, existe el temor de que las tecnologías puedan desplazar al trabajo humano, agudizar la desigualdad del ingreso y aumentar aún más el segmento del trabajo informal o contingente. Si bien la ansiedad ante el cambio tecnológico ha existido desde el comienzo de la era industrial, hasta hace poco las nuevas actividades económicas compensaban con creces el desempleo inducido por la tecnología. Sin embargo, actualmente los cambios tecnológicos disruptivos despiertan recelos de que esta vez podría ser diferente.

Este "conjunto de tecnologías", por tanto, asumirá distintas configuraciones productivas de acuerdo al sector (industrial, agrario, servicios) e incluso el contexto económico y sociopolítico específico, pero también dependiendo del tipo de inserción en la división internacional del trabajo del país. En este sentido, uno de los aspectos salientes del debate sobre el futuro del trabajo son las repercusiones en la transformación de las estructuras y la gestión de las empresas, así como el cambio de las formas de trabajo con la destrucción de empleos y la creación otros de nuevos, buena parte de ellos vinculados a la "economía de plataforma" (Uber, Rappi, etc.) que crean trabajos caracterizados por la precariedad laboral. En el futuro, el impacto del cambio tecnológico en el trabajo diferirá en los mercados emergentes y en las economías en desarrollo dependiendo de las tendencias demográficas, los patrones del comercio internacional, la prevalencia de la economía informal y otras condiciones.

Detrás de este desarrollo está presente la nueva carrera global por los digitalización y tecnologías de automatización por parte de distintos países. Alemania lanzó la Industrie 4.0, Francia la Industrie du Futur, Estados Unidos la Advanced Manufacturing Initiative y China el llamado Made in China 2025 (Marrero, N. 2017, Tang Jun, 2017). En América Latina, México, Brasil y Argentina se encuentran en iniciativas similares. En Uruguay, la Cámara de Industrias y el INEFOP se incorporaron recientemente con el lanzamiento de Impulsa Industria. Se trata de un fenómeno de características globales que ya está impactando en el mundo del trabajo.

La Organización Internacional del Trabajo (OIT) se propuso discutir este tema y para ello creó una Comisión Mundial formada por 20 especialistas. Dicho grupo inició sus actividades en 2017 y los concluyó en noviembre de 2018. Hace unos días, publicó su informe final.

El objetivo del documento es llamar la atención sobre las transformaciones que afronta el mundo del trabajo y proponer ideas para encauzar y aprovechar esos cambios. Para ello toman en cuenta los avances tecnológicos, pero también las innovaciones que se están llevando a cabo para adoptar procesos productivos con tecnologías limpias. Asimismo, incluyeron la evolución demográfica de los países.

Sobre el cambio tecnológico, afirman que éste, sin duda, va a destruir empleos, pero igualmente es previsible, como ha sucedido desde la Revolución Industrial del siglo XVIII, que se crearán nuevas plazas. El problema es que esos nuevos puestos no necesariamente podrán ser ocupados por aquellos que fueron desplazados por los sistemas más modernos.

Por ello, una de sus primeras recomendaciones consiste en aumentar la inversión en la capacitación de las personas y en adoptar el derecho al aprendizaje a lo largo de toda su vida para que éstas adquieran competencias, las perfeccionen y puedan reciclarse profesionalmente.

También recomiendan incrementar el gasto público en políticas y estrategias para lograr metas como la igualdad de género y la protección universal, desde el nacimiento hasta la vejez, basada en la solidaridad y el reparto de riesgos. Igualmente, aumentar la inversión en instituciones laborales como la inspección del trabajo, y asegurar que se lleve a cabo la contratación colectiva bajo el principio de la libertad sindical.

Una propuesta central se refiere a la necesidad de establecer una Garantía Laboral Universal. Todos los trabajadores, con independencia de su acuerdo contractual o situación laboral, deberán disfrutar de un salario vital adecuado, límites máximos en su jornada, y protección efectiva en materia de seguridad y la salud en el trabajo.

Proponen, asimismo, establecer un sistema de gobernanza internacional de las plataformas digitales del trabajo que exija a estos nuevos sistemas de compra (y a sus clientes que respeten determinados derechos y protecciones mínimas. Otro conjunto de propuestas tiene que ver con Incrementar la inversión en empleos decentes (o dignos) y sustentables.

El impacto de la tecnología sobre el empleo, en el futuro inmediato, no está claro. Hay cálculos muy diferentes: en el caso de Estados Unidos, por ejemplo, algunos autores calculan que un 47% de los puestos de trabajo en Estados Unidos corren el riesgo de verse sustituidos por la automatización. Por su parte la OCDE tiene una cifra más conservadora: apenas el 9% de las plazas laborales corren ese riesgo en los países afiliados a esta organización. Nadie duda de su importancia, pero no hay unanimidad en cuanto a su magnitud. Y sobre todo en cuanto a la posibilidad de que las pérdidas sean compensadas por la creación de nuevas plazas de trabajo. Así, por ejemplo, debido a la adopción de tecnologías y procesos productivos más limpios, la OIT calcula que el Acuerdo de París puede traducirse en una pérdida de 6 millones de empleos, pero a cambio se crearían 24 millones de colocaciones nuevas.

En lo que toca a América Latina, la revista Trabajo, patrocinada por la OIT, y dirigida por Enrique De la Garza, de la UAM, ha dedicado su número correspondiente al semestre enero-junio de 2018 al tema que comentamos.

En la introducción, De la Garza considera que la tecnología no lo determina todo. En el caso de nuestros países, por ejemplo, influyen también factores tan importantes como el modelo exportador: si se trata de uno en el que predominen los bienes primarios (de origen agrícola o petrolífero); o de exportaciones en su mayoría manufactureras, como en México.

En nuestro país, la mayor parte de las empresas exportadoras son tipo maquiladora, es decir ensambladoras de bajo valor agregado. Las empresas con tecnología de punta, donde la robotización puede ser posible, sólo emplean unos 68 mil trabajadores mientras que la maquila abarca 3 millones de obreros en total. Además, los niveles de ocupación y más altos y dinámicos, se encuentran el sector servicios donde predomina el trabajo con baja productividad y calificación de la mano de obra. Asimismo, los niveles de informalidad, que superan el 50%, también deben tomarse en cuenta para tratar de medir el impacto de las nuevas tecnologías.

Pero aún en la industria manufacturera más moderna, como la automotriz, los trabajadores obtienen salarios muy bajos, sobre todo si los comparamos con Estados Unidos, donde ganan nueve veces más. La existencia de una mano de obra barata se ha convertido en una ventaja comparativa que atrae inversiones, pero al mismo tiempo atenúa la sustitución de mano de obra por tecnologías de última generación.

Finalmente, De la Garza advierte que el impacto de esta modernización tiene que ver con la correlación de fuerzas en las empresas. Si las relaciones laborales se distinguen por una flexibilidad que sólo busca bajar los costos de la mano de obra y se margina a los sindicatos y a cualquier forma de participación de los trabajadores, la tecnología puede ser más destructiva no sólo de empleos sino también de las condiciones de trabajo en general.

En resumen, los robots están llegando a las fábricas, pero no acabarán con todo el trabajo humano ni con las oportunidades de empleo. El ritmo y la intensidad de este fenómeno dependerá de que la destrucción/creación de empleos pueda ser controlada y dirigida por los gobiernos, los empleadores y los trabajadores (organizados) mediante la capacitación permanente, la mejora de la regulación y el funcionamiento de las instituciones laborales, la seguridad social universal, la inversión en proyectos productivos que propicien el trabajo decente (o digno) y sustentable (cada vez más verde).

La tecnología puede y debe ser utilizada para el bienestar de las personas, tanto si son consumidores como, más decisivo aún, si son productores. Esto último supone acuerdos, negociaciones colectivas y libertad para organizarse.

Enfoques Teóricos

Como se mostrará en este trabajo de revisión de estudios recientes sobre la automatización, el debate y la producción se encuentra en gran medida dominado por la teoría económica. Esto no es casualidad, desde la década de los '90 los académicos norteamericanos han trabajado en la línea de que la informatización, digitalización y automatización serían responsables de cambios en las estructuras de los empleos. El enfoque que domina la economía es la teoría del cambio tecnológico sesgado en las habilidades (skills) que sostiene que el progreso tecnológico aumenta la demanda de habilidades elevadas y reduce las habilidades de nivel medio y bajo. El escenario resultante es una polarización de la estructura de empleo con una proporción decreciente de empleos de calificación medio (Eurofound, 2014; OCDE, 2017). Este enfoque prioriza las estadísticas ocupacionales y la intensidad de tareas, vinculados a los cambios a nivel sectorial, a distintas categorías como sexo, nivel educativo, localidad, etc. Sin embargo, los procesos de transformación de las empresas siguen siendo una caja negra y las nuevas formas de automatización se capturan a través de indicadores relativamente aproximados y en mediciones que se encuentran cuestionadas por sus límites. La apertura de esta caja negra ha sido tradicionalmente el dominio de la sociología del trabajo.

Sin embargo, los sociólogos del trabajo también han disputado la relación entre la automatización y las habilidades. Ya desde la década de los ochenta, un clásico como el de los autores (Piore y Sabel, 1984; Adler, 1988) postularon una relación positiva entre el progreso en las tecnologías de producción y los niveles de habilidad, Adler insistió que la tecnología, al contrario de crear desempleo, produciría nuevos empleos y trabajadores con mejor calificación y educación. Otros percibieron la automatización como un impulsor de la continua organización taylorista de trabajo y control de gestión, leída como la descalificación del trabajo (Braverman, 1974). Sin embargo, muchos análisis empíricos realizados en los años ochenta y noventa no confirmaron una tendencia de descalificación uniforme, sino que mostraron una polarización de los requisitos y estructuras de habilidades en las empresas (Gallie, 1991; Milkman y Pullman, 1991; Jürgens, 1999, Schumann et al., 1994, Leite 1995).

Un resultado importante de los debates sociológicos sobre la automatización y el cambio de habilidades en los años 80 y 90 fue el hallazgo de que no existe una relación universal entre los dos (Hall, 2010; Briken et al., 2017). Los teóricos de la tradición de análisis de procesos laborales señalaron que el lugar de trabajo es un "terreno en disputa" (Thompson y Harley, 2007: 149) y señalaron que el impacto de la automatización en las habilidades y las estructuras de empleo depende en gran medida de políticas públicas laborales (Smith y Thompson, 1998). La investigación realizada en la tradición de la teoría de procesos laborales enfatiza el papel de la resistencia de los trabajadores en la implementación de nuevas tecnologías de producción (Hall, 2010; Edwards y Ramirez, 2016). El conocimiento tácito de los trabajadores y su potencial para perturbar el proceso laboral se consideran factores clave que pueden bloquear la introducción de nuevas tecnologías u obligar a las empresas a tomar en cuenta los intereses de los trabajadores.

Distintos autores han profetizado el fin del trabajo. Los más notorios en éxito editorial han sido Jeremy Rifkin (El Fin del Trabajo) y Viviane Forrester (El horror económico).

Rifkin, cuyos pronunciamientos han motivado a numerosos gobiernos e instituciones a convocarlo, postula una muy próxima desocupación masiva si no se toman prontas medidas. Alguna de ellas compartida con otros pensadores como es la reducción de la jornada laboral. Pero lo que lo distingue a este autor son otras propuestas vinculadas a nuevas formas de gestionar la Economía, que a su entender suponen la superación del Capitalismo. Economía colaborativa, compartimiento de bienes, producción sustentable de energía a través de los hogares, producción de bienes por impresoras 3D, son algunas de sus ideas que supuestamente modificarían radicalmente y para bien, la sociedad futura. Esto redundaría en una sociedad ecológica y con trabajo. Rifkin ha tratado de impulsar sus ideas con distintas personalidades, y ha indicado que su pensamiento es convergente con el del Papa Francisco. Como en aquel señalamiento de Voltaire, según el cual se podía matar a una persona con una pequeña dosis de veneno y algunos encantamientos, creemos que lo valioso de Rifkin reside en la proposición de reducir la jornada laboral. Sus otras propuestas, muy loables, podrían incluso, por sustitución, reducir las fuentes actuales de trabajo.

Viviane Forrester ha desarrollado una lúcida descripción de la desolación del desocupado y del excluido reciente, aunque sin el carácter sistemático de los trabajos de Robert Castel y sus discípulos. Sus trabajos son anticipatorios de lo que con la crisis del 2008 se haría patente. Miseria y desamparo aun en el mundo desarrollado, donde por definición, tales fenómenos parecían superados. Más aún, son la denuncia de las soluciones de la crisis en melodía conservadora, destinadas a domesticar a la clase trabajadora organizada y alejar cualquier atisbo de keynesianismo. Complicidad ahora de las socialdemocracias en esta cura que cura o que mata. Más aun, ajuste cruel sin la excusa de la inflación. Razón y mucha tenía Kalecki cuando decía que los capitalistas prefieren una masa de ganancias algo menor, por la recesión y la crisis, a fin de tener siempre a mano el desempleo para mantener la brecha social, que no es sólo de dinero sino de estatus. Mantener la brecha social sirve además para que continúen comandando la organización de la producción, y por tanto apropiándose del resto del excedente una vez pagados los salarios.

Los autores postkeynesianos por su parte y aun algunos ortodoxos "heterodoxos" como Stiglitz y Krugman han criticado las falsas soluciones de austeridad e incluso en algunos casos anticiparon la crisis del 2008 causada por la desregulación financiera. Su mensaje fue diluido por los medios de comunicación que, de un modo diferente al pasado, militaron fervientemente en la justificación del neoliberalismo, aun en su catástrofe. La llamada posverdad vino a delinear el nuevo discurso hegemónico. La crisis del 2008, causada por la desregulación financiera quiere ahora ser curada con más desregulación del trabajo y el salvataje del sistema financiero.

Autores como Piketty y Milanovic, de difícil encuadramiento teórico pero también con éxito editorial, enfatizaron la emergencia de una desigualdad creciente desde el fin de la Edad de Oro del capitalismo, analizando por primera vez no sólo la distribución de los ingresos (flujos) sino también la de las riquezas (stocks), ingresando así en una metodología, la del estudio de formación de activos familiares, que deberá ser profundizada en los estudios destinados a superar la pobreza y la desigualdad.

En la sociología del trabajo en América Latina tenemos también un terreno disputado en torno al futuro del trabajo, los efectos de la automatización y el cambio tecnológico. Por una parte, Antunes (2011; 2018) señala que con las transformaciones recientes del trabajo hubo una relativa intelectualización del trabajo en algunos sectores, mientras se descalificó y precarizó el trabajo en la mayoría de las ramas donde se crea por una parte un trabajador 'polivalente y multifuncional' capaz de operar con máquinas y, en ocasiones, ejercitar con más intensidad la dimensión intelectual; y por otra parte, una masa de trabajadores precarizados, sin calificación, en empleos part-time, temporarios, parcial, o viviendo el desempleo estructural. Desde otro ángulo, Míguez (2014) desarrolla el concepto de "capitalismo cognitivo" para señalar el papel preponderante del trabajo inmaterial, aquel que produce bienes inmateriales, como información y conocimiento que a pesar de ser minoritario en términos cuantitativos es hegemónico en relación al trabajo industrial y agrícola "en el sentido de que su aplicación, al marcarles la tendencia, condiciona a los demás tipos de trabajo".(Miguez, 2014:30). De este modo, la producción en general va a depender del estado general de la ciencia y la tecnología, de un saber social general donde las facultades lingüísticas, comunicacionales, cognitivas, disposición al aprendizaje, capacidad de abstracción y conexión de los seres humanos constituyen el principal recurso productivo.

Mirando a Uruguay, Marcos Supervielle (2018) señala que sería erróneo preguntarse su Uruguay va a incorporarse a la automatización y a esta nueva revolución industrial, pues la pregunta a hacerse es cómo se aprovecha las potencialidades que esta revolución promete para el desarrollo de la sociedad, esto implica preparar la fuerza de trabajo en materia de formación permanente y rediscutir las categorías laborales, haciendo necesarios importantes estudios por sector.

Otros autores señalan el escenario contradictorio que presenta la automatización, la cual debe ser vista dentro de un cuadro contradictorio: al mismo tiempo en que elimina empleos, amenaza salarios y aumenta el control patronal sobre el proceso de trabajo, produce también el efecto contrario:

Esta centralización de la actividad productiva y unidades computarizadas bajo la vigilancia y control de los trabajadores, al mismo tiempo que actúa en el sentido de quebrar su autonomía, abre también, de forma contradictoria e incluso con la disminución del empleo, la posibilidad de tener en sus manos casi la totalidad del control de la actividad productiva. Esto es significativo porque los trabajadores pasan a tener un dominio técnico e intelectual sobre el proceso productivo, vulnerando consecuentemente el poder de racionalización y de secreto del control de la burguesía sobre el comando de este proceso y sus fines.

Quizás un resultado importante de estos debates, ignorados en parte por la literatura económica reciente sobre automatización (Frey y Osborne, 2013; Acemoglu y Autor, 2010) es que las decisiones gerenciales de incorporación tecnológica no son simplemente el resultado de consideraciones de costos, sino el resultado de un complejo proceso de toma de decisiones en el que los sindicatos y la negociación colectiva desempeñan un papel importante (Wallace, 2008). Los factores políticos e institucionales ocupan un lugar relevante en países donde el entramado sindical es más denso, con la influencia de comités de empresas y organismos de intervención de los sindicatos en la organización del trabajo.

De este modo, el futuro de la automatización y su impacto en el empleo no es para nada lineal. Las publicaciones sociológicas recientes enfatizan que el impacto en el empleo y las habilidades dependerá de condiciones específicas de aplicación, el tipo de economía, la naturaleza institucional y las condiciones estructurales del trabajo (Hirsch-Kreinsen, 2016: 7; véase también Wickham, 2011; Pfeiffer, 2016; Gallie, 2017).

El Riesgo De Automatización

El trabajo de Munyo es el primero que estudia el riesgo de robotización en partir de la metodología desarrollada por Frey y Osborne (2013) que investigaron el caso de Estados Unidos. Munyo encuentra que el 54% de las ocupaciones en Uruguay corren un alto riesgo de automatización en los próximos 20 años. Con datos de la Encuesta Continua de Hogares del INE, identifica variables claves como género, educación, actividad y región. Con respecto al género, indica que el riesgo de automatización para mujeres es del 46% y 62% para hombres. Mientras que a medida que aumenta el nivel educativo disminuye el riesgo de automatización: el riesgo es de 59% para quienes tienen primaria completa, 49% para secundaria completa, 44% para educación técnica, 27% para quienes terminaron la universidad y 17% para quienes tienen estudios de posgrado.

En tanto, "los que trabajan en el sector servicios tienen un menor riesgo que su trabajo sea automatizado en los próximos 20 años son los que trabajan en comercio, en la industria manufacturera o en el sector agropecuario (Munyo, 2016:25). Aunque en este punto advierte que el sector servicios ha sido donde más se ha acelerado la robotización en los últimos años. Retomando las conclusiones de Frey y Osborne para Estados Unidos, Munyo, señala que para acompañar los cambios del futuro del trabajo es necesario reenfocar la educación para fomentar el desarrollo de habilidades que son difíciles de automatizar: percepción, manipulación fina, capacidad creativa y, especialmente, inteligencia social (ídem, p. 27).

En línea con estos datos, la investigación de Aboal y Zunino (2017) muestra la relación entre el cambio tecnológico y desempleo tecnológico por sector, identificando una probabilidad de automatización de ocupaciones del 82% en el agro, un 79% en actividades financieras, 80% en Comercio al por mayor y menor y un 74% en la industria manufacturera, entre los más destacados. De esta manera, el "desempleo tecnológico sería un fenómeno generalizado a todas las ramas de actividad, con lo que no existe ninguna rama donde la probabilidad de sustitución sea inferior al 50%" (Aboal y Zunino, 2017:27). Destacan, además, que los jóvenes se insertan laboralmente en ramas con alto riesgo de reemplazo. Dos terceras parte de las ocupaciones podrían ser automatizables a mediano plazo. Los desafíos en términos de política, se encuentra en primer lugar en la arena educativa, preparando a la mano de obra para las nuevas habilidades requeridas; también en políticas laborales que busquen adaptar a los trabajadores desplazados a los requerimientos del mercado de trabajo, el fomento de emprendedores y nuevas modalidades independientes de empleo, así como la reducción de la jornada laboral.

El Enfoque De Tareas

La investigación de Apella y Zunino (2017) introduce el "enfoque de tareas" propuesto por Acemoglu et. al (2011), donde se destaca que las tareas no son estrictamente las habilidades con las que cuenta el trabajador, aunque se encuentran estrechamente relacionadas. De este modo "una tarea es definida como una actividad que permite la elaboración de un producto. Sin embargo, los trabajadores necesitan una serie de habilidades para llevarlas a cabo" (Apella y Zunino, 2017:7). Las habilidades pueden ser vistas como la capacidad de los trabajadores para realizar tareas concretas. Por su parte, las tareas pueden ser clasificadas en rutinarias y no rutinarias. La rutinaria implica que un conjunto claro y repetido de acciones invariantes, repetición metódica de un procedimiento constante. Las tareas no rutinarias implican diferentes acciones variantes en el tiempo, y requiere contar con capacidad de adaptación al contexto, lenguaje, reconocimiento visual e interacción social (ídem, p.7). Distinguen, también, entre estos dos conjuntos de tareas aquellas que son de naturaleza manual (trabajo físico) o cognitiva (conocimiento). De esta manera, las distinciones quedan establecidas entre: tareas manuales rutinarias, tareas manuales no rutinarias, tareas cognitivas rutinarias y tareas cognitivas no rutinarias. Aquellas tareas rutinarias son pasibles o se encuentran en riesgo de automatización (por ejemplo, los ensambladores o fabricantes manuales, secretarios, personal de ventas, empleados administrativos, cajeros bancarios, se encuentran entre estos grupos). Al igual que lo señalado por Munyo, afirman que las tareas cognitivas que demandan flexibilidad, creatividad, resolución de problemas y habilidades de comunicación son menos susceptibles de ser automatizadas.

Del mismo modo que el estudio de Munyo, encuentran que la participación en tareas cognitivas se encuentra fuertemente condicionada por el nivel de calificación y habilidades que tienen los trabajadores, lo que implica la necesidad de expansión del sistema educativo, según los autores.

Otra variable es la generacional. Señalan que "son las generaciones de trabajadores más jóvenes las que tienen mayor capacidad de adaptarse al cambio tecnológico, desarrollando de manera más intensiva tareas cognitivas que resulten complementarias a las nuevas tecnologías. Por el contrario, las generaciones más adultas podrían tener mayor dificultad de redefinir las tareas que desarrollan en sus ocupaciones, constituyéndose en una población más expuesta al riesgo de desempleo tecnológico" (ídem, p. 17).

Finalmente, sostienen el riesgo de polarización del mercado laboral que quedaría representado por dos grandes grupos de trabajadores. Aquellos de alta calificación que se desempeñan en ocupaciones intensivas en el uso de tareas cognitivas no rutinarias, de alta productividad y elevados ingresos; y, por otro lado, un conjunto de trabajadores de baja calificación relegados a ocupar puestos en ocupaciones manuales no rutinarias, y por lo tanto de baja productividad y nivel de ingresos. En medio de esta polarización, los trabajadores de calificación y niveles de ingresos medios, enfrentan el riesgo de una demanda de empleo enfocado al desarrollo de tareas rutinarias. La hipótesis es que aquellos trabajadores que desarrollan más intensivamente tareas rutinarias (tanto manuales como cognitivas) tienen una mayor probabilidad de desocupación.

Para enfrentar los problemas del desempleo tecnológico proponen la intervención sindical a través de la negociación colectiva, los subsidios a los sectores con mayor ocupación en actividades manuales rutinarias y, más importante, un diseño educativo que forme a las nueva generación en los empleos que "aún no existen", cuyo desafío consiste en preparar las habilidades cognitivas de manera tal de generar capacidades de creación y adaptación al escenario que se presenta. Por ello, "resulta imprescindible repensar el sistema educativo en todos sus niveles, logrando una rápida capacidad de adaptación de las asignaturas a la demanda de trabajo que se vaya presentando" (ídem, p. 23) cambiando el paradigma de memorizar conocimientos a uno que priorice las habilidades cognitivas y socioemocionales, a través de un planteo de problemas, como base para obtener habilidades de forma continua.

Evolución Reciente Y Futuro De La Automatización

El informe de la OPP (2017) sobre Automatización y empleo en Uruguay comienza distinguiendo las diferencias entre mecanización y automatización, mientras la primera sustituye el "uso de músculos humanos" la segunda sustituye "principalmente el uso del juicio humano". La mecanización desplaza el trabajo físico y la automatización el trabajo cognitivo. De este modo, la automatización "alude a hacer que determinadas acciones se vuelvan automáticas, es decir, se desarrollen por sí solas y sin la participación directa de un individuo·" (OPP, 2017:11). Con el nuevo empuje de estos procesos, la automatización comienza a abarcar también a los conocimientos. Un ejemplo de ello es la Inteligencia Artificial (IA) que permite que una máquina realice tareas asociadas con la inteligencia humana como la comprensión, el razonamiento, el diálogo, la adaptación, aprendizaje, etc.

El informe aborda el fenómeno de la automatización desde el enfoque de la 'intensidad de contenido de las tareas', desde el "enfoque de las ocupaciones" y desde el enfoque del "riesgo de la automatización" desarrollado por Frey y Osborne (2013). Ambos enfoques fueron utilizados por los autores apuntados más arriba. Como vimos en el enfoque de tareas se señalan cuatro tipos de tareas:

1. Tareas manuales rutinarias; 2. Tareas manuales no rutinarias; 3. Tareas cognitivas rutinarias. 4 tareas cognitivas no rutinarias, que se subdividen en: 4.1 Analíticas y 4.2 de relaciones interpersonales.

Un último apunte sobre este informe en relación con el debate actual sobre la destrucción del empleo por automatización. Allí detecta límites a la metodología desarrollada por Frey y Osborne (2013) en torno a que las ocupaciones que se identifican con riesgo de automatización incluyen tareas difícilmente automatizables, por otra parte las personas que se dedican a una ocupación no ejercen necesariamente una misma tarea. Por ello, la OCDE propone medir el riesgo de automatización de las tareas no de las ocupaciones.

Pero también, se destaca que la automatización no es sólo una cuestión tecnológica, sino también de "aceptabilidad social, de organización del trabajo y de rentabilidad económica. Por otro lado, frente al desarrollo digital, las tareas y ocupaciones se transforman. Se concentran en las tareas para las cuales los trabajadores tienen ventajas comparativas sobre los autómatas". (ídem, p. 31). En definitiva, las determinantes del impacto de la automatización en el empleo dependen de un conjunto de factores, entre ellos el contexto político e institucional.

La Automatización Desde La Visión Empresarial

La investigación de Saldain et. al (2019) El futuro del trabajo y su impacto en la seguridad social se focaliza en cómo el sector empresarial visualiza una posible Cuarta Revolución Industrial y cuáles son los contrastes y complementos con respecto a la visión académica y de ámbitos especializados. A partir de entrevistas en profundidad a actores calificados, representantes empresariales, líderes gremiales y presidentes de cámaras empresariales y una encuesta al empresariado relevan algunas dimensiones como la opinión sobre la Revolución 4.0, los impactos sobre el mundo laboral, la educación del futuro, la formación permanente y reconversión laboral, legislación laboral, políticas públicas de protección y seguridad social.

En torno al primer punto, los empresarios vinculados a las industrias manufactureras y agropecuaria consideran que "el avance acelerado de la tecnología no resulta novedoso, sino que es la continuación y expansión de un proceso que ya hace años que se gesta" (ídem., p.80).

La formación, además, debe ser permanente y continua durante todo el ciclo de vida con énfasis en la enseñanza terciaria, con capacidad de adaptarse a la versatilidad y los cambios -no híperespecializada.

El trabajo pone en discusión dos elementos de política pública de protección para hacer frente al desempleo tecnológico y una desestructuración del tejido social: la reducción de la jornada laboral y la renta básica universal. Sobre la primera las gremiales empresariales consideran que debe ser analizada sobre una lógica de no-ganancia del salario "Reducir la jornada, pero manteniendo el salario no es de recibo para el empresario". En torno a la cuestión de la renta básica universal, es decir, un ingreso mínimo garantizado por el Estado, un empresario señaló "Epidérmicamente estoy en contra. Las ayudas que tiene que dar el Estado a los ciudadanos deben ser episódicas" (ídem. p. 108). Afirma que, utilizando medidas de este tipo, se implementa una cultura de la seguridad en la población, cosa que no es viable en la dinámica del mundo. También desde el Ministerio de Trabajo hay oposición "Ernesto Murro considera que no es una medida que vaya de la mano con el concepto de dignificación del trabajo, por lo que filosóficamente no acompaña esta medida" (ídem., p. 108).

En el terreno de la legislación laboral, la visión empresarial para encarar una revolución tecnológica pone el acento en la flexibilización del mercado laboral que debe estar marcada por dos pilares "la habilitación de la polifuncionalidad del trabajador y la disminución de los costos salariales (…) Si los costos salariales son altos, uno se ve incentivado a incorporar tecnología" (ídem., p. 106). También se afirma la necesidad de una modificación de la jornada laboral, para "arreglar" con el trabajador los horarios que fueran más convenientes para el empresario (y el trabajador), sin que esto implique un aumento de costos (como el caso del pago de nocturnidad). En este sentido, podríamos señalar que para el empresariado se trata de caminar hacia la flexibilidad interna o funcional en la empresa (polivalencia, jornada laboral, licencias, etc.) y una flexibilidad externa (contratación). Otro aspecto a destacar es la adecuación de los Consejos de Salarios a los empresarios de pequeño porte, para que puedan tener un marco más flexible de negociación: "Deben fijarse pautas mínimas por rama de actividad, por ejemplo, el salario mínimo, y dejar el resto para la negociación particular" (ídem., p. 104).

El Futuro Del Trabajo Y El Derecho Laboral

Partiendo de los impactos recientes de las tecnologías en el trabajo y los estudios de la OPP en torno a la automatización y el empleo, Raso (2018) señala algunas características que tendrá el futuro del trabajo como "a) la creación de nuevos sectores, productos y servicios; b) nuevos cambios derivados de la digitalización, la conexión entre la inteligencia humana y la máquina y nuevas formas de organización del trabajo; c) la destrucción de empleos tradicionales por efectos de la automatización y la robotización; d) nuevas formas de trabajo a partir de las plataformas digitales, el crowd crowdsourcing, la 'sharing' economy. Ello a su vez afectará a nivel macroeconómico la modalidad de retribuciones, la seguridad social, etc." (Raso, 2018: 23).

La destrucción de empleos en la industria y el agro, podrían eventualmente complementarse con nuevos trabajos en el sector servicios como el transporte, los servicios de venta y entrega, turismo, la atención a la salud, el cuidado de niños y ancianos, etc. En este escenario, se vislumbra una polarización social que presentará inevitables confrontaciones y contradicciones, una sociedad de la opulencia pero atravesada por división entre sectores cada vez más ricos de la población y sectores cada vez más pobres (concentrados en trabajos menores y mal retribuidos que se concentrarán básicamente en servicios, en trabajos informales o directamente desempleados). Como en los mundos apocalípticos vaticinados en las películas del estilo Mad Max el problema para Uruguay y América Latina será una mayor polarización social, como resultado de la descomposición del mercado laboral y de la propia sociedad.

Para Raso, la industria 4.0 genera un nuevo modelo de trabajo, frente al cual las organizaciones sindicales deberían estudiarlas, proponer reglas y límites. El principal desafío para el Estado y el actor sindical es cómo educar para los empleos del futuro y como ajustar los planes formativos a las necesidades del nuevo modelo industrial, pensando en las tensiones que se imponen entre estabilidad/movilidad del empleo, la variabilidad del tiempo de trabajo (horario fijo, horario flexible), la pérdida de una necesaria referencia geográfica (lugar de trabajo: fábrica, oficina, teletrabajo, etc.) y la superación del concepto de categoría laboral, sustituido por el de "competencias".

En este contexto, en América Latina se ha comenzado un proceso de Reformas Laborales que tienden a la desregulación -que como vimos en la sección anterior está presente dentro de las propuestas de los empresarios uruguayos. Raso, repasa la reforma laboral en México en 2017 que impuso la flexibilización del contrato de trabajo, introdujo reglas sobre la externalización o subcontratación, debilitó el alcance de la negociación colectiva e introdujo criterios restrictivos para legitimidad de una huelga.

En Chile, durante 2017, también se avanzó en una reforma que confirma la "ilegitimidad de la negociación colectiva a nivel de actividad, manteniendo la regla que solo es posible negociar a nivel de empresa" (ídem, p. 30). En Brasil, el gobierno de Michel Temer promovió una desregulación laboral de un cuño similar a las desarrolladas en los años '90, donde no hay ningún proceso técnico que justifique el ajuste de determinadas normas a las nuevas realidades de las relaciones laborales. Esta reforma tuvo un evidente impacto en todo el continente, donde los empresarios y gobiernos comienzan a "cuestionarse sobre la necesidad de ajustar el Derecho del trabajo a los nuevos paradigmas".

Cuestionando estas reformas, Raso señala que el ajuste del derecho del trabajo a las nuevas realidades del mundo laboral requieren construir nuevas tutelas sustitutivas, para proteger a aquellos trabajadores que quedan al margen de la producción de riquezas y por tanto "seguirán siendo necesarias tutelas económicas y sociales (salud, prestaciones de desempleos, riesgos de vejez, necesidad de cuidados de niños y ancianos, etc.). Las tutelas del futuro seguramente se anclarán menos al contrato de trabajo (en progresiva disminución), por lo cual es necesario construir tutelas que se independicen de ese origen laboral" (ídem, p. 33). Remata señalando que deben pensarse modelos construidos a partir de una base tributaria que grave la mayor riqueza producida, como contracara a la exclusión que esa misma riqueza genera, deberá tributar más el capital para compensar el efecto de desempleo estructural que produce.

Conclusiones (Con Amable López Martínez)

Cuando se apele a la creciente pobreza y a la mayor desocupación para describir el Mundo económico, se deberá tener alguna precaución. En realidad, la pobreza, al menos en sus valores absolutos, es decir de disposición de ciertos bienes y servicios elementales, la llamada pobreza extrema, ha disminuido notablemente en los últimos tiempos, no sólo en el análisis de una tendencia secular sino también en las últimas décadas, pese a la prevalencia del Neoliberalismo.

La desocupación, por su parte, se ha incrementado, sobre todo a partir de la crisis del 2008, su recaída en 2012 y presenta una recuperación positiva, aunque sin volver al nivel inicial, al que no regresará por la crisis del 2020. De todos modos, los números fríos parecen no ser espectacularmente negativos. Según la OIT la desocupación mundial evolucionó de un 6% de la PEA a un 8%, en números gruesos, entre 2008 y la actualidad.

La desigualdad, en cambio, se profundizó notablemente desde 1970, aunque la desigualdad entre países tendió a aminorarse. Los indicadores de Pobreza y en parte los de Empleo han permitido al llamado Liberalismo, o sea a los ideólogos de la total desregulación económica, argumentar que en el Mundo nunca ha estado mejor. Estos divulgadores no hacen mucha referencia a la Desigualdad, que nos les favorece, pero es evidente que la suponen algo así como el aliciente para el trabajo esforzado, del mismo modo que consideran que la protección del trabajo es un aliciente para la molicie y la baja productividad.

Señalemos algunas circunstancias que ayudan a interpretar correctamente estas estadísticas:

1. El crecimiento económico en el Mundo, con su consiguiente disminución de la pobreza absoluta, no así de la relativa, parece ser un hecho, aunque estadísticas de tal magnitud podrían ser re-

visables. Se focaliza en el enorme peso que tiene la población china en esta mejora y más recientemente la población india, que impulsaron crecimiento en otros lugares del Mundo como Latinoamérica. Antes de eso el llamado desarrollo por invitación del sudeste asiático había actuado de modo semejante, aunque en poblaciones menores. Se profundiza en cambio la pobreza en el África Subsahariana y en otras áreas, entre las que se encuentran regiones de Europa y Medio Oriente.

Se deberá analizar si el desarrollo de estas naciones, las que tuvieron éxito, es neoliberal o por el contrario keynesiano. La atribución de los méritos del capitalismo regulado y con intervención estatal y comunitaria, al capitalismo desregulado, es una de las manifestaciones de la eficiente tergiversación mediática que nos abruma. Baste citar los notables trabajos de investigación de Ha Joon Chang para ver que el desarrollo en Asia ha estado fuertemente comandado por el Estado. Allí sí la "acumulación de capital" ha sido al mismo tiempo acumulación de Capacidades Tecnológicas.

2. La desigualdad sin duda ha aumentado. La concentración de riqueza (stocks) en pocas manos ha sido señalada desde distintas fuentes. En algunos casos, como en la mayoría de las economías occidentales esto es un hecho sólo negativo, que en Estados Unidos adquiere rasgos más crueles. En otros casos como el de China, se deberá ser cautos sobre el avance de la desigualdad, por cuanto la misma es el resultado de la salida de la pobreza de cientos de millones de personas. Uno de los aspectos de la vida, como es la salud y la expectativa de vida consecuente, han tenido mejoras notables que parecen ser el resultado del avance de las tecnologías médicas y de las políticas sanitarias. Paradójicamente en algunos países, al no ser acompañado este progreso con la mejora de las condiciones socioeconómicas, presentan ahora nuevas formas de conflictividad social.

3. La ocupación y el empleo no habrían mostrado en las últimas décadas una caída significativa, si nos atenemos a las estadísticas de la OIT, con la excepción de aquellos países afectados por las crisis locales de deuda externa de los años 1995 a 2002 y por supuesto por la crisis del 2008. Esto quiere decir nada más y nada menos que, el tan temido desplazamiento de trabajadores por máquinas y otros artefactos de producción, no es al menos generalizado y masivo, por el momento. Los shocks de desocupación, inaceptables como resultan, parecen más vinculados a las políticas neoliberales y sus desmadres, que a la evolución tecnológica. Sin embargo, sí han caído la calidad del trabajo, su

permanencia, su certidumbre a punto tal que más allá de los números se percibe un claro deterioro de la calidad de vida para numerosos colectivos sociales. Es la instalación en la precariedad de que nos habla Robert Castel.

4. Las nuevas tecnologías han significado desplazamiento de trabajadores a la vez que aumento de la productividad. Esto significa que, a la tendencia a expulsar trabajadores se la debe netear contra la incorporación de trabadores en nuevas actividades, posibilitadas por la mayor productividad. Quizás en esto resida una de las explicaciones de que los indicadores de empleo no resulten tan alarmantes por ahora.

5. La duración de la Jornada Laboral no ha disminuido de acuerdo con los avances de la productividad. Es esta quizás la anomalía más grave, aunque poco visible del sistema capitalista actual. Esto implica que los incrementos de productividad son escasamente trasladados a los ciudadanos. También que, en el futuro, si el desplazamiento de trabajadores por las nuevas tecnologías se acelerase, la solución de fondo, que no es otra que la reducción de la jornada laboral es escamoteada de la opinión pública.

6. En concordancia con las peticiones de una sociedad más sustentable, menos consumista, más ecológica y con una mejor calidad de vida efectiva, se debe por cierto discutir el modelo económico social, la organización del trabajo y las propias tecnologías empleadas. Sin embargo, no debiera olvidarse en ningún caso que todo lo anterior es en realidad parte de la pugna de los trabajadores por el justo compartimiento del producto social del trabajo. La realidad de la explotación no desaparece con el logro de algunos estándares mínimos, sino que se desliza en nuevas formas de miseria humana en la medida que persista la desigualdad no justificada y compulsiva. No se trata sólo de combatir la "desigualdad irritante", aunque se comience con ella, por cuanto una sociedad sustentable requiere homogeneidad social. Así como los bienes de la salud parecen llegar cada vez más al conjunto de las sociedades y a casi todos sus componentes, la pauperización de la vida y el alejamiento de la vida digna que reinaba, al menos para muchos, en la sociedad salarial, puede estar creciendo, aunque se atiendan más necesidades básicas.

Las Soluciones Propuestas.

Distintas medidas se han propuesto para aventar el riesgo de la desaparición o disminución del trabajo. Las mismas no constituyen opciones excluyentes y por cierto pueden aplicarse en forma combinada.

1.   Imposición tributaria sobre tecnologías denominadas robóticas.

La creación de un fondo de mitigación social a partir de este impuesto cuenta con destacados adeptos. Entre otros Bill Gates y Robert Schiller (Premio Nobel de Economía 2013). Por cierto, este impuesto puede tener un valor positivo, pues como todo impuesto contribuye además a financiar el gasto social. Debe considerarse empero que en realidad la tecnificación que desplaza o destruye trabajo va más allá de los robots que identificamos como tales y, además, que un robot es en última instancia una máquina. Una máquina siempre ahorra trabajo humano y la cuestión principal es quien se beneficia de ese ahorro. Un trabajador propietario de sus medios de producción no tendría ningún inconveniente en usar robots en su beneficio. Esa es la cuestión, pero mientras estemos en una sociedad capitalista, es muy cierto que el referido impuesto puede jugar un rol temporario de mitigación, si se lo aplica con inteligencia. Subsistirá el problema de definir de modo eficaz que artefactos señalaremos como robots y cuáles no.

2.   Reparto del Trabajo.

Se ha propuesto y se ha puesto en marcha en algunos acuerdos laborales la solidaridad intralaboral, de modo que un colectivo de trabajadores evite despidos reduciendo la jornada laboral de cada operario y en consecuencia su salario. Esta solución no merece siquiera comentarios por su carácter perverso, salvo quizás en casos en que la misma tenga una duración muy acotada y fundamentada, es decir casos en los que sirva de puente hasta que se restablezca la normalidad. Hay que decir además que la idea es hija de una de las falacias centrales de la teoría económica neoclásica, que como se sabe, presupone la existencia de sustitución factorial entre capital y trabajo, según el precio de cada uno de ellos.

3.   Flexibilización del Trabajo.

Esta es en realidad la terapia que predomina. Mala terapia, por cierto, dado que instala la precariedad y la desaparición del compromiso social entre trabajo y capital. Sólo diremos aquí, intentando disminuir la presunta legitimidad fáctica de esta solución, que la misma confunde intencionalmente dos hechos diferentes y que pueden ser independizados. Por un lado, es cierto que la producción se ha vuelto más versátil y fragmentada. Es lo que persigue la constitución de las llamadas cadenas globales de valor y lo que exigen en ciertos casos las técnicas de trabajo temporario, intermitente y no encuadrable en una jornada típica.

Sin embargo, nada indica que esto deba conducir ineludiblemente, a precarización de las condiciones laborales y baja del ingreso del trabajador. La adaptación de las condiciones gremiales a los requerimientos tecnológicos de eficiencia no tiene porqué ser pensada en perjuicio del trabajador. En todo caso requerirá mayor ingenio en la negociación convencional, pero lo que en definitiva se discute es la distribución del excedente. Sólo es cierto, en cambio, que las nuevas técnicas han dado mayor oportunidad a las elusiones por parte de los patronos, pero no es ese un problema diferente al del trabajo no registrado, cuya ocurrencia no por frecuente debe ser aceptada.

4. Salario social universal.

Esta propuesta tiene adeptos y detractores. Los primeros señalan que su implantación supone dotar al trabajador de una mayor fuerza para negociar su salario, dado que no se incorporaría al mercado de trabajo como vulnerable sino como trabajador opcional, por tanto, en verdadera libertad.

Quienes se oponen lo hacen tanto desde posiciones progresistas como conservadoras. Entre los primeros Randall Wray señala que de este modo se pretende ocultar el problema de la justa distribución del producto social, a través de un subsidio degradante que permita amenguar la conflictividad social. Para Wray el trabajo es una necesidad del ser humano y por tanto un derecho insustituible por un subsidio. Se sabe, además, que la supervivencia del trabajador con subsidio en lugar de salario suele provocar alienación y estigmatización social.

Los conservadores, como es fácil imaginar, alegan en cambio que este tipo de emolumentos contribuye a la baja productividad, la escasa disposición para el esfuerzo, el ausentismo y demás "pecados" del trabajador.

Es difícil tener un juicio taxativo sobre esta medida. Por un lado, está claro que refuerza el poder negociador del trabajador y que el impuesto con que se financie debiera ser, si todo es normal, extraído de la ganancia del capital. Si se lo extrajera de las nóminas laborales activas, estaríamos en una situación semejante a la del reparto del trabajo y no podría ser universal.

Se suele argumentar, en contra de esta propuesta, que los empresarios la usarían para encubrir los efectos de la precarización laboral. Esto es posible, por cierto, pero la precarización laboral es por definición negativa en sí misma, antes del salario universal, y no debiera existir. Otra vez, cabe analizar quien financia el supuesto salario universal, cuan universal resulta y si se lo puede introducir de modo no degradante para el status social del beneficiario.

5.   Aplicación de Tecnologías Adecuadas y Convenientes.

Encontramos aquí las bases de una política de profundo alcance social y cultural, no sólo para alejar el fantasma de la desocupación, sino también para que una nueva economía desaloje al sistema actual intensivo en energía a base de recursos fósiles y contaminantes. A su vez, estas tecnologías pueden eventualmente mejorar la relación del trabajador con su actividad y su producto social (desalienación). El concepto de Tecnología debe entenderse no solo en lo instrumental sino también en el tipo de proceso, la estructura organizacional de división del trabajo, el grado de concentración de la propiedad de medios de producción y en definitiva el producto a obtener.

Se han realizado cálculos alarmantes sobre la situación en que quedaría el planeta si las actuales tecnologías se extendieran a toda la población humana, o sea si ésta alcanzara los niveles y formas de consumo de los países desarrollados.

Las condiciones para que este cambio de paradigma se concrete son muchas y difíciles, aunque no imposibles. Veamos someramente algunas de dichas condiciones.

5.1. Debe existir más de una tecnología para el proceso en el que se desea optar y reemplazar. La existencia de tecnología alternativa digna de tener en cuenta exige que esta sea eficiente en algún sentido. La agricultura ecológica, por ejemplo, puede ser escogida porque es eficiente en relación con un objetivo de calidad de producto y no contaminación, pero no por algún extraño afecto por el arcaísmo.

5.2. El carácter mano de obra intensiva de una tecnología no la convierte en virtuosa. En efecto, volver a formas manuales de producción en lugar de mecánicas constituiría un malentendido fatal. Si se desea mayor empleo es preferible encarar actividades que en su mejor tecnología son producciones mano de obra intensivas, como la construcción naval, y no retroceder a tecnologías que impiden liberar tiempo de trabajo para nuevos proyectos. La desocupación en última instancia es resultado del capitalismo y no de las técnicas.

5.3. Los procesos no contaminantes pueden ser eficientes a largo plazo, aunque no lo sean a corto plazo. Es claro que la rentabilidad resultante de afectar el ecosistema está mal calculada, pues no tiene en cuenta los costos futuros de reparación, si esta fuese aun posible.

5.4. La organización no jerárquica y no mecanicista de la producción puede ser eficiente para el desarrollo del ser humano. La producción automotriz en ciertos países se desarrolla con un elevado involucramiento intelectual del trabajador y en este caso los robots son extensiones de la mente del operario. Curiosamente, aquí el avance técnico permite superar la división alienante del trabajo que tanto ensalzaba Adam Smith y que tanto criticaba Chaplin en Tiempos Modernos.

5.5. Las escalas de producción se han vuelto en muchos casos modulares. La producción a gran escala ahorra costos fijos. Sin embargo, tiende a concentrar la propiedad, como en el caso de la tierra. Hoy día, gracias a los avances científicos, es posible la producción de menor escala y sin embargo eficiente y por tanto posibilitadora de la desconcentración de la propiedad.

5.6. Nuevos productos pueden implicar tecnologías más convenientes. Las formas consuetudinarias de consumo suelen ser conservadoras, aun cuando existen posibilidades de utilizar productos más inteligentes en relación con su fin. Sobran los ejemplos, pero es claro que el transporte urbano, tanto público como privado podría ser eléctrico y quizás lo sea a corto plazo.

5.7. Los gobiernos deben planificar producciones y tecnologías convenientes. El Mercado, que es muy útil indicando las preferencias de los consumidores e introduciendo hasta cierto punto la competencia, no tiene sin embargo horizonte de largo plazo. En muchos casos es incapaz de introducir modificaciones pues su lógica es la repetición ciega. El Estado puede introducir e inducir nuevos productos y procesos socialmente más convenientes, a través de su actuación sobre la demanda, porque tiene o puede tener horizonte de planeación. La expansión estatal del transporte en China es un ejemplo de magnitud.

5.8. El perfil de consumo debe ser determinado por la propia cultura. La Globalización de la economía mundial da lugar a la dominancia de productos de baja calidad, y donde gran parte del valor agregado se realiza en los centros del sistema mundo. Caso emblemático lo constituye la industria audiovisual. En los países periféricos en particular, deben fomentarse producciones locales, pero estas deben alcanzar calidad internacional en algún momento. Productos, procesos y técnicas nacionales de excelencia son conceptos que no implican más aislamiento, sino por el contrario proyección al mundo.

5.9. La magnitud del consumo puede reducirse, gravando consumos superfluos y perjudiciales. Pero se deberá tener en cuenta que en caso de lograrse esto en lo inmediato reducirá los puestos de trabajo, si no se acompaña dicha política de un esquema de resguardo del trabajador o sea de reducción de la jornada laboral.

5.10. La modernidad de una tecnología no define per se su carácter positivo ni negativo. Lo mismo vale para una tecnología tradicional. Resulta evidente que ciertas novedades técnicas son el resultado del afán de ganancia a cualquier costo, pero también es cierto que tecnologías tradicionales pueden destruir un entorno ecológico e incluso una cultura, como es el caso de la agricultura de rozas. Lo mismo vale para la falsa oposición entre natural y artificial postulada por algunas pseudo ecologismos. Más aún, gran parte de la remediación del daño efectuado a la Tierra ha de provenir de nuevas tecnologías diseñadas al efecto.

5.11. La magnitud del consumo debe readecuarse a la protección de la Tierra. La crítica a la denominada "sociedad de consumo" es válida por la innegable existencia de consumos que nada agregan a las verdaderas necesidades humanas. Sin embargo, nadie en particular puede reglamentar los gustos personales, (lo prohibido genera atracción), siendo más conducente generar estilos y modos de comportamiento donde el prestigio sea obtenido a través de un comportamiento armonioso y comunitario. Pero el Desarrollo Sostenible se proyecta hacia el Futuro y no hacia el Pasado. La mayoría de las Edades de Oro del pasado con que a veces se sueña, no fueron tales, si somos rigurosos en su examen.

5.12. El uso intensivo de energía a base de recursos fósiles y contaminantes es insostenible. Proyectar al conjunto de la Humanidad el modelo de los actuales países desarrollados permite vislumbrar una catástrofe. Vale decir, empero, que lo más alarmante no es la tecnología en sí misma, sino su uso sin limitaciones y resguardos. La sustitución de las actuales formas de consumo de energía, habida cuenta de la población humana, su proyección razonable y sus necesidades justificadas, puede exigir no sólo la reducción de uso de combustibles fósiles, sino también su rápida sustitución por otras formas de producción de energía, así como acciones de alta ingeniería para mitigar el cambio climático.

6. Reducción de la Jornada Laboral.

John Maynard Keynes pronosticó que sus nietos trabajarían 15 horas a la semana. Esto no ha ocurrido, pero hoy vuelve a discutirse.

La Humanidad produce hoy los bienes que usa y consume con un incremento tal de la productividad, que torna insostenible la actual jornada laboral de 8 horas o más, si se desea que la Población Económica Activa esté empleada en su totalidad. La aplicación de tecnologías más adecuadas para la sostenibilidad económica, así como la evolución científico- técnica que se avizora, conducirían también al incremento de la productividad, que como sabemos, es el cociente entre producto y tiempo de trabajo socialmente necesario para lograrlo, y no otra cosa, como ocurre cuando se confunde productividad con rentabilidad.

Los decrementos del tiempo de trabajo socialmente necesario no provocan solo amenaza de desempleo como ocurre en muchos países capitalistas. Pueden ser también fuente de desasosiego y aislación. Por lo mismo, el uso del creciente tiempo libre puede y debe ser analizado como un tema en sí mismo. El trabajo comunitario, voluntario y colaborativo, ajeno al ánimo de lucro, pero dador de realización humana, puede suplir en parte la disminución del trabajo rentable. O bien como sostienen algunos autores, se debe pensar en tornar remuneradas ciertas tareas que hoy no lo son.

La reducción de la jornada legal de trabajo enfrenta dificultades severas, pero aun así constituye el eje sobre el cual ha de vertebrarse la solución cabal del problema de la ocupación. En primer lugar, se presenta la oposición mayoritaria de los empresarios, aunque existen lúcidas excepciones. Un análisis muy primario los lleva a suponer que de este modo reducirían sus utilidades, lo que parece ignorar que la jornada laboral ha venido disminuyendo a lo largo de la historia sin consecuencias negativas para la economía en su conjunto y para las ganancias empresariales. A su modo, son marxistas. Más aun, es probable que la reducción de la jornada haya operado como un redistribuidor de ingreso que facilitó la realización de la oferta de bienes a través de una demanda con poder adquisitivo y tiempo libre para gastos en servicios de consumo cultural.

Otro condicionante de importancia, aunque no insuperable, está dado por el hecho de que la jornada laboral tiene diferente duración efectiva en diferentes países. Es evidente que la competencia en el comercio internacional no es leal si existen distintas jornadas laborales. Temporariamente, los países con jornada reducida pueden compensarlo por su cuasi monopolio en bienes sofisticados y complejos y a través de la deslocalización productiva hacia países con jornada extendida. En algún momento, los aranceles aduaneros deberán considerar la diferente explotación del trabajo humano en cada país (concepto ampliado de dumping social), si es que se desea una verdadera solidaridad de los trabajadores del mundo.

Un último señalamiento en este apartado vale para decir que la reducción de la jornada laboral debe estar acompañada de una actitud de compromiso ante el trabajo y su producto. La jornada reducida, expurgada ya de su duración innecesaria en la que se paga por la mera permanencia, debiera contener menos tiempo muerto e improductivo que la jornada extendida.

7. Trabajo estatal garantizado.

El trabajo financiado por el Estado, que no es necesariamente trabajo de funcionarios redundantes y es mejor que no lo sea, es una alternativa tan factible que fue parte de la clave del éxito del New Deal de Roosevelt y el comienzo de la llamada Edad de Oro del Capitalismo. Algo semejante, aunque por otra vía, ocurre en Japón, donde las empresas privadas no despiden como resultado de un rasgo cultural basado en códigos de honor comunitario. También hay que decir que en la actividad privada hay trabajo "garantizado", de discutible productividad en particular a través del comercio redundante y de servicios de intermediación y legalización impuestos por la costumbre o el Estado. Cuando este tipo de actividades es humilde se le llama desocupación encubierta. No así cuando es símbolo de estatus como en el caso de las capacidades de certificación delegadas por el Estado a diversas profesiones de dudosa imprescindibilidad.

La sensación de que una política de este tipo sería ruinosa para las cuentas públicas es muy relativa y discutible. Países como Uruguay en la práctica han usado con gobiernos de distinto signo el trabajo estatal como amortiguador del desempleo.

Pero de lo que se trata en rigor es que el trabajo garantizado sea productivo, lo cual redunda en beneficio del ciudadano por el doble efecto de tener un ingreso y de aportar bienes a la sociedad. Si se acepta que el trabajo es un derecho, esta solución no debiera subestimarse.

Claro que, como en tantas otras decisiones políticas, el grado de éxito dependerá en gran medida de la virtuosidad de su ejecución. Hay formas y formas de hacer las cosas, dice el saber popular, y en este caso con razón. Si la corrupción política y social conduce a que el empleo garantizado estatal resulte un simple subsidio, sólo quedará como beneficio el sostenimiento de la demanda efectiva por la suma de los pagos que se realicen, y por cierto sería aceptable la crítica conservadora con su señalamiento de la desmotivación para la eficiencia y de la injusticia relativa hacia el trabajador con actividad intensiva. Si en cambio agregara bienes y servicios tangibles a la sociedad, el presunto vicio se tornaría en virtud de ciudadanía.

Digamos también, que el trabajo estatal garantizado debe caracterizarse, en alguna medida, por su subsidiaridad. Esto es, cuando el mercado de trabajo se recupera, el Estado reduce su demanda de trabajo, al menos en parte.

8. Políticas económicas, keynesianas, postkeynesianos y Estado de Bienestar.

Antes de suponer algún inminente Fin del Trabajo, se debe tener en cuenta que gran parte de la desocupación actual y probablemente de la que sobrevenga en el futuro inmediato, tiene que ver con la perniciosa moda de suprimir los resguardos keynesianos, que encomendaban a los gobiernos y los bancos centrales la doble misión de cuidar de la economía, pero también del empleo, como dice aun el mandato de la Reserva Federal de los Estados Unidos.

Junto con este inopinado levantamiento, fruto según algunos del triunfo geo-político del bloque occidental capitalista, se fue desmantelando en muchos países el Estado de Bienestar. Peor aún, se impuso la moda de decir que el mismo "estaba superado". Sin embargo, existen aún países que mantienen esos instrumentos y son, curiosamente los que mejor han sorteado la crisis del 2008. No cabe por tanto decir que sea imposible la restitución de alguna suerte de New Deal modernizado y profundizado si la conciencia política de la ciudadanía lo demanda e impone. La suposición de que la así llamada Glo-balización lo impide debido a la creciente deslocalización del trabajo mundial es sólo eso, una suposición, en la que se ignora que el comercio mundial es en definitiva administrado.

El postkeynesianismo, por su parte, va más allá del objetivo del pleno empleo. Al considerar que la distribución del excedente (el valor agregado de la economía) es una convención social ajena a cualquier "productividad marginal de los factores trabajo y capital", y demostrarlo científicamente, está postulando que la distribución, la ocupación y las decisiones de inversión, no son una atribución excluyente del capitalista, sí que quiere algo así como el equilibrio con paz social.

9. Superación de las formas de producción capitalistas.

Nos adentraremos aquí en un tema que quizás no tiene una aplicación programática inmediata, pero que constituye el horizonte sobre el que proyectamos nuestro pensamiento. ¿Es el Capitalismo el sistema definitivo de la Humanidad? ¿Si no lo es, porqué es tan notoria su prevalencia?

El desempleo, aun cuando hayamos reconocido el error de algunas pre-dicciones marxistas, es un rasgo inherente al Capitalismo. Como muy bien supieron destacar los mejores economistas clásicos (en oposición a los neo-clásicos), el Capitalismo no está en equilibrio más que por azar y durante breves lapsos. Si se acerca al pleno empleo es por la acción de los gobiernos que, pese a todos sus errores, pugnan en general porque el "ejército industrial de reserva" no sea mayoritario, debido a la conflictividad social que esto gen-eraría.

Superar las formas de producción capitalista puede parecer un objet-ivo lejano en los tiempos presentes. Pero esta visión es simplemente un caso de falsa conciencia social. Vivimos imbuidos de ciertas definiciones de Capitalismo en las que se supone que este sistema se define a partir de la propiedad privada de los medios de producción y el libre mercado. Solemos creer por tanto que salirse del Capitalismo requiere la "socialización" de los medios de producción, dicho lo cual se salta además a la inmediata idea de que la propiedad estatal generalizada de medios de producción con planificación imperativa es la única antítesis del viejo sistema. Como las experiencias que se supone aplicaron este sistema de propiedad colectiva no dieron los resultados deseados, pareciera que lo no capitalista encierra un futuro poco auspicioso. De ahí al desaliento en la idea de transformación hay menos que un paso.

Si en cambio consideráramos una definición del Capitalismo más rigurosa que la tradicional, las esperanzas renacerían. El Capitalismo no muestra su esencia en la propiedad privada de los medios de producción, sino en su concentración excluyente que reduce a la mayoría a dependiente de la relación salarial, en condiciones de asimetría de poder de negociación.

Marx creyó inexorable este proceso y su particular visión impregnó incluso al pensamiento antimarxista. Confundió el tamaño de la explotación industrial o agraria, que por su tiempo era creciente, con la propiedad unificada del capitalista concentrado, que por supuesto no es inexorable. Confundió el carácter instrumental del capital, o sea el artificio productivo, con los derechos de propiedad sobre el mismo y supuso que siempre coincidirían.

Si el Capitalismo, visto ahora históricamente, consistió en la expropiación de los trabajadores propietarios de sus medios de producción, merece ser pensada la posibilidad de revertir dicho proceso creando una nueva sociedad que restituya, de modo progresivo e inducido al ciudadano como propietario, es decir la formación de activos de trabajadores. La redistribución de la riqueza (stock de bienes de uso y de producción) deberá en algún momento ser bandera de lucha como hoy lo es la distribución del ingreso (flujo de ingresos). Esta nueva sociedad se instituiría en forma progresiva y con gran adhesión, adhesión que por otra parte sería sistémica e irreversible, por el apego que el ser humano tiene a la propiedad tangible. La redistribución en cuestión no necesariamente pasaría por las expropiaciones de los capitalistas y rentistas.

Tampoco significaría la disolución de las diferencias de ingresos y riqueza, pero se trataría de diferencias entre ciudadanos libres no dependientes. La intensificación del propio esfuerzo acumula dinero y capital, es indudable y legítimo. Lo que no es tan legítimo es que en una segunda instancia permita vivir, al intensificador o sus herederos, de rentas. Bastaría que una parte del ingreso de los trabajadores adquiera la forma de participación en la propiedad de medios de producción y de propiedad inmueble. No es condición para lo que se postula que la propiedad de medios de producción tome formas sociales o cooperativas, aunque tampoco sería un impedimento si tales formas funcionaran con eficiencia y estabilidad. Lo verdaderamente social es la propiedad difundida a toda la ciudadanía. Las sectas marxistas dirían que se están creando trabajadores burgueses, pero hay que resignarse a aceptar que las sectas y sus miembros no se caracterizan por su sentido crítico y la renovación del pensamiento.

El Ahorro/Inversión de trabajadores refuta asimismo la propaganda que arguye que los altos salarios minar la acumulación de capital necesaria para alcanzar el Desarrollo. Si lo que se necesita, en determinada circunstancia, es más ahorro/inversión nada indica a priori que el trabajador no pueda participar en dicha inversión y en sus frutos.

Como además parecía que el Mercado era una creación del Capitalismo y la Mercancía su criatura por excelencia, el estatismo generalizado fue visto como la única contratara del sistema. Gran favor se hizo así a las derechas mundiales, que pasaron a contar muchas veces con mayorías electorales inesperadas. El Mercado y el Estado son en realidad complementarios, dependiendo de cada producción concreta y de cómo se dé su proceso de implantación. Hay mercados y mercados, unos de competencia, otros de dominación monopólica. El actual mercado de trabajo es, en general, asimétrico a favor del empresario. Sería competitivo si las necesidades del trabajador no fueran inmediatas. Si algo debe afirmarse en contra del Mercado es que esta institución tan antigua como el hombre, no debe regir sin regulación comunitaria de la relación salarial. El trabajo no debe ser visto como una mercancía más, y en esto Marx tenía razón en la lucha que sostenía.

El Derecho ofrece muchas formas de compartir la propiedad, cuando esta es indivisible por razones técnicas. No otra cosa está detrás de la lucha creciente por la participación en las utilidades, instituto éste que además de la equidad y el incentivo al trabajo, tendría la virtud de morigerar la puja distributiva cuando esta es destructiva.

Pero, además, si bien se mira, la lucha política ha dado lugar a conquistas que, al limitar la libertad absoluta del capitalista excluyente, ya significan el germen de nuevas formas sociales. Es decir, lo postcapitalista no es un lejano anhelo, sino que penetra a la realidad capitalista y la metamorfosea. Karl Polanyi hablaba del Capitalismo Autorregulado como una Utopía irracional y totalitaria donde el trabajador quedaría reducido a una condición subhumana. El Capitalismo Regulado (por la sociedad y el Estado) resulta ser postcapitalismo por su regulación. No es una utopía sino todo lo contrario. Eso fue lo que asomó en el New Deal, en la Sociedad Salarial protegida, en los Estados de Bienestar y en el Justicialismo en la Argentina. Se trata de profundizar y defender ese avance. Estado de Bienestar, planificación indicativa, keynesianismo, regulación urbanística, reforma agraria y urbana, limitación de la jornada laboral, política tributaria progresiva, soberanía monetaria del Estado, son, entre otras, irrupciones que van restando espacio al Capitalismo y que eventualmente pueden dejarlo como un resto despreciable.

Un tema no menor debe ser tenido en cuenta si se trabaja y se lucha por una sociedad mejor. Las clases medias son cooptadas en ocasiones por las derechas políticas a través de la desestabilización y la erosión mediática de procesos políticos con impronta social.

Resulta muy efectivo para esta cooptación el factor identitario y aspiracional. Al poseer los hombres y mujeres de las clases medias una clara tendencia a la identificación vicaria con los exitosos, al tiempo que un marcado pánico a recaer en la pobreza de la que alguna vez salieron es fácil hacerles olvidar la explotación a la que también ellas están sometidas objetivamente, y que se disimula porque se los hace receptores de ingresos en alguna medida suficientes. Se constituyen así con frecuencia mayorías de derecha a las que contribuyen ciertas izquierdas, dejando a los trabajadores aislados. Verdaderas sociedades donde dos tercios se oponen a otro tercio compuesto por los trabajadores no calificados, los desocupados estigmatizados y los precarizados, en gran medida jóvenes. Cualquier transformación o superación sostenible del sistema capitalista habrá de dar solución al desafío de esta falsa conciencia de clase. La aporofobia es más real de lo que estamos dispuestos a reconocer.

La función social de la propiedad (uso social del excedente y de los stocks), por otra parte, puede ser garantizada de mejor forma cuando además de la regulación estatal, hay en cada rama de la producción un involucramiento del colectivo laboral, que intensifique la oferta de productos y su calidad, previniendo usos antisociales del capital. Aquí encuentra el Sindicalismo una tarea que le permite superar, sin renunciar a ella, la mera reivindicación salarial.

A su vez este involucramiento ha de derivar en rotación de las especialidades, dando lugar a trabajos menos alienantes, al restituir la unidad de lo manual y lo intelectual.

Algunas nuevas tecnologías, que aparecen como amenaza para el trabajo humano y que en ocasiones los son, brindan también por contraposición, si se las usa con lucidez, la posibilidad de liberar del trabajo alienante y de la explotación capitalista, a la vez que posibilitan la reapropiación del capital, devolviendo al trabajador su plenitud como ciudadano.

Lo decisivo es, en este aspecto, el uso en función social de la propiedad.

Pero para que dicha función social se concrete sistémicamente, y por tanto se pueda hablar de una sociedad moderna no capitalista, se deben verificar algunos signos, los que pueden ir apareciendo en el proceso de lucha de los trabajadores en forma progresiva, acumulativa y evolutiva, más allá de que una revolución bien conducida pueda acelerar los cambios. En el caso de los países subdesarrollados o de desarrollo intermedio, esta tarea se despliega en paralelo con la concreción del Desarrollo, el que a su vez debe ser proyectado y esperado como Sostenible.

Esos signos parecen ser:

• Amplia desconcentración de la propiedad de medios de producción sea por división, sea por compartimiento. En definitiva, reapropiación de los medios de producción (y distribución) por los trabajadores productores, en economías de mercado socialmente reglamentadas.

• Privilegio de tecnologías, procesos y productos socialmente definidos, en un marco de planificación flexible y no totalitaria. Esto puede implicar un consumo más racional y ecológico.

• Promoción y garantía del Trabajo de alta calidad, donde el hombre conduzca al artificio técnico-productivo.

• Sistema de Tributación y Gasto Público compensador, en particular de las desigualdades generadas por la herencia.

• Producción estatal o pública en donde se verifique eficiencia y se justifique la necesidad. Eficiente provisión de bienes públicos. Administración pública de excelencia.

• Autonomía en Ciencia, técnica, tecnología y organización productiva. La integración al Mundo debe ser no dependiente y autónoma, a partir de la plena participación en el conocimiento universal. Esto implica que todas las sociedades deberían contar con un alto índice de Capacidades Tecnológicas.

• Jerarquización cualitativa del Trabajo Asalariado. En una sociedad no capitalista el trabajo asalariado debe ser verdaderamente libre, es decir no dependiente de las necesidades imperiosas de la vida.

• Políticas Económicas con objetivos comunitarios. La macroeconomía (grandes agregados monetarios y productivos), la mesoeconomía (producción sectorial) y la microeconomía (diseño de empresas) han de ser objeto de planificación indicativa en función social, desarrollando los sectores cuya ausencia provoca pobreza y atraso.

• Acción Social y Urbanización para una sociedad de semejantes. La acción social debe ser promotora de homogeneidad social. Sería imposible definir aquí todos sus contenidos, pero es claro al menos que la lucha contra la pobreza y la exclusión debe tener como mira la plena inserción en la vida social, y no sólo la asistencia. Tarea difícil en la sociedad actual, pero más que factible en una sociedad que se lo proponga con coherencia

Como es fácil constatar, los atributos de una economía no capitalista están presentes en mayor o menor medida en muchas sociedades modernas, pero constituyen un subconjunto subordinado. Si se erradica la idea de que lo no capitalista es irreductiblemente la eliminación del mercado y de la propiedad privada y su reemplazo por el estatalismo generalizado y uniformador, es probable que se entienda que gran parte de los avances logrados y los que aún están pendientes, son el resultado de confrontar con el Capital en tanto que dominador sin límites del proceso de trabajo y producción.

No hay determinantes lógicos insuperables debido a los cuales el futuro del trabajo deba entregarnos un panorama ominoso y angustiante. Menos aún es dable pensar que tal futuro sea el Fin del Trabajo. En pura lógica el único fenómeno claro es que en casi todas las producciones el tiempo de trabajo por unidad producida es y será menor. En parte eso ha de compensarse con la producción de nuevos bienes, y si aun así el tiempo de trabajo total disminuyese, el interrogante se dirigiría hacia los derechos sobre el producto social. En una hipotética sociedad de Ciencia Ficción donde todos los bienes fueran producidos por una Gran Red de Máquinas, los derechos capitalistas actuales quedarían cuestionados, aun cuando el marxismo hubiese sido olvidado. Por cierto, dicha realidad no es más que un experimento mental. Pero permite pensar el problema que nos ocupa con cierta claridad.

Finalmente, se abordó la relación entre estos cambios del trabajo y la adecuación de la legislación laboral. Se concluye que las Reformas laborales en marcha en varios países de América Latina poco tienen que ver con aspectos de la automatización o cambios técnicos, sino con una política de ajuste sobre los salarios y las condiciones de vida de los trabajadores. Se señala la necesidad de impulsar políticas impositivas que graven al capital, al tiempo que se indica la importancia de los sindicatos en la investigación y la formulación de líneas de acción para hacer frente a las transformaciones presentes.

En el terreno de las líneas futuras de investigación queda planteado la importancia de avanzar sobre estudios sectoriales y de casos, que permitan responder algunas interrogantes como: ¿Cómo están cambiando la organización del trabajo, las estructuras jerárquicas y la regulación del rendimiento como resultado del uso de las nuevas tecnologías de automatización digital?¿Cómo están cambiando los requisitos de habilidades, oportunidades de aprendizaje y formas de aprendizaje como resultado del uso de las nuevas tecnologías de automatización digital? ¿Qué efectos tendrá el uso de las nuevas tecnologías de automatización digital en el empleo?

Pero también sería útil ubicar este fenómeno en el contexto de la globalización de la cadenas de valor, es decir de la inserción específica en la división internacional del trabajo y el papel de las multinacionales.

8. EL TRABAJO DEL FUTURO

Industria 4.0 Y La Cuarta Revolución Industrial

Introducción histórica. A lo largo de la historia, han ocurrido distintos acontecimientos que nos han facultado ver cómo afecta la evolución de la industria al resto de la sociedad. A mitad del siglo XVIII el invento de la máquina de vapor originó un cambio inmenso en el ámbito social, económico y tecnológico, lo que conocemos como la Primera Revolución Industrial. Posteriormente, y debido al rápido avance de producción que se dio debido a esta revolución, se inició la búsqueda de maneras de producir más rápido y con mejor calidad. En este contexto nace la división de tareas, y muy poco después, la producción en masa del famoso Ford Modelo T que se inscribe en la historia como el segundo hito a remarcar en el desarrollo de la industria.

La forma de producción en masa concebida e instrumentada por Henry Ford supuso igualmente un cambio inmenso en la sociedad, ya que hizo que productos anteriormente reservados a un grupo muy reducido de personas privilegiadas fueran accesibles a todo el mundo. Por este motivo se le conoce como la segunda revolución industrial, la producción en serie para las grandes masas. Después, la invención del internet constituye la base de lo que llamamos la tercera revolución industrial. Se trata de un concepto mucho más reciente, y en el que se desarrollan todas las Tecnologías de Información y comunicación (TICs), permite que ocurra el fenómeno de la globalización y se comienzan a automatizar procesos. Es ésta última revolución la que nos lleva a la situación actual.

Durante la Feria de Hannover (Hannover Messe) de 2011, surge por primera vez un concepto denominado Industria 4.0. Este concepto y sus pilares tecnológicos, para sus creadores constituye el inicio de la Cuarta Revolución Industrial, y a diferencia de todas las demás, no se trata de un hecho constatado, sino que está en desarrollo y supone un objetivo a conseguir, es decir algo a lo que debemos aspirar en los próximos años. La Industria 4.0 nace impulsada por el gobierno alemán como una estrategia para el desarrollo de tecnologías en el sector industrial en ese país para potenciar el crecimiento industrial que se ha visto muy afectado en los últimos años, y cuyo objetivo es reposicionar a Alemania nuevamente como potencia pionera en desarrollo industrial y tecnológico.

Aunque en un principio fuera una iniciativa alemana, actualmente se han sumado a ella muchos países tanto en la Unión Europea como fuera de ella. Debido al peso que supone la industria en el PIB, tanto España, con "Industria Conectada 4.0", Francia con "New Industrial France" o los Estados Unidos con "Smart Manufacturing Leadership Coalition (SMLC)", han desarrollado planes y estrategias de desarrollo industrial centrados en la Industria 4.0 y libran una batalla por conseguir en liderazgo en dicho sector. A estos países se suman Corea del Sur, Taiwán, India y China.

Uno de los objetivos de esta revolución que es volver a ganar el peso industrial que se ha perdido debido a la crisis económica y a la deslocalización a la que se han visto sometidas la mayoría de las empresas industriales hacia países en vías de desarrollo debido a la importante reducción de costos que esto suponía. Este peso industrial se ve muy reflejado en el porcentaje del PIB de cada país que está representado por la industria.

Descripción Del Término

Desde su primera aparición, el concepto de industria 4.0 ha sido definido de diversas formas, de la misma manera que su nombre se ha visto sujeto a diferentes variaciones y connotaciones. Actualmente, la Industria 4.0 recibe nombres ligeramente diferentes según el sector en el que se aplica. En Estados Unidos, por ejemplo, se le conoce como Fabricación Inteligente (Smart Manufacturing), pero también encontramos artículos y documentos en los que veremos que se refieren a la Industria 4.0 como ciberfábrica, Industria digital, Fabricación Avanzada (Advanced Manufacturing), o Industria Integrada (Integrated Industry).

Algunas de las definiciones de Industria 4.0 que encontraremos son:

• Industria 4.0 es el nombre que se le da a la iniciativa estratégica alemana para establecer a Alemania como un mercado líder y proveedor de soluciones de fabricación avanzada. Está encaminada a revolucionar la fabricación y la producción automatizada, Industria 4.0 representa un cambio paradigmático de fabricación inteligente y producción centralizada a descentralizada. (Germany Trade & Invest)

• Industria 4.0 es la transformación de la esfera global de la producción industrial a través de la unión de la tecnología digital y el internet con la industria convencional. (Angela Merkel, Canciller Alemana)

• El concepto de Industria 4.0 es relativamente reciente y se refiere a la cuarta revolución industrial que consiste en la introducción de las tecnologías digitales en la industria. Los "habilitadores digitales" son el conjunto de tecnologías que hacen posible que esta nueva industria explote todo su potencial ya que permiten la hibridación entre el mundo físico y el digital, es decir, vincular el mundo físico al virtual para hacer de la industria una industria inteligente. (Ministerio de Economía, Industria y Competitividad, Gobierno de España)

• Industria 4.0 es un término aplicado a un grupo de rápidas transformaciones en el diseño, fabricación, operación y servicio de los sistemas de fabricación y sus productos. La designación 4.0 significa que es la cuarta revolución industrial en el mundo, sucesora de tres revoluciones anteriores que supusieron pasos agigantados en la productividad y cambiaron las vidas de las personas en todo el mundo. (European Parliament Research Service)

• El término "Industria 4.0" describe la digitalización esperada de las cadenas de valor industriales con la idea de utilizar las tecnologías emergentes para implementar el Internet de las cosas y los servicios con el objeto de integrar diferentes procesos de ingeniería y negocio, permitiendo que la producción opere de una manera eficiente y flexible con bajos costos y alta calidad. (Kateryna Bondar, investigadora del grupo SCOEM).

Como podemos ver, hay términos que se repiten en todas ellas, por lo que podríamos llegar a una definición común: La Industria 4.0 es la estrategia que define la digitalización y revolución de la producción y la fabricación de manera que se integran en ellas las tecnologías más avanzadas permitiendo flexibilizar la producción y reducir los costos en la fabricación.

En esta definición nos referimos a digitalización y tecnologías en general, sin embargo, en la realidad existen ciertas tecnologías que aparecen como claves para conseguir una Industria 4.0 según el modelo definido por el gobierno alemán. Muchos se refieren a estas como los pilares de la Industria 4.0, y aunque algunos incluyen más tecnologías que otros, destacan el Internet de las Cosas, los datos masivos, sistemas integrados y robots autónomos. Que estas tecnologías sean importantes en la Industria 4.0 no significa que todas ellas deban estar presentes para conformar las fábricas del futuro. Algunas de las técnicas que también se exploran cada vez en mayor medida en el contexto de la Industria 4.0 son la ciberseguridad, la fabricación aditiva (impresión 3D), o la realidad virtual o aumentada. A continuación, vamos a profundizar un poco sobre estas tecnologías, qué significan y en qué medida son necesarias para el desarrollo de la Industria 4.0.

Internet De Las Cosas

Vamos a comenzar por el Internet de las cosas (de ahora en adelante

IOT, por sus siglas en inglés, Internet of Things). Hemos tomado a éste como primer elemento a describir ya que se trata de una de las tecnologías claves para la digitalización de la industria, pero de igual manera se está desarrollando a gran velocidad para el uso doméstico y habitual por todo el mundo. Además, esta permite integrar otras tecnologías indispensables para la industria 4.0.

La IOT fue denominado así por primera vez por Kevin Asthon en 1999, que entonces trabajaba en P&G. es cierto que, aunque el término fuera nuevo, no lo era la tecnología. Apareció a principios de los 90s, pero no se popularizó hasta mucho después debido a la necesidad de almacenamiento, que entonces resultaba muy caro. Es con la aparición de la Nube, y el desarrollo de la tecnología que permitía generar y analizar datos de un tamaño menor cuando comienza a ser explotado completamente y se comienza a ver su uso frecuente. No existe una definición concreta del IOT todavía, pero sabemos que supone, como su nombre indica, dotar de conexión a internet a los objetos. Hay expertos que indican que se podría dotar de conexión a todo elemento que contenga un botón de encendido y apagado, y es cierto que en los últimos años el número de objetos conectados se ha visto aumentado considerablemente. Una de las principales mejorías que supone el internet de las cosas es la relación que se establece entre ellas, pues, además de cosa-persona, también tendríamos relación cosa-cosa, de manera que no haga falta la intervención de una persona para que se realicen ciertas tareas, o se procese una información. Así, se pueden automatizar tareas sencillas, sin necesidad de la intervención de una tercera parte.

Esta tecnología permite a su vez recabar una cantidad mucho mayor de datos y su análisis para la optimización o el seguimiento del proceso de producción, a los que antes no podíamos acceder. Uno de los factores claves para el desarrollo del IOT y que va a ser también de gran importancia para la Industria 4.0 son los sensores. Existe una gran variedad de tipos de sensores en función de las variables que miden o detectan, podemos comprobarlo en el esquema siguiente:

Con el IOT se pretende dotar a estos sensores con tecnologías tales como RFID, NFC o WiFi, de manera que obtengamos la información deseada. La RFID (Radio Frequency Identification), identificación por radiofrecuencia, es una de las tecnologías más actuales respecto a sensores. Estos sistemas permiten almacenar y leer datos a través de dispositivos con el objetivo de que puedan ser identificados de manera automática por máquinas. Se utilizan unas "etiquetas" compuestas por un microchip y una antena donde se almacena la información que identifica al objeto o persona (normalmente un número de serie).

Una de las principales ventajas, y el motivo por el que su uso se ha incrementado tanto en los últimos años es que, estos microchips pueden almacenar no solo tarjetas de identificación sino también instrucciones completas de planes de fabricación, o itinerarios que debe seguir el componente.

En contraposición al RFID existe la tecnología NFC (Near Field Comunication), comunicación de campo cercano. Esta tecnología también es de actualidad y derivada de la RFID. Se utiliza actualmente sobre todo en dispositivos móviles y al igual que la RFID utiliza "etiquetas" que permiten intercambiar información a través de radiofrecuencia. La diferencia que esto supone respecto a la RFID es que con NFC necesitamos que los dispositivos estén a una distancia menor, de unos 20 cm como máximo.

Por último, debemos mencionar que también se ha comenzado a utilizar el término IIOT, que se refiere al Industrial Internet of Things. Esta variante implica únicamente que el uso que se le da a la tecnología está centrado en la industria.

Datos Masivos

La creciente necesidad de recabar información y las tecnologías mencionadas junto con el IOT, han hecho que se llegue a la necesidad de procesar y almacenar datos masivos o Big Data. Al tener tantos dispositivos conectados el flujo de información ha crecido de forma exponencial, por lo que los sistemas anteriormente existentes ya no son capaces de soportar dicha cantidad de información.

Al hablar de Big Data, nos referimos, por tanto, no a una cantidad de información determinada, sino a que la cantidad de información de la que disponemos no puede ser tratada como se ha hecho tradicionalmente en las empresas. Uno de los problemas que supone es que, no solo nos referimos a una gran cantidad de datos, sino que son de todo tipo, por lo que la variedad es un factor importante también que hace que los datos necesiten ser procesados de manera diferente. Otra de las características más importantes es que, dichos datos se toman en tiempo real y por lo tanto a gran velocidad, lo que supone un nivel más de complejidad a la hora de la lectura de dichos datos. Actualmente todas las grandes empresas disponen de grandes bases de datos en las que se almacena toda esta información, y el reto para la Industria 4.0 será hallar la manera adecuada de tratarlos de manera que se obtenga el beneficio esperado de ellos.

Sistemas Integrados

Otro de los pilares fundamentales de la Industria 4.0 son los sistemas integrados. Con esto, nos referimos a sistemas flexibles, integrados en la cadena de valor y sobre todo eficientes. Con la ayuda del Big Data, el IOT y la automatización de los sistemas, se busca conseguir sistemas de fabricación que permitan producir una gran variedad de productos diferentes en tiempos reservados antes a la producción en cadena.

Estos sistemas están caracterizados por la alta automatización de las tareas. Uno de los principales problemas a sobrepasar para conseguir el objetivo de la Industria 4.0 es que se reduzcan los tiempos de preparación y cambio de producción de manera que podamos obtener una fabricación continua de la misma manera que lo haríamos en la fabricación en masa. Actualmente ya existen sistemas integrados que se basan en las células de fabricación, la fabricación flexible o los talleres flexibles, por lo que el reto será integrar toda la tecnología de la Industria 4.0 a dichos sistemas para obtener mejores resultados e información.

Ciber-Seguridad

En el contexto de la cuarta revolución industrial, la seguridad es uno de los temas más conflictivos e importantes. El hecho de contar con un sistema totalmente basado en las conexiones, bases de datos masivas y estar apoyados en el Internet para el funcionamiento adecuado de las empresas hacen que éstas se conviertan en un blanco fácil para los ciber-ataques. El problema que esto supone para la seguridad, la confidencialidad de los datos, así como el funcionamiento general de las empresas hace que la ciber-seguridad suponga uno de los principales retos que deben conseguirse para el desarrollo de las industrias del futuro.

Los softwares y barreras informáticas que están actualmente en desarrollo deberán ser suficientemente complejos para que el acceso a ellos desde el exterior sea imposible, y que por lo tanto los datos de la empresa estén seguros. Esta es una de las principales críticas que recibe la Industria 4.0 debido a que la idea de tener todos los datos conectados a través de la red puede dar una sensación de inseguridad y por lo tanto nos sintamos reacios a implantar sistemas como los que hemos descrito previamente.

Las mencionadas previamente son las tecnologías más importantes para tener en cuenta y en las que toda fábrica del futuro deberá apoyarse para convertirse verdaderamente en una industria conectada. Por este motivo, consideramos que con las nociones básicas que hemos descrito será suficiente para poder ver el impacto que estas provocan en el mundo industrial.

La industria 4.0 se ha convertido en una corriente principal de la economía industrial, especialmente durante el último año, cuando, por el confinamiento por la pandemia, se tuvo que recurrir a procesos automatizados y desarrollarlos en el menor tiempo posible. Este término para dar nombre al proceso de transformación digital de la industria está actualmente muy presente en ferias, congresos o publicaciones de la mayoría de los subsectores que conforman la industria, principalmente a automovilística, la de aviación y la electrónica. A veces, esta presencia responde a verdaderos cambios productivos, pero a menudo se convierte en un simple elemento de promoción comercial.

El término de Industria 4.0 aparece cada vez más en las investigaciones de actualidad, por lo que consideramos que es importante conocer sus orígenes, así como las posibles implicaciones. Acuñado en Alemania, como lo dijimos anteriormente, hace referencia a una profunda transformación de la industria a través del uso de tecnologías de última generación. El nacimiento de la tendencia vino provocado por la crisis que impactó gravemente en el sector industrial y, gracias a este nuevo proyecto se pretende volver a potenciar una industria fuerte e innovadora en el seno de las principales potencias industriales como son Alemania, Estados Unidos o China.

Marco Conceptual

Industria 4.0 es un término que fue utilizado por primera vez por el Gobierno alemán y que describe una organización de los procesos de producción basada en la tecnología y en dispositivos que se comunican entre ellos de forma autónoma a lo largo de la cadena de valor (Smit et. al. 2016). Este fenómeno representa un cambio tan grande que también se denomina la cuarta revolución industrial.

En esta nueva etapa, los sensores, las máquinas, los componentes y los sistemas informáticos estarían conectados a lo largo de la cadena de valor, más allá de los límites de las empresas individuales. Estos sistemas conectados podrían interactuar entre ellos usando protocolos estándar basados en Internet y analizar los datos para prever errores, configurarse ellos mismos y adaptarse a posibles cambios. Dicho de manera más simple, las tecnologías digitales permiten la vinculación del mundo físico (dispositivos, materiales, productos, maquinaria e instalaciones) con el digital (sistemas). Esta conexión habilita que dispositivos y sistemas colaboren entre ellos y con otros sistemas para crear una industria inteligente, con producción descentralizada y que se adapta a los cambios en tiempo real. En este entorno, las barreras entre las personas y las máquinas se difuminan.

El concepto de Industria 4.0 engloba una amplia gama de tecnologías en las que se pretende basar dicha reconfiguración del sector industrial, sin embargo, hay algunas que se consideran básicas o esenciales, estas son los datos masivos, el internet de las cosas, los sistemas integrados y por último la ciber-seguridad. Gracias a estas tecnologías, junto con muchas otras que derivan o están relacionadas con ellas, como la fabricación aditiva, la realidad virtual, o la sensorización de los sistemas, se han conseguido llevar a cabo proyectos innovadores en diversos sectores de la industria. En los sectores en los que se comienzan a ver cambios fundamentales son el automovilístico y el aeronáutico. Ambos sectores suelen ser líderes en innovación respecto a sus procesos debido a que sus producciones son muy grandes en el caso del primero y costosas en el caso del último. Dentro de estos cambios, podemos mencionar la inclusión de tecnologías de realidad virtual para facilitar la consecución del proceso de montaje, o la utilización de drones para garantizar la ausencia de defectos y fallos en el ensamblado, así como la fabricación de piezas gracias a la fabricación aditiva. Las nueve tecnologías sobre las que se fundamenta la Industria 4.0 ya se están utilizando actualmente en las empresas manufactureras, pero de forma aislada.

Con esta nueva revolución, las cadenas de valor se transformarán en un flujo completamente integrado, automatizado y optimizado que mejorará la eficiencia y cambiará la relación tradicional entre proveedores, productores y clientes, así como entre personas y máquinas.

Las Tecnologías Son Las Siguientes:

1 Big data and analytics: consiste en el análisis de conjuntos de datos que, por su volumen, su naturaleza y la velocidad a que tienen que ser procesadas, ultrapasan la capacidad de los sistemas informáticos habituales. En el contexto de la Industria 4.0, los análisis de datos masivos (sistemas y equipos de producción, sistemas de gestión de proveedores, etc.) se convertirán en estándares para apoyar a la toma de decisiones en tiempo real.

El objetivo del Big Data es doble: identificar lo realmente importante y extraer conocimiento relevante de ello, para lo que se requiere de IA. Los datos se pueden extraer de redes sociales, de bases de datos, de encuestas, de textos... y es fundamental integrar las soluciones en Big Data en la estrategia de negocio. La robótica ha entrado en la medicina y se alía a la secuencia genética que va a permitir, a través del manejo de millones de datos, que se pueda atacar a las enfermedades incluso antes de que aparezcan. Es parte de las posibilidades del big data.

Estas innovaciones -tanto de proceso como de producto- resultan de utilidad en la medida en que permiten a las empresas anticiparse a la reparación de sus equipos y minimizar la interrupción en su funcionamiento o realizar un seguimiento de la calidad del producto, su uso por parte de los consumidores, etc. Asimismo, dispositivos inteligentes permiten que, de manera automática, una máquina aumente o disminuya su ritmo de consumo energético en función del esquema de tarifas de las empresas suministradoras o de los flujos de demanda, facilitando una mayor eficiencia de las técnicas de producción. Los consumidores, fabricantes, comercializadores y proveedores pasan a estar "conectados", gracias al desarrollo de la tecnología asociada a Internet, que permite la transferencia de información en tiempo real y a coste reducido.

De igual forma, en la fase propia de producción industrial, los nuevos desarrollos asociados a la digitalización han creado una nueva concepción de las factorías como "fábricas digitales", cuyo elemento principal de innovación es que incorporan el diseño virtual de los bienes y permiten, por ejemplo, la simulación de shocks para evaluar aspectos como la resistencia del producto a determinados agentes exógenos. Con anterioridad al desarrollo de la "fábrica digital", las pruebas de diseño de un producto se dilataban mucho más en el tiempo y eran mucho más costosas, en la medida en que exigían, por ejemplo, la producción física de los prototipos.

En definitiva, la adopción de herramientas digitales en los procesos productivos es susceptible de generar una serie de ahorros de tiempos y de liberación de recursos que se traducen en una mayor eficiencia y menores costes de producción. La consecuencia de dichas ganancias de eficiencia en el seno de las empresas redunda en el incremento de la productividad, condición esencial para mantener la competitividad en mercados abiertos como es el caso de las actividades industriales.

2 Robots autónomos: los robots se están volviendo cada vez más autónomos, flexibles y cooperativos, de forma que podrán interactuar entre ellos y trabajar de forma segura junto a los humanos y aprender de ellos. Estos robots serán más baratos: Sirkin et. al. (2015), de Boston Consulting Group, prevén que los precios de los robots y del software caigan un 20% durante esta década. La Inteligencia Artificial (IA) es la capacidad de una computadora digital, o un robot controlado por una computadora, de realizar tareas normalmente asociadas con la inteligencia humana y sus funciones: percibir, razonar, descubrir significados, resolver problemas, usar un lenguaje, generalizar y aprender de experiencias pasadas.

La IA ha avanzado en la técnica que se denomina "aprendizaje profundo" (Deep Learning), o sea, la capacidad de los sistemas de aprender y mejorar tomando estímulos diferentes, de forma similar a cómo las neuronas se activan entre sí en el cerebro humano. De tal forma que uno de los escenarios contemplados es el de la humanidad robotizada, alienada, completamente manipulable y sometida por la tecnología, por lo que, llegada esta etapa evolutiva, las ciencias sociales y humanidades deberían co-liderar el progreso científico y tecnológico. Porque el desarrollo de una completa IA podría traducirse en el eventual fin de la raza humana (Stephen Hawking, 2014).

Lo anterior es benéfico para los programadores que también tendrán una gama de posibilidades más grande que los actuales (se prevé un incremento de prestaciones del 5% anual). Esto hará que haya muchas más tareas en las que la sustitución de mano de obra por robots sea rentable, de forma que se prevea que el crecimiento anual del número de robots pase del 2-3% actual al 10% durante esta década.

La IA está llegando, por ejemplo, a los bufetes de abogados para apoyar el trabajo jurídico, lo que se asume como una decisión estratégica. En Estados Unidos, estos despachos establecen acuerdos con grandes empresas, Start up y consultoras tecnológicas que desarrollan herramientas ad hoc para el sector jurídico (IBM y Dentons; Allen & Overy y Deloitte; DLA Piper y Kira Systems). Esta solución participó en transacciones por valor de más de 150 mil millones de euros en 2018, mediante la utilización algoritmos capaces de analizar los contratos y todas sus cláusulas en pocos minutos.

El principal motor de crecimiento del gasto en robótica será el consumo, gracias a aplicaciones como el coche autónomo y los dispositivos para el hogar. La inversión privada en robótica se triplicó en un solo año (de 2014 a 2015), y se cuadruplico de 2018 a 2019 gracias a la caída de los precios de estos artículos, al rápido desarrollo de sus funcionalidades y al hecho de que sus componentes se pueden utilizar en un abanico de sectores y aplicaciones mucho más amplio. Lo más significativo es que el campo de la robótica dio un "giro radical" hacia aplicaciones dirigidas al mercado de consumo, incrementando el número de empresas de robóticas que fabrican productos para consumo particular, superando la tasa de crecimiento en el sector militar (26% de las nuevas empresas de robótica), comercial (24%) e industrial (10%).

La IA, la robótica, las telecomunicaciones y otras formas de alta tecnología están sustituyendo rápidamente la mano de obra humana en la mayor parte de los procesos de fabricación, de distribución y logística, incluso llegando al sector servicios. Jeremy Rifkin plantea el fin del trabajo como el inicio de una nueva era de la civilización. Científicos y empresas de investigación han predicho que la probable automatización del sector servicios y otras profesiones en países industrializados será más diez veces mayor que el número de empleos manufactureros automatizados hasta la fecha.

La robótica y la IA amenazan los puestos de trabajo tal como hoy los conocemos, al igual que sucedió en su día tras la primera revolución industrial. Aunque la eclosión de la robótica y la IA será el gran tema tecnológico del futuro, en la actualidad ya existen robots muy capacitados para trabajar en el mundo laboral: la aplicación de la IA para la redacción de notas de prensa (Wordsmith); también cabe destacar la aplicación de la robótica a la agricultura, entre otros muchos destinos. Y no es un proceso que vaya a afectar únicamente a trabajos poco cualificados, directivos, médicos y enfermeros, economistas o abogados también están expuestos a que un algoritmo sustituya parte importante de sus actuales tareas.

Teniendo en cuenta algunas diferenciaciones, podemos decir que: RPA es un software que ayuda a reducir esfuerzos humanos y a fin de cuentas complementa el trabajo de algunos perfiles. Al otro lado se encuentra la IA, la cual tiene el potencial para eliminar el esfuerzo humano. Ambas, funcionando en conjunto tienen muchas funcionalidades y brindar un proceso autónomo y efectivo, como en la automatización continua.

A la automatización robótica de procesos (RPA) le permite al usuario automatizar tareas basadas en reglas usando algoritmos para automatizar actividades repetitivas. Esta requiere obtener aportes sistemáticos y organizados; cuando pasa a 0, los resultados serán más difíciles de alcanzar. La automatización robótica utiliza diversos procesos del sistema de gestión, por ejemplo, registrar facturas impresas en programas informáticos, ya sea en contabilidad o servicio al cliente. El sistema organiza facturas cobradas y elimina las consultas como método manual.

Existen algunas diferencias entre IA y RPA. Por un lado, RPA reduce la interferencia humana y realiza tareas por sí solo. Por el otro, la IA aprende de los datos proporcionados y realiza tareas RPA se implementa de manera eficiente para realizar cambios mínimos en cada sistema; mientras que la IA se implementa para mejorar los cambios importantes. La RPA requiere datos estructurados o semiestructurados para trabajar. La IA es flexible con datos estructurados y no estructurados.

Las aplicaciones con RPA se ven en correos electrónicos automatizados, trabajos de copiar y pegar, diligenciar formularios, entre otros. Las aplicaciones de IA se ven en reconocimiento de imagen, reconocimiento de voz y análisis de predicción, entre otros. Con la automatización robótica se puede realizar un excelente trabajo con tareas repetitivas basadas en reglas que anteriormente requerían esfuerzo humano; no obstante, estas no aprenden de ellas. Si algo cambia en una tarea automatizada, como podría suceder en un campo de un formulario, un bot de RPA no podrá resolverlo solo.

Al final de cuentas, lo más importante es que cuando la RPA se combina con disciplinas de IA, como el procesamiento del lenguaje natural, crecen las posibilidades de una automatización efectiva. En el proceso de evolución de la IA, nuevas herramientas se desarrollan para la RPA; permitiendo a las industrias automatizar procesos más complejos e integrales, integrando modelos predictivos y conocimientos en estos procesos para ayudar a los humanos a trabajar de forma inteligente y rápida. Aunque hay grandes avances, debemos tener en cuenta que RPA automatiza tareas, más no automatiza procesos completos de extremo a extremo.

A pesar de todas las tareas que puede realizar, lo que es cierto es que un robot nunca sustituirá al ser humano para cubrir profesiones creativas o de espíritu crítico. No deja de ser un artilugio mecánico, equipado con sensores e interconectados para que puedan recopilar datos y alimentado de aplicaciones digitales y que está destinado a ayudar y facilitar los objetivos humanos en cualquier materia (seguridad, sanidad, educación, industria) y llegar más allá de donde el ser humano puede. Convertir un robot industrial convencional en un robot colaborativo o "cobot" supone el adaptarlo para que pueda trabajar en entornos de trabajo compartido de forma segura. Una de las consecuencias de la automatización es que incidirá en la mejora en la productividad a corto plazo y largo plazo.

3 Simulación: las simulaciones en 3D, que actualmente están extendidos en la fase de ingeniería, se utilizarán también en algunas operaciones en las plantas de producción. Permitirán reproducir el mundo físico en un modelo virtual que puede incluir máquinas, productos y personas y permite a los operadores hacer pruebas y optimizar la programación de una máquina en el mundo virtual antes de ponerla en práctica. La palabra "simulación" se define como "la imitación de la operación de un proceso o sistema del mundo real a lo largo del tiempo". Analizando bien esta definición, es fácil entender por qué la simulación es ubicua en organizaciones de ingeniería e industriales; el imitar un proceso o sistema del mundo real permite a los expertos estudiar el proceso o sistema en el que están interesados dentro de un ambi-

ente controlado y repetible.

Sin embargo, a pesar de que la simulación está bien establecida durante el diseño y verificación del producto, las organizaciones industriales, típicamente, no emplean esta poderosa metodología para la siguiente etapa de la cadena de valor: fabricar el producto. Así tenemos que pudiendo obtener ventajas importantes en la competencia, las industrias pierden oportunidades para estudiar el comportamiento de sus procesos y sistemas de manufactura antes de que se implementen. Ya que las "comisiones" de las nuevas instalaciones de manufactura, líneas de producción y procesos suele ser costoso e intenso en capital. Sin embargo, el aplicar los métodos de simulación a manufacturas pueden ofrecer enormes beneficios, incluyendo la de identificar cuellos de botella de manufactura, así como oportunidades para incrementar la productividad; Identificar oportunidades de ahorros en costo tales como la optimización de labor directa e indirecta y; Validar el desempeño esperado de instalaciones de producción o cadenas de valor nuevas o existentes.

4 Integración horizontal y vertical de sistemas: los fabricantes, los proveedores y los clientes estarán estrechamente enlazados por los sistemas informáticos, facilitando cadenas de valor verdaderamente automatizadas. Y lo mismo pasará entre los departamentos de una empresa, como ingeniería, producción y servicios.

5 Internet de las cosas industrial (Internet of Things, IOT): cada vez más dispositivos estarán enriquecidos con informática incrustada y conectados por medio de tecnologías estándar. Esto permite a los dispositivos de campo comunicarse e interactuar entre ellos y con los controladores centrales. También descentraliza el análisis y la toma de decisiones y permite respuestas en tiempo real.

6 Ciberseguridad: el aumento de la conectividad que representa la Industria 4.0 incrementa dramáticamente la necesidad de proteger los sistemas industriales críticos y las líneas de producción contra las amenazas informáticas. También hay que mejorar la protección de la propiedad intelectual, los datos personales y la privacidad.

7 La nube (Cloud computing): cada vez más, las tareas relacionadas con la producción requerirán más intercambio de datos. Al mismo tiempo, las tecnologías en la nube mejorarán y conseguirán tiempo de reacción de apenas algunos milisegundos. Como resultado, se irán traspasando trabajos informáticos a la nube y facilitarán que más servicios informáticos se dediquen a la producción. Incluso los sistemas que controlan los procesos podrán estar basados en la nube.

El cloud computing se ha convertido en una parte importante de las organizaciones debido a los beneficios que, ha demostrado, puede ofrecer. Si hace más de una década, las ventajas de esta tecnología parecían algo etéreo, hoy son una realidad tangible; además, ha quedado atrás aquella vieja disyuntiva entre optar por la nube pública o la privada, pues hoy la nube híbrida es considerada la mejor alternativa para atender los requerimientos "justo a la medida".

Desde la llegada de cloud a nuestras vidas, hasta su adopción y casos de éxito, varios años han transcurrido, mismos en los que la tecnología ha avanzado a pasos agigantados, "invadiendo" todo a nuestro alrededor. Sí, de un momento a otro, nuestro entorno empezó a transformarse en un escenario digital, donde cada vez son menos las actividades humanas en las que no están presentes las tecnologías digitales.

Quizá cuando la cloud apareció en la escena, nadie imaginó que este tipo de plataformas tomarían tal fuerza, ni mucho menos que el modelo híbrido se convertiría en la base fundamental para la adopción de futuras tecnologías que hoy han surgido en medio de la Transformación Digital.

El Potencial De La Nube Híbrida

A pesar de que los entornos de infraestructura de nube híbrida parecen diferentes para cada negocio, esencialmente se trata de una mezcla de servicios in situ, nube privada, nube pública y de terceros, con conectividad e integración entre las plataformas.

De acuerdo con VMware, firma que acelera la Transformación Digital de los negocios mediante un enfoque de negocios y de TI definido por software, el modelo de nube híbrida ofrece una manera fácil de ejecutar, administrar, conectar y proteger las aplicaciones en nubes y en dispositivos que se encuentran en un entorno operativo común; esto significa que proporciona la libertad de innovar en diferentes nubes.

Hoy, el modelo de cómputo de nube híbrida brinda a los negocios el poder de elegir dónde pueden residir las aplicaciones y las cargas de trabajo, según las propias necesidades. Esto puede conducir a la reducción de costos, control, flexibilidad, agilidad e innovación, elementos en los cuales reside el crecimiento organizacional y la competitividad.

Son tales los beneficios de la nube híbrida, que ha conseguido ser la "consentida" de las organizaciones; pues de acuerdo con estimaciones de Gartner, 90% de los negocios adoptarán la infraestructura híbrida de nube para 2021.

• Fabricación aditiva: la impresión en tres dimensiones, además de hacer prototipos y componentes individuales como actualmente, se extenderá a producir pequeños lotes de productos personalizados y esto permitirá reducir las materias primas, los stocks y las distancias de transporte. ¿Qué es la fabricación aditiva?

En la era IOT, la producción se ha vuelto flexible, eficiente y automatizada como nunca. Hoy, podemos implementar tecnologías cada vez más complejas que combinan objetos físicos y sistemas de información. Los dispositivos y las máquinas pueden comunicarse entre sí, intercambiar y procesar datos, evaluar su contexto de producción para autoadaptarse e incluso tomar decisiones. Todo esto, de forma independiente y con un aporte mínimo de operadores humanos. Esto ha llevado a fábricas inteligentes y fabricación aditiva, que ha revolucionado la producción con la creación rápida de prototipos y la impresión 3D. La fabricación aditiva es un conjunto de tecnologías de producción que permite obtener un producto final a través de la generación y posterior adición de capas de material. Para ofrecer una definición "universal" de fabricación aditiva, la recientemente publicada "Terminología estándar para sistemas de coordinación de fabricación aditiva y metodologías de prueba" (ISO / ASTM52921-1) lo describe como "aquellos procesos que agregan materiales para crear objetos a partir de sus modelos matemáticos tridimensionales, generalmente superponiendo capas y procediendo de manera opuesta a lo que sucede en los procesos sustractivos (o mediante la eliminación de chips) ".

Beneficios De La Fabricación Aditiva En La Industria 4.0

Produce menos desperdicios y desechos. La fabricación aditiva se mueve en la dirección opuesta en comparación con los sistemas de producción tradicionales que proceden por sustracción. A diferencia de las técnicas como el fresado o el torneado, la fabricación aditiva agrega el material necesario para crear productos. Como resultado, produce menos desperdicio y reduce el desperdicio de recursos.

Disminuye los tiempos y costos de prototipos ya que crear el prototipo de un producto es más rápido, más fácil y más barato. Otras tecnologías de fabricación como el fresado implican una configuración considerable y costos de material. Dado que el costo y el tiempo de creación de prototipos son más bajos, puede producir, probar y realizar los cambios necesarios sin demasiados problemas. Además, proporciona una prueba casi instantánea de las mejoras realizadas.

Promueve la digitalización empresarial. La fabricación aditiva requiere un diálogo continuo y efectivo entre dispositivos, máquinas y robots. Esto solo es posible mediante la digitalización adecuada de las actividades de fabricación. Por lo tanto, las empresas invierten más en digital e IOT: un requisito esencial en la Industria 4.0.

Sintetiza el proceso de ensamblaje en una sola pieza. Otro beneficio de la fabricación aditiva en la Industria 4.0 es la simplificación del proceso de producción y, en particular, el ensamblaje de productos. Los componentes tradicionales son complejos y requieren múltiples pasos de producción. Esto aumenta los costos de material y mano de obra y el tiempo requerido para crear y ensamblar las diferentes partes. AM, por otro lado, le permite imprimir el grupo en una sola pieza.

8 Realidad aumentada: un operario equipado con gafas de realidad aumentada puede, por ejemplo, recibir instrucciones de reparación de una máquina en el propio puesto de trabajo. También hay aplicaciones en el campo de la formación. Las aplicaciones de la realidad aumentada en la Industria 4.0. son varias y están orientadas a dar soporte a los técnicos en su entorno real de trabajo.

Por medio de la realidad aumentada, el usuario puede visualizar procedimientos guiados paso a paso de la tarea a realizar o incluso obtener instrucciones visuales en tiempo real de expertos con sistemas de teleasistencia. Mediante la realidad virtual, se pueden construir simulaciones exactas de productos, procesos o plantas productivas para ver en primera persona y de manera inmersiva su funcionamiento.

Por ello, la realidad virtual se utiliza por ejemplo para la fase de diseño de productos o procesos y validación de prototipos, ya que los ingenieros pueden comprobar los avances realizados de manera más visual e interactiva mediante una simulación virtual. De esta manera, se pueden reducir errores en esta fase y aumentar la productividad.

Actualmente, la presencia de la realidad aumentada en ámbitos como el mantenimiento, procesos de montaje o control de calidad es ya habitual y empresas referentes de diversos sectores están implementado sistemas basados en la realidad aumentada para revolucionar sus procesos industriales.

En el futuro, las empresas harán un uso mucho más extendido para facilitar a los trabajadores información en tiempo real para mejorar la toma de decisiones y los procedimientos de trabajo.

Por su parte, el World Economic Forum (2016) se adhiere a esta idea de una cuarta revolución industrial y añade los adelantos en la genética, la nanotecnología y la biotecnología, entre otros. Además, afirma que los sistemas inteligentes (casas, fábricas, granjas, redes y ciudades) permitirán afrontar un amplio abanico de problemas que van desde la gestión de las cadenas de suministro hasta el cambio climático. Al mismo tiempo, el auge de la economía colaborativa permitirá a las personas monetizarlo todo, desde una casa desocupada hasta el coche.

A las tecnologías mencionadas se pueden añadir los adelantos en la obtención de nuevos materiales y, en especial, los sistemas informáticos integrados de ingeniería de materiales (ICME en inglés). Entre los nuevos materiales destacan los nanomateriales (aquellos que tienen propiedades morfológicas más pequeñas que un micrómetro en al menos una dimensión) y el grafeno (una lámina de carbono de un solo átomo de grosor, transparente, flexible, ligera, resistente). El grafeno es un excelente conductor de la electricidad y el sensor de luz más rápido que hay en el mundo (Koppens, 2016). Sus aplicaciones serán múltiples, cuando se encuentre la manera de producirlo a gran escala, y pueden revolucionar buena parte de la industria, por ejemplo, para el tratamiento del big data o datos masivos.

Otros autores, como Brynjolfsson et. al. (2014), no hablan de cuarta revolución industrial sino de la segunda era de las máquinas. Otros la denominan el encumbramiento de los robots. La primera era empezó con la máquina de vapor, mientras que la segunda tiene como protagonistas los ordenadores y el mundo digital, que pueden llevar a una economía global de la abundancia en la que se espera un crecimiento sin precedentes. Mientras en la primera era de las máquinas los avances tecnológicos complementaban al hombre, que era quien mantenía la capacidad de decisión y el control del trabajo, en la segunda, a menudo son las máquinas las que toman decisiones más eficientes, mientras que la parte humana ligada a la producción pierde importancia.

El punto en común de los diferentes enfoques expuestos es la transformación digital de la industria, la cual, como se expone en un informe del Ministerio de Industria, Energía y Turismo de España (2014), genera beneficios, tanto para el proceso productivo, como para el producto y el modelo de negocio:

• La aplicación de las tecnologías mencionadas a los procesos productivos los hará más eficientes (optimización de recursos energéticos o de materias primas y reducción de costes) y flexibles (acortamiento de plazos y personalización de productos).

• La incorporación de las tecnologías mencionadas a los productos ya existentes mejorará sus funcionalidades y permitirá la aparición de nuevos productos. Es el caso, por ejemplo, de los tejidos inteligentes o de la integración de la electrónica y de los componentes digitales al automóvil, que ya representan el 45% del valor del producto.

• La Industria 4.0 posibilita la aparición de nuevos modelos de negocio, como por ejemplo los servicios de coche compartido, gracias a la incorporación de sensores a los vehículos, o la economía colaborativa. La Industria 4.0, además de ventajas, también implica unos retos, que se esquematizan en los siguientes:

   • Para el proceso productivo: adaptarse a la hiperconectividad del cliente; gestionar la trazabilidad multidimensional de extremo a extremo; gestionar la especialización por medio de la coordinación de ecosistemas industriales de valor; garantizar la sostenibilidad a largo plazo.
   • Para las fases del proceso productivo:
   • Diseño: usar métodos colaborativos para potenciar la innovación.
   • Fabricación: combinar flexibilidad y eficiencia; gestionar series y tiempos de respuesta más cortos.
   • Logística: adoptar modelos logísticos inteligentes.
   • Distribución y atención al cliente: adaptarse a la transformación de canales y aprovechar la información para anticipar las necesidades del cliente.
   • Para el producto: ofrecer productos personalizados y adaptar la cartera de productos al mundo digital.
   • Para el modelo de negocio: generar nuevos modelos de negocio gracias a la combinación de los retos descritos.

Por su parte, un estudio hecho por encargo del Parlamento Europeo (Smit et. al. 2016) afirma que la Industria 4.0 sólo tendrá éxito si se dan ciertos requisitos: estandarización de sistemas, plataformas y protocolos; cambios en la organización del trabajo para adaptarse a los nuevos modelos de negocio; seguridad digital y protección del know-how; disponibilidad de trabajadores debidamente formados; investigación y desarrollo; y una red legal común dentro de la Unión Europea para apoyar la propagación de la Industria 4.0 dentro del Mercado Interior.

También hay que tener en cuenta las trabas que hay para una extensión rápida y masiva de la Industria 4.0 entre el tejido productivo. Desde el punto de vista de las empresas, las dificultades son inversamente proporcionales a la dimensión de la compañía, de forma que las PYMES, a menudo, desconocen los avances de la tecnología y, por lo tanto, no tienen suficiente concientización sobre la disrupción que puede provocar la Industria 4.0 en el mercado. Además, acostumbran a tener un acceso más difícil al financiamiento necesaria para las inversiones que la transformación digital requiere, aparte de que los medios productivos de la industria tienen una rigidez que hace difícil su adaptación a los cambios. Aparte, las PYMES a menudo tienen poca independencia estratégica. Por este motivo, el sector público puede jugar un papel en la creación de un ecosistema que facilite la transición de las empresas pequeñas y medianas hacia la Industria 4.0.

Desde el punto de vista del sector público, las trabas pueden venir del entorno regulador, el cual tendría que establecer las bases y los límites operables (por ejemplo, en el tratamiento de datos personales), así como de la adaptación de los sistemas formativos, tanto de formación profesional como universitaria, para dar respuesta a la demanda prevista de nuevos perfiles relacionados con la Industria 4.0. Con responsabilidad compartida con las empresas, también hay que superar trabas derivadas de la falta de estandarización para que permita desarrollar sistemas interoperables. La estandarización es uno de los desafíos más grandes para la implantación a gran escala de la Industria 4.0 (Smit 2016).

Smit et. al. realizaron un análisis DAFO que resume las debilidades, amenazas, fortalezas y oportunidades de la Industria 4.0 en la Unión europea. En resumen, la Industria 4.0 facilitará procesos más rápidos, flexibles y eficientes para producir bienes de calidad a costos reducidos, es decir, incrementará la productividad. Ruessmann (2015) ha estimado, para la industria alemana, que, durante los próximos 5-10 años, la productividad aumentará entre un 5% y un 8% adicional debido a la extensión de la Industria 4.0. Si se considera la ganancia de productividad en costos de conversión (es decir, excluyendo el costo de los materiales), podría llegar a ser de entre el 15% y el 25%. Estas mejoras serían todavía más altas en los sectores de maquinaria mecánica (20-30%) y de alimentación y bebidas (20-30%) (en costes de conversión).

Asimismo, se estima que el aumento de la demanda de nuevos equipos y aplicaciones por parte de las empresas y de una amplia variedad de productos personalizados por parte de los consumidores generará unos ingresos adicionales. Además, se estima que la adaptación de los procesos productivos a la Industria 4.0 requerirá unas inversiones en la industria alemana de unos 280 mil millones de euros en los próximos diez años (aproximadamente un 1-1,5% de los ingresos de la industria).

Todo ello impulsará la innovación, facilitará el respeto por el medio ambiente (ahorrando materias primas y generando menos residuos) y mejorará la seguridad en el trabajo puesto que no se expondrá los trabajadores a tareas y materiales peligrosos.

Para que todo esto sea posible, hace falta una mejora de las infraestructuras tecnológicas (especialmente la banda ancha fija y móvil o 5G) para que puedan soportar todo el volumen de datos que tendrá que circular por ellas. En el ámbito europeo, hay que avanzar también en la creación de un mercado único digital que incremente los beneficios potenciales de las empresas y de los individuos. Asimismo, el Estado podría adaptar la legislación para dar más facilidades a la creación de empresas y Start-ups y velar más por que las primeras empresas en llegar no abusen de un poder de mercado excesivo que impida la entrada a los competidores.

Parece bastante evidente que los efectos de la Industria 4.0 expuestos hasta aquí harán que las empresas industriales (tanto de bienes de equipo como otras) tengan que establecer un programa de prioridades para incorporarse a esta revolución, definir el modelo de negocio que quieren seguir, establecer cambios organizativos, adaptar la fuerza de trabajo, desarrollar alianzas estratégicas, etc.

Si se quisiera resumir en un producto todo el uso de esas 6 tecnologías de la Industria 4.0 este tendría que ser el automóvil autónomo, que con miles de sensores capta información de cientos de factores y son procesados para determinar el rumbo a seguir.

Impacto Sobre El Empleo

Los efectos de la Industria 4.0 que más se han estudiado y que más debate generan, sin embargo, son los que tienen que ver con el empleo. Siguiendo a Canals (2016), la automatización provoca un efecto sustitución: destruye puestos de trabajo en determinados sectores y empleos. Pero también existe el efecto complementariedad: hay puestos de trabajo en los que la automatización complementa las tareas del trabajador, por lo que incrementan la productividad y la remuneración. Más allá de estos dos efectos, la innovación tecnológica expande la frontera de producción: con los mismos recursos, se puede producir más.

De este modo, las sucesivas revoluciones industriales han comportado crecimiento económico y aumento de rentas a largo plazo. Sin embargo, a corto plazo, los trabajadores de la primera revolución industrial que no perdieron el trabajo no vieron aumentar el salario real durante décadas, a pesar de que su productividad mejoró de forma sustancial. Sin embargo, siempre se podrá ver el vaso medio vacío. Aquí un resumen FODA.

Fortalezas

• Incremento de la productividad, de la eficiencia (recursos), de la competitividad y de los ingresos; Aumento de los puestos de trabajo de alta calificación y muy remunerados; Mejora de la satisfacción del cliente y nuevos mercados: incremento de la personalización de los productos y de su variedad; Mayor flexibilidad y control de la producción.

Debilidades

• Capacidad de adaptación tecnológica: pequeñas disrupciones pueden tener impactos grandes; Dependencia de un abanico de factores de éxito: estándares, coherencia del entorno, oferta laboral con las habilidades apropiadas, inversión en I+D; Costos de desarrollo y puesta en marcha; Pérdida potencial de control sobre la empresa; Puestos de trabajo semi-formados; Necesidad de importar mano de obra formada e integrar los inmigrantes.

Oportunidades

• Reforzamiento de la posición de Europa como líder en industria manufacturera y otros sectores; Desarrollo de nuevos mercados punteros para productos y servicios; Contrapunto a la demografía negativa de algunos países; Disminución de las barreras de entrada para algunas PYMES para participar en nuevos mercados y nuevas cadenas de suministro.

Amenazas

• Ciberseguridad, propiedad intelectual, privacidad de los datos; Trabajadores, PYMES, sectores y economías nacionales sin conciencia y/o medios para adaptarse a la Industria 4.0 y que quedarán atrás; Volatilidad de las cadenas de valor globales y vulnerabilidad hacia ellas; Adopción de la Industria 4.0 por parte de los competidores extranjeros que neutralicen las iniciativas europeas.

Hay estudios de impacto optimistas, como el del Fraunhofer Institute for Systems and Innovation Research (2015), que afirma que el uso de robots industriales no tiene un efecto negativo significativo en los puestos de trabajo, sino que parece que su efecto positivo sobre la productividad y el incremento de ventas puede estimular el crecimiento del empleo.

Es más, afirma que las empresas que utilizan robots industriales durante el proceso de manufactura muestran una tendencia más baja a deslocalizar su producción fuera de Europa.

Otro enfoque optimista lo aportan Lorenz et. al. (2015), de Boston Consulting Group, quienes afirman también que las mejoras de productividad evitan deslocalizaciones e incluso crean empleo. Sobre esta base, los autores estiman que el escenario más probable de cara al 2025 sería un crecimiento adicional del PIB del 1% anual debido a la Industria 4.0, lo que haría que esta digitalización de la industria llegara al 50% del total. Esto generaría una pérdida de 610.000 puestos de trabajo en toda la cadena de producción, que se vería compensada con un aumento de 960.000 puestos en I+D y TIC, lo que daría un crecimiento neto de empleo de 350.000 personas.

Ruessmann (2020), de Boston Consulting Group, estima el incremento de empleo en un 6% en diez años, tasa que podría llegar al 10% en el caso del sector de maquinaria mecánica. Sin embargo, advierte que se necesitarán habilidades diferentes a las actuales. A corto plazo, los trabajadores poco cualificados que hacen tareas simples y repetitivas se verán desplazados, mientras que se demandarán más especialistas en software, en TIC y en mecatrónica. Smit (2020) afirma que las habilidades de la fuerza de trabajo en la UE para la Industria 4.0 son desiguales según los Estados Miembros, lo que trae a una concentración creciente en los centros (regiones) más avanzados y a una competencia entre ellos.

Aun así, también hay estudios menos optimistas. Morrón (2016) alerta que la automatización se puede extender a cualquier tarea no repetitiva, como la conducción de vehículos o el diagnóstico médico, por lo que multiplica su impacto negativo. El avance tecnológico es de tal magnitud que McKinsey (2015) estima que el 45% de las tareas existentes en los Estados Unidos podrían ser automatizadas hoy mismo, si bien hay que tener en cuenta que un puesto de trabajo comprende múltiples tareas.

Asimismo, Frey et. al. (2013) han calculado la probabilidad que cada profesión, en los Estados Unidos, pueda ser automatizada. Las menos afectadas son las que requieren habilidades exclusivas del ser humano, como la creatividad, la motivación, la innovación, la cooperación, la intuición, la capacidad de comunicar y emprender, la persuasión y la originalidad. Por ejemplo, puestos de trabajo de los sectores de salud, educación, servicios sociales y arte.

Por grupos, Morrón estima que el 43% de los puestos de trabajo existentes en la actualidad tienen un riesgo elevado (con una probabilidad superior al 66%) de poder ser automatizados a medio plazo, mientras que el resto quedan repartidos, a partes iguales, entre el grupo de riesgo medio (entre el 33% y el 66%) y bajo (inferior al 33%). Sin embargo, advierte que hace falta no confundir la destrucción de profesiones con la desaparición de puestos de trabajo puesto que hay la posibilidad de reorientar la naturaleza del trabajo y liberar a los trabajadores para que se puedan dedicar a nuevas actividades en las que desarrollen todo su potencial, como ya hicieron la aspiradora o la lavadora en el ámbito doméstico. Los robots tienen una gran capacidad lógica y de gestión del big data, pero la inspiración, la intuición y la creatividad quedan lejos de su alcance.

Por su parte, el World Economic Forum (2019) afirma que, si no se toman medidas, los gobiernos tendrán que enfrentarse a un desempleo cada vez más grande y, por lo tanto, una base de consumidores cada vez más pequeña. Se prevé una destrucción neta en el mundo de 5 millones de puestos de trabajo (7 millones destruidos y 2 millones creados).

Aparte de la desaparición de tareas, un problema importante que puede generar la Industria 4.0 es el aumento de la desigualdad a corto plazo puesto que los trabajadores con trabajos que sean más fácilmente automatizables verán reducido su salario medio. Entre ellos no hay sólo los que hacen tareas repetitivas sino profesionales con conocimientos intermedios y salarios medios. Simultáneamente, una nueva clase de élites formada por inversores y emprendedores se distanciará cada vez más de la masa de trabajadores (Brynjolfsson et. al., 2014).

Un aumento de la desigualdad podría provocar una infrainversión en educación por una parte de la población, lo que acabaría repercutiendo en un menor crecimiento agregado, salvo que las políticas públicas garanticen el acceso a una educación de calidad de los colectivos más desfavorecidos. Otras medidas serían: propiciar que los trabajadores puedan convertirse en accionistas (Mestres, 2016) o cortar la vinculación entre trabajo y medios de subsistencia con una renta universal, de forma que el ingreso de la sociedad se divida para que todo el mundo tenga garantizado un nivel de vida digno (Bauman, 2016).

Al mismo tiempo, se espera que en 2021 sea más difícil encontrar especialistas en la mayoría de los sectores, especialmente en los roles relacionados con la informática y las matemáticas (World Economic Forum, 2021).

El reto en el futuro cercano será la formación, más de una tercera parte de las competencias de la mayoría de los empleos estará integrada por habilidades que actualmente no se consideran cruciales, especialmente en la industria y en los servicios financieros. Por todo ello, la mayor parte de autores recomiendan innovar en políticas de empleo y en formación, tanto por parte de los poderes públicos como de las empresas. Los países en vías de desarrollo son los más rezagados en la inclusión de carreras que forman a los profesionales que la industria 4.0 requerirá en el futuro. Hay que repensar el sistema educativo e incentivar la formación continua con una colaboración estrecha entre el sector público y las empresas para que la oferta se adapte a la demanda, tal y como ya hacen los sistemas de formación profesional dual que hay en Alemania, Dinamarca y Austria.

Formación Para La Transformación Digital

La formación profesional

La relación entre la Industria 4.0 y la formación profesional se puede analizar desde dos vertientes. Por un lado, la digitalización masiva, tal y cómo se ha comentado, ya ha empezado a modificar las formas de producción, de interacción y de distribución de una forma más automatizada y descentralizada, por lo que se están reformulando muchos puestos de trabajo y, por lo tanto, la demanda de los perfiles profesionales necesarios para desarrollarlos. Muchos de estos lugares están directamente vinculados a la formación profesional, especialmente a las familias de fabricación mecánica; de electricidad y electrónica; de robótica, de mecatrónica, de instalación y mantenimiento y de informática y comunicación. Hace falta, por lo tanto, que la oferta de titulaciones se adecúe a las nuevas demandas de perfiles profesionales que genera la industria.

Por otro, la Industria 4.0 puede modificar las metodologías de aprendizaje en la FP. La producción de prototipos automatizados, la incorporación de las impresoras 3D, los softwares de simulación de la producción, etc. pueden contribuir a mejorar y a incentivar el aprendizaje Learning by doing promovido desde la Unión Europea y los países asiáticos y, a la vez, hacer que las especialidades industriales sean más alentadoras, interesantes y especialmente aplicables que otras más centradas en los conocimientos teóricos y/o de servicios.

Ante esto, ¿cuál es la situación actual de la formación profesional con relación a la Industria 4.0? la respuesta es, hay un severo atraso y el principal rasgo es la brecha entre la oferta y la demanda de titulaciones. En cuanto a la oferta, a pesar de que la formación profesional se ha revalorizado en general y ha visto incrementar el número de plazas y de matriculaciones, los ciclos formativos más relacionados con la industria (electricidad y electrónica, desarrollo de software, robótica, fabricación mecánica e instalación y mantenimiento) han experimentado en los últimos años un mantenimiento o una disminución de las matriculaciones que, incluso, ha comportado el cierre de algunos ciclos. Aparte, hay que tener en cuenta que las especialidades industriales tienen poco atractivo para las mujeres, de forma que representan sólo el 5% de las matriculaciones.

En contraste con esta disminución de la oferta de titulados en FP industrial, las empresas demandan cada vez más especialistas en mecatrónica, comunicaciones industriales, big data & analytics, diseño de interfaces, mantenimiento de robots específicos, diseño industrial en 3D y otros nuevos puestos de trabajo vinculados con las tecnologías basadas en la Industria 4.0.

Como consecuencia de este desfase entre oferta y demanda, hace falta, por un lado, fomentar las vocaciones industriales, sobre todo entre las mujeres y, por otro, adaptar los contenidos curriculares a la Industria 4.0. Las empresas demandan personas con unos perfiles profesionales bastante concretos y especializados, que puedan adaptarse a los cambios que el sector va generando, como por ejemplo la capacidad de adaptación de lenguajes de programación, el conocimiento práctico y real en sistemas operativos y dispositivos en red, la capacidad de analizar grandes cantidades de datos o la programación robótica. A pesar de que en los últimos años se han creado o adaptado algunas carreras, las empresas continúan pensando que los contenidos curriculares impartidos en el aula no están suficientemente adaptados para dotar a los futuros graduados de las competencias necesarias en materia de Industria 4.0. Otro aspecto que las empresas todavía encuentran flojo en los contenidos formales es la adquisición de las competencias transversales, cada vez más valoradas, como por ejemplo los idiomas, el trabajo en red, la adaptación a los cambios, la creatividad, la proactividad, la autogestión y la resiliencia.

Hay que tener en cuenta que la velocidad de adaptación del mundo educativo es diferente de la del productivo debido a varios factores: en primer lugar, la rigidez curricular establecida desde la centralizada oficina de los Ministerios de Educación, así como la poca flexibilidad de las normativas y de la legislación académica. En segundo lugar, las dificultades para la formación continua o el reciclaje del profesorado puesto que, a pesar de existir medidas como las estancias de profesorado en empresas, la dificultad para sustituirlos en el aula hace que se utilicen poco. También hay que destacar la distancia que todavía hay entre los centros de formación profesional y las empresas.

Sin embargo, es importante destacar los puntos fuertes de la formación profesional con relación a la Industria 4.0, como por ejemplo la existencia cada vez mayor de profesorado emprendedor y proactivo o la proliferación de iniciativas de los centros y del profesorado que apuestan por desplegar en el aula herramientas que permiten trabajar con fabricación aditiva, realidad aumentada, simulación en 3D, Internet de las cosas, etc. El atraso en la formación de profesionales en occidente es desastrosa comparado con los que actualmente está haciendo China, India, Taiwán, Corea del sur y Malasia entre otros.

También es un punto fuerte la existencia de los llamados nativos digitales, la generación de jóvenes que, habiendo nacido después de 2000, ha crecido en un entorno tecnológico y digital normalizado y que puede ser más proclive a estudiar los ciclos formativos industriales.

La formación universitaria

La revolución industrial 4.0 está abriendo nuevas oportunidades laborales y profesionales que serán cubiertas en la medida en que haya perfiles adecuados a estas necesidades. Por eso, la colaboración entre empresa y universidad toma mucha importancia, dado que este nuevo sector requerirá de perfiles que quizás hoy no existen, y por lo tanto hará falta un gran esfuerzo por parte de las entidades educativas. Se prevé que la Industria 4.0 comporte un cambio en la demanda de profesionales: el número de personal semicualificado irá en descenso y se crearán nuevos puestos de trabajo de alta calificación sobre todo vinculados a las tecnologías de la información. Analistas de datos, diseñadores de aplicaciones y de robótica, entre otros, son perfiles que las empresas, tecnológicas y no tecnológicas, están demandando cada vez más.

La Unión Europea ha estimado que se crearán alrededor de 900 mil puestos de trabajo tecnológicos hasta el 2021. Esto supone una gran oportunidad para estudiantes, pero a su vez plantea un gran reto a la comunidad educativa por la falta de especialización de profesionales que puedan cubrirlos y la necesidad de formarlos a corto y medio plazo. En España, según el informe «La digitalización: ¿Crea o destruye puestos de trabajo?» elaborado por Randstad Research, se estima que la digitalización generará 1.25 millones de puestos de trabajo en cinco años (2018 hasta el 2022): 390 mil serán STEM —Science, Technology, Engineering and Mathematics—, 689 mil corresponden a puestos de trabajo inducidos que los apoyarán; y 168 mil serán trabajos indirectos. Esta investigación concluye que, para cada puesto de trabajo creado en alta tecnología, se crean entre 2.5 y 4.4 adicionales en el resto de los sectores económicos.

Es decir, las políticas que potencian el empleo STEM tienen repercusiones positivas que afectan a numerosas actividades, incluidas las no STEM. Además, el empleo STEM es más resistente a las recesiones y genera niveles de productividad más elevados. Lo que más preocupa es que el número de estudiantes matriculados en carreras STEM ha bajado en más de 65 mil0 en los últimos siete años en España.

En el sector de las TICs, actualmente ya existe un problema entre la oferta y la demanda de profesionales. Para ponerlo en cifras, China e India forman más profesionales en ingeniería que todo el resto del mundo. Mientras que la demanda crece de forma continua, las personas graduadas no crecen de forma proporcional, hecho que ocasiona un déficit de profesionales y vacantes que quedan sin cubrir. Tal y cómo se señala en un estudio de Adecco (2020), ya en 2020 en toda Europa hubo un déficit de 565 mil trabajadores en el ámbito de las TICs. Si se tiene en cuenta que hay un 60% menos de personas que estudian ingeniería informática de las que el mercado demanda, este déficit se incrementó hasta las 756 mil en 2021.

Según datos recogidos por el Observatorio para el Empleo en la Era Digital, ocho de cada 10 jóvenes de entre 20 y 30 años encontrarán un trabajo relacionado con el ámbito digital en trabajos que aún no existen. Las 10 profesiones más solicitadas serán: ingeniero smart factory, chief digital officer, experto en innovación digital, data scientist, experto en big data, arquitecto experto en smart cities, experto en usabilidad, director de contenidos digitales, experto y gestor de riesgos digitales y director de marketing digital. Hoy el incremento de la demanda de algunos de estos empleos ya es una realidad. Según la consultora de selección de mandos intermedios, medios y directivos del Grupo Adecco, el trabajo más cotizado en 2020 ha sido el de growth hacker y el más buscado, el de especialista en big data.

Hemos visto que para estas economías cuáles son los graduados en educación terciaria en los campos vinculados a la Industria 4.0, y son: 1) ciencia, matemáticas y computación, 2) ingeniería y manufactura; es decir, los llamados STEM (Science, Technology, Engineering and Mathematics).

Los países de Europa que tienen un peso del sector industrial manufacturero superior al 20% del PIB industrial total (6 en total), que son: Alemania, Irlanda y cuatro países del este de Europa (República Checa, Hungría, Eslovenia y Eslovaquia). Además, se han seleccionado tres países más de referencia en Europa: España, Italia y Francia.

Las Empresas Ante El Reto De La Industria 4.0

Conocer el grado de implantación de las tecnologías 4.0 en la industria es imprescindible para saber si se está aprovechando bastante este potencial, para poder prever su evolución futura y también para planificar políticas públicas de apoyo a la innovación.

Para enfrentar exitosamente el futuro es necesario conocer el grado de implantación de estas tecnologías actualmente como saber cuál será el grado de implementación que las propias empresas prevén en un futuro cercano atendiendo a sus planes estratégicos. Los resultados muestran que, como es previsible, las tecnologías con un menor nivel de implementación en la actualidad son las que probablemente avanzarán más en los próximos cuatro años. Concretamente, éstas serán: la realidad aumentada y la fabricación aditiva. Las otras dos tecnologías que se prevé que tendrán un desarrollo importante son las simulaciones en 3D y la fabricación aditiva. El resto de las tecnologías ya están mayoritariamente implantadas en las industrias 4.0 y, por lo tanto, su adelanto relativo será menor.

El debate sobre el impacto de la digitalización de la industria está generando un debate intenso respecto a los efectos positivos / negativos que esta revolución puede generar, así como sobre las limitaciones que se pueden encontrar. Por eso, se ha difundido la opinión del conjunto de empresas industriales en Europa (no sólo de las que ya están implantando tecnologías 4.0) respecto a seis afirmaciones y se han obtenido los resultados que se resumen a continuación.

– La afirmación que ha recibido un mayor grado de consenso es que faltan perfiles adaptados a las necesidades tecnológicas de la empresa industrial tecnológica del futuro. Concretamente, el 40% de las empresas están de acuerdo con esta afirmación y el 53% está parcialmente de acuerdo.

– La segunda afirmación más apoyada es que la inversión requerida en innovación es demasiado alta y las pymes no la pueden afrontar, sólo las empresas grandes. El 35% de las empresas está totalmente de acuerdo con la afirmación y el 56% está parcialmente de acuerdo.

– La tercera es que la producción será más flexible para adaptarse a los cambios en la demanda. El 31,4% está totalmente de acuerdo con la afirmación.

– La cuarta también hace referencia a los beneficios de la introducción de la industria 4.0 y es el impacto positivo que tendrá sobre la reducción de los costes de producción y sobre la competitividad.

– Prácticamente el 30% de las empresas está totalmente de acuerdo con la afirmación «la industria catalana puede llegar a ser una referencia a nivel europeo a medio plazo, como lo es actualmente Alemania», pero también observamos que es en la afirmación donde el porcentaje de estar en desacuerdo es lo más elevado (11,2%).

– Finamente, la afirmación que ha recibido un menor apoyo es que la Industria 4.0 destruirá puestos de trabajo repetitivos a corto plazo, pero a medio plazo se compensará con la creación de puestos de trabajo más calificados. Aquí el porcentaje que está totalmente de acuerdo baja al 27% y el que está en desacuerdo es el segundo más alto (9,7%).

El papel de los agentes involucrados en la revolución industrial desde una posición pesimista surge la pregunta es: "en un mundo con menos empleos, ¿quién tendrá los ingresos y la confianza para comprar los productos y servicios producidos por el sistema económico? ¿De dónde vendrá la demanda?" El futuro estaría marcado por una robotización con desempleo masivo y deflación. Lo que se constata es que enfrentamos la convergencia de mundos digital, físico y biológico, impactando en la privacidad, la medicina y el mercado laboral.

El presidente de Analistas Financieros Internacionales pone como ejemplo el desarrollo de la economía colaborativa, que facilita las infraestructuras tecnológicas, pero genera importantes incertidumbres. Todo ello, tiene un impacto demográfico, empresarial y en el empleo que incorpora desigualdad social. El problema no es solo la necesidad de una alta utilización del empleo, sino que sea buena.

Para el Profesor José Molero, la "actual revolución no es un tema exclusivamente tecnológico, porque está vinculado muy estrechamente a las relaciones sociales". El potencial de las tecnologías depende de los contenidos sociales en los que se desenvuelve (empresas, sociedad, política, educación.) y no es lo mismo "usar que generar tecnología", siendo esencial crear tecnología de base para jugar un papel determinante en el mercado global.

Las plataformas y sus trabajadores en multitud (crowdworkers) representan una grave perturbación en la organización de los mercados laborales nacionales, que han estado en marcha en algunos casos durante muchas décadas con sus reglamentos, su diálogo social, sus derechos sociales financiados por sus contribuciones sociales y sus impuestos. En la industria, estos desafíos implican la nueva carrera entre la máquina y el trabajador. Los ritmos de trabajo, el control de cada acción de la máquina, la vigilancia gerencial en tiempo real, pero también la desaprobación de la capacidad del trabajador para organizar su trabajo y el riesgo de convertirse en la herramienta del robot y sus algoritmos.

Derivado de ello, los problemas de frustración y alienación de los trabajadores se incrementará, o lo que será necesario planes de desarrollo de entornos favorables. La revolución digital puede acrecentar las desigualdades entre empleos de bajos ingresos cada vez más aislados y los trabajadores de alto nivel del mercado laboral, que están en condiciones de beneficiarse de una gama cada vez más rica de instrumentos digitales, debido a su capacidad de elección.

Sin normas que lo regulen y el papel del Estado para cohesionar a la sociedad y sus ciudadanos, la revolución digital ofrecerá: una mayor libertad para satisfacer todas las inquietudes de algunos y puede propiciar una existencia más parecida a la esclavitud de los demás; más colaboración a algunos, más competencia a otros; más compartir a algunos un medio de vida y más precario para otros. La necesidad de combatir este riesgo está en el centro de los intereses sindicales en la revolución digital y en las batallas sociales y laborales del futuro.

Los empleos de la Industria 4.0 ofrece, y seguirá ofreciendo, unos ingresos adecuados por arriba del promedio de otras áreas industriales, sin embargo, existirá la limitación de las horas de trabajo; la pobreza de salud en el lugar de trabajo; la reducida participación individual y colectiva en la toma de decisiones; la reducción de oportunidades individuales para el desarrollo. Todo ello, debe evitarse con los instrumentos habituales de defensa de los intereses de los trabajadores y de las trabajadoras -la negociación y movilización- para extenderlos, protegerlos y que sean respetados.

Por tanto, es importante analizar cómo los interlocutores sociales deben reaccionar ante la multitud de desafíos políticos, legales y sociales. Mediante la exploración de nuevas herramientas, así como el desarrollo de enfoques más innovadores a la hora de relacionarnos con la gente. Las líneas de acción deben hacer énfasis en poner en valor la experiencia demostrada que tienen los interlocutores sociales, alcanzando acuerdos en situaciones de crisis y la recuperación de las buenas prácticas. Lo cual requiere rediseñar el modelo de relaciones laborales y reorientar la acción del sindicato hacia objetivos más generales en el marco de actuación de las empresas, porque si no hay empresa no hay empleo. Y supone la necesidad de reflexionar acerca del papel que los sindicatos juegan en esta nueva economía digital.

También se hace necesario no sólo proporcionar formación digital a todos los niveles y para todos los colectivos, sino facilitar tanto el cambio cultural como la más que necesaria empleabilidad, la flexibilidad, etc. Por último, se debe llamar a una revisión en profundidad de la regulación y del papel tan relevante que tienen las instituciones educativas en el liderazgo de este cambio. El cambio es la nueva constante, lo que lleva necesariamente a plantearse un nuevo contrato social que responda a los cambios de la relación laboral en su más amplio sentido, para evitar la pobreza laboral y las desigualdades.

El elemento clave de la relación entre el grado de disrupción de las nuevas tecnologías y sus efectos en el empleo no son las tecnologías en sí mismas, sino como se aplican en un entorno empresarial y social concreto. Tampoco la innovación tecnológica determina un desempleo creciente ni una mayor desigualdad social. A veces sólo se aprovecha esa sensación e incertidumbre para debilitar a los sindicatos:

• Se requiere reequilibrar la negociación colectiva para construir nuevos consensos internos en la empresa y los sectores, debilitados por la actitud de los gobiernos y la poca atención política en estos aspectos, fortaleciendo la capacidad de interlocución con los sindicatos y, por tanto, las posibilidades de adaptación de los trabajadores y las trabajadoras a nuevas tareas, minimizando el riesgo de desempleo tecnológico. Lo que requiere, en España, derogar las reformas laborales.

• Se requiere, también, el establecimiento de nuevas estructuras e instituciones que permitan alcanzar consensos en perímetros sociales más amplios, en el marco de la definición del modelo industrial y productivo perseguido y en el análisis de los efectos de los cambios en el conjunto de la sociedad. La revolución digital trae consigo tanto oportunidades como ciertos riesgos. Aprovechar plenamente estas oportunidades y minimizar los riesgos requieren políticas adecuadas en una serie de áreas que deben ser medidas en los marcos tripartitos de negociación.

Para los responsables políticos, que se ocupan de establecer las estrategias para poner en práctica las políticas adecuadas y equilibradas, es la tarea de evitar los efectos adversos, activar ventajas e implementar sociedades más inclusivas y cohesionadas. Por ello, se antepone la necesidad de un Pacto Social, en el que los trabajadores aceptarían cambiar de oficio con flexibilidad y recibir formación tecnológica permanente.

Al mismo tiempo que el Estado debería garantizar un salario básico y las prestaciones sociales fundamentales (pensiones, salud). Una renta básica a escala global sería una medida justa a la vez que eficaz para equilibrar la desigualdad y la falta de empleo. Sin embargo, habría que superar las actuales reticencias de muchos Estados y del sector privado (el gobierno finlandés ha empezado a aplicar la renta básica universal y seis meses después los resultados son significativamente positivos: se ha reducido el estrés y los afectados se han dedicado a buscar empleo de forma más activa). Es una labor de las administraciones públicas, con ayuda de los parlamentos y de las organizaciones sindicales el que la revolución digital sea más humana. Porque hay que empezar a asumir que no todo el mundo puede tener un trabajo cuando estamos compitiendo contra las máquinas, y ellas siempre ganarán.

Un nuevo modelo de sociedad digital no puede prescindir de los interlocutores sociales, lo que requiere una toma de conciencia de la realidad, abrir líneas de colaboración y establecer un compromiso entre organizaciones empresariales y sindicales, mediante la voluntad de ambas partes a la hora de tener mayor cultura de diálogo. Concretamente dar participación a los representantes de los trabajadores en los proyectos de digitalización, explicar las circunstancias y alcance de los proyectos, dialogar y nunca imponer.

Esta responsabilidad exige un tiempo adecuado para el debate, el análisis de las estrategias y el establecimiento de prioridades para la gestión de todos los cambios que se planteen a nivel sectorial y de empresa, así como en el mercado de trabajo, el empleo y las condiciones de trabajo -por no hablar de las implicaciones sociales en términos de protección social, educación y los sistemas de pensiones-. Existe una clara conciencia de la necesidad de la transformación del sistema y de la puesta al día de los actores, sin embargo, nos encontramos con barreras culturales, escasez de capacidades y conocimientos, y resistencia al cambio.

Las medidas desarrolladas a nivel nacional o sectorial deberían incrementar la capacidad de actuación de los interlocutores sociales para responder a los retos emergentes. Más allá de las cuestiones de empleo, se evidencia la necesidad de formular políticas para apoyar y fortalecer el papel y la participación de los interlocutores sociales y del diálogo social en la discusión de los principales retos que enfrentan las sociedades europeas.

Desde la perspectiva de la empresa, para el sindicato, la digitalización debe ser una herramienta para fomentar la coordinación eficiente y democrática de todos los actores involucrados en los procesos de producción. La formación y la participación individual será un elemento clave para el individuo y la participación sindical lo será para el colectivo de los trabajadores y de las trabajadoras. La otra cara de la moneda es que la digitalización no debe ser utilizada como un medio de control unilateral, de la concentración de poder o de riqueza en manos de unos pocos.

Al mismo tiempo, los trabajadores y las trabajadoras deben ser compensados de las ganancias originadas por los incrementos de la productividad por la incorporación de tecnologías y utilizarlas para hacer frente a las consecuencias sociales de la digitalización, atendiendo a los siguientes aspectos: anticipación al cambio; el diálogo social; la educación y cualificación; y una reflexión sobre el tiempo de trabajo.

La Digitalización y la Industria 4.0. Impacto industrial y laboral requiere insistir en la necesidad de cambios radicales en las políticas de recursos humanos, que fomenten el desarrollo de las cualificaciones profesionales, el reconocimiento del valor del conocimiento y las capacidades de los trabajadores y las trabajadoras para el aumento de la productividad, basado más en la eficiencia de las tecnologías y las estructuras organizativas que en los bajos salarios.

Los emprendedores, los gobiernos y la sociedad civil tienen que trabajar juntos. El gran riesgo que existe en esta revolución es que no sea gobernada o regulada correctamente. Para evitarlo, se debe permitir que el desarrollo científico y tecnológico que propician cambios en las vidas de los trabajadores y de los consumidores, pero se necesita visualizar y estudiar los riesgos. El objetivo final es garantizar que el ser humano sea el centro de todas las decisiones.

Conclusiones

Como hemos visto, la industria se encuentra sumergida en un proceso de cambio del que comenzaremos a apreciar resultados durante los próximos años. Debido a la naturaleza de este cambio, del que se pueden considerar numerosas posibilidades, las empresas se encuentran ante una disyuntiva, elegir hacia dónde se van a encaminar con esta Industria 4.0. El riesgo que deben asumir las empresas al decidirse es evidente, pero se presentan muchas posibilidades de mejora y de crecimiento. Además, también es probable que aquellas que no se sepan adaptar a las nuevas condiciones del mercado resultante de este cambio, no consigan sobrevivir de la misma manera.

Diversos estudios consideran que la industria manufacturera será una de las grandes beneficiadas por cambios como el uso del Big Data, debido a que una única máquina es capaz de recopilar grandes cantidades de información simple, tales como medidas de la pieza que se produce, lo que da lugar a una enorme cantidad de datos a analizar y que pueden ser útiles para la organización futura de la producción. Además, como hemos podido comprobar existen proyectos de desarrollo en el ámbito de la Industria 4.0 a nivel global, por lo que podemos prever que se vayan a realizar avances importantes en los próximos años.

De igual manera, hemos constatado que este cambio no afectará únicamente a la industria y la fabricación en sí, sino a nuestra manera de trabajar, así como de concebir la manufactura, ya que, por un lado, los trabajadores tendrán que aprender a convivir con diferentes maneras de interacción con el entorno y las máquinas debido a los sistemas ciber-físicos, y por otro los consumidores, la relación con la empresa y la manera de comprar, se verá afectada. Se obtendrán mayores niveles de personalización, y se comenzarán a exigir menores tiempos de espera de igual manera.

Todas estas nuevas perspectivas proporcionarán un nuevo marco de desarrollo industrial en el que estaremos sumergidos durante los próximos años. Esta transformación además de suponer una gran oportunidad de desarrollo tendrá que enfrentarse a muchas críticas y opositores. Incluso ahora, en su fase de inicio, existen muchas críticas hacia este tipo de transformaciones. Mientras, por un lado, cada vez aparecen más empresas dispuestas a ofrecer servicios de consultoría y ayuda en el desarrollo hacia la transformación digital, del otro lado se reciben críticas muy duras hacia la inclusión de tantas tecnologías en procesos que antes se realizaban casi completamente de manera manual.

El principal miedo detrás de estas críticas es la sustitución de los humanos por robots. Este tipo de miedos se fundamenta en la desaparición de ciertos tipos de puestos de trabajo que se van quedando obsoletos, sin embargo, de la misma manera que unos pierden su utilidad, en mi opinión, aparecen nuevas necesidades.

Creo que es fundamental que se conciba este cambio de tendencia en la industria como una verdadera transformación de la que deberemos formar parte para conseguir una industria fuerte y capaz de afrontar las necesidades del consumidor actual. Por otro lado, existen también duras críticas hacia la seguridad de este tipo de sistemas. Aunque este es un tema que se ha mencionado previamente, es de vital importancia, ya que solo consiguiendo la confianza de tanto consumidores como productores se llegará a implementar el cambio.

El desarrollo de barreras informáticas está en un momento de máximo desarrollo, así como la inversión en seguridad frente a este tipo de ataques, que cada vez es más necesaria.

La Industria 4.0 generará una transformación tanto de oferta como de demanda. Las empresas industriales necesitarán contar con recursos propios o acceso a financiación para realizar estas inversiones y ser flexibles en los cambios. Los dos elementos pueden ser directamente proporcionales a la dimensión de la empresa.

Igual que sucede de forma general en la inversión en I+D o en la implantación de la formación profesional dual, contar con pocas empresas medianas y grandes es un freno a la rápida incorporación de estas tecnologías. Por eso, la política pública tiene aquí un rol importante, puesto que tendrá que fomentar la dimensión empresarial y ayudar a crear un ecosistema de innovación robusto que facilite la transición de las empresas pequeñas y medianas hacia la Industria 4.0.

Más allá de las transformaciones productivas, los efectos más debatidos de la Industria 4.0 son los que tienen que ver con el empleo. La automatización provoca un efecto sustitución: destruye puestos de trabajo en determinados sectores y empleos. Pero también existe el efecto complementariedad: hay puestos de trabajo en los que la automatización complementa el trabajo humano, por lo que incrementan la productividad y la remuneración. Añadido a estos dos efectos, la innovación tecnológica expande la frontera de producción: con los mismos recursos, se puede producir más. De este modo, las sucesivas revoluciones industriales han comportado crecimiento económico y aumento de rentas a largo plazo. Sin embargo, a corto plazo, los trabajadores de la primera revolución industrial que no perdieron el trabajo no vieron aumentar el salario real durante décadas, a pesar de que su productividad mejoró de forma sustancial. Para hacer frente a las consecuencias de la digitalización industrial en el empleo, la formación continua de las personas será imprescindible, tanto a nivel de formación profesional como universitaria.

BIBLIOGRAFÍA I

BAUMAN, Zygmunt et al. (2016): Estado de crisis. Ed. Paidos. Ibérica.

BRYNJOLFSSON, Erik et al. (2014): The Second Machine Age. Work, Progress and Prosperity in a Time of Brilliant Technologies. Ed. W.W. Norton & Company, Nova York.

Comisión Nacional de los Mercados y la Competencia CNMC (2016): Nuevos modelos de prestación de servicios y la economía colaborativa. Conclusiones preliminares de la CNMC.

DFKI (2011): http://m.eet.com/media/1201911/Industry-1-to-4-timeline.jpg

FRAUNHOFER INSTITUTE FOR SYSTEMS AND INNOVATION ESEARCH (2015): Analysis of the Impact of Robotic Systems on Employment in the European Union. European Commission. DG Communications Networks,

Content & Technology.

FREY, C. et al. (2013): The Future of Employment: How Susceptible Are Jobs to Computerisation?, Document de treball.

Informe mensual de febrer de 2016. CaixaBank Research.

KOPPENS, Frank (2016): entrevista a La Contra de La Vanguardia del dia 6 de febrer de 2016.

LORENZ, Markus et al. (2015): Man and Machine in Industry 4.0. How Will Technology Transform the Industrial Workforce Through 2025? The Boston Consulting Group.

MATZLER, Kurt et al. (2014): Adapting to the Sharing Economy. MIT Sloan Management Review.

MCKINSEY & COMPANY (2015): Four Fundamentals of Workplace Automation. McKinsey Quarterly, novembre de 2015.

MINISTERIO DE INDUSTRIA, ENERGÍA Y TURISMO (2014): Industria conectada 4.0. La transformación digital de la industria española. Informe.

RANSTAD RESEARCH (2016): La digitalización: ¿crea o destruye empleo?.

RIFKIN, Jeremy (2000). La era del acceso. Ediciones Paidós.

RUESSMANN, Michael et al. (2015): Industry 4.0. The Future of Productivity and Growth in Manufacturing Industries. The Boston Consulting Group.

SANDER, Alison (2014): The Rise of Robotics. BCG Perspectives. The Boston Consulting Group.

SMIT, Jan et al. (2016): Industry 4.0. Directorate General for Internal Policies. European Parliament.

SIRKIN, Harold L. et al. (2015): The Robotics Revolution. The Next Great Leap in Manufacturing. The Boston Consulting Group.

SIRKIN, Harold L. et al. (2015-II): Why Advanced Manufacturing Will Boost Productivity? BCG Perspectives. The Boston Consulting Group.

TSUSAKA, Miki (2016): Three Ways for Companies fo Succeed in the Fourth Industrial Revolution. BCG Perspectives. The Boston Consulting Group.

WORLD ECONOMIC FORUM (2016): The Future of Jobs. Employment, Skills and Workforce Strategy for the Fourth Industrial Revolution. Global Challenge Insight Report.

BIBLIOGRAFÍA II HISTORIA

Abad, E., Palacio, F., Nuin, M., Gonzalez de Zárate, A., Juarros, A., Gómez, J.M., Marco, S., (2008) RFID smart tag for traceability and cold chain monitoring of foods: Demonstration in an intercontinental fresh fish logistic chain. Journal of Food Engineering, 93, 394-399.

Anwer, N., Danjou, C., Le Duigou, J., Xu, S. (2015) "STEP-NC based optimization and smart industrialization of NC machining in the context of the factory of the future" Congrès Français de Mécanique, CFM 2015. Celebrada el 24-28 de Agosto 2015 en Lyon, Francia.

Bley, H. Smart factories - manufacturing environments and systems of the future. 36th CIRP International Seminar on Manufacturing Systems, June 03-05, 2003, Saarbrücken, Germany.

Boston Consulting Group (2015) "Industry 4.0: The Future of Productivity and Growth in Manufacturing Industries"

Brettel, M., Friederichsen, N., Keller, M., Rosenberg, M. (2014) "How Virtualization, Decentralization and Network Building Change the Manufacturing Landscape: An Industry 4.0 Perspective" International journal of mechanical, aerospace, industrial and mechatronics engineering, 8(1), 37-44.

Bundesministerium für Bildung und Forschung/Federal Ministry of Education and Research (BMBF) Division Innovation Policy Issues; (2014). "The new High-Tech Strategy Innovations for Germany". Alemania: BMBF.

Dolgui, A., Ivanov, D., Ivanova, M., Solokov, B., Werner, F. (2016) A dynamic model and an algorithm for shortterm supply chain scheduling in the smart factory industry 4.0. International Journal of Production Research, 54 (2), 386-402.

European Parliament Briefing (September 2015); "Industry 4.0. Digitalisation for productivity and growth".

General Electric (2016), "Industrial Internet: Pushing the Boundaries of Minds and Machines".

General Electric. (2016) "GE's Digutal Industrial Transformation Playbook".

Germany Trade & Invest, "INDUSTRIE 4.0. Smart Manufaturing for the Future". Alemania: GT&I

Gorecky, D., Ohmer, M., Schmitt, M., Weyer, S. (2015) Towards Industry 4.0 -Standardization as the crucial challenge for hihgly modular, multi-vendor production systems. IFAC-PapersOnline, 3 (48), 579-584.

Guanghui, W., Lidong, W. (2016) "Big Data in Cyber-Physical Systems, Digital Manufacturing and Industry 4.0" International Journal of Engineering and Manufacturing, 6(4), 1-8.

Ivanov, D., Sokolov, B. (2015). Integrated Scheduling of Material Flows and Information Services in Industry 4.0 Supply Networks. IFAC-PapersOnline, 3 (48), 1533-1538.

Kaynak, O., Yin, S (2015). Big Data for Modern Industry: Challenges and Trends. Proceedings of the IEEE, 103 (2), 143-146.

Kolberg, D., Zühlke, D., (2015) Lean Automation enabled by Industry 4.0 Technologies. IFACPapersOnline, 3 (48), 1870–1875.

Leymann, F., Nicklas, D., Wieland, M. (2008) Managing Technical Processes Using Smart Workflows. In: Mähönen P., Pohl K., Priol T. (eds) Towards a Service-Based Internet. ServiceWave 2008. Lecture

9 EL FIN DE LA GLOBALIZACIÓN

1. La Tirania De La Globalizacion

Hace ya 20 años que Forrester (2000) avizoró lo que pasaría con la globalización si no se escuchaba al hombre común, al hombre de la calle. Sus planteamientos, más validos hoy que ayer, son un cruel recuerdo a lo que debemos modificar. Ella tiene esa capacidad notable de verbalizar el creciente malestar frente a la modernización y la globalización que existía al final del siglo pasado; de expresar de modo simple, bello y directo las complejas realidades y amargas verdades de las sociedades contemporáneas, ello constituye la fortaleza y, a la vez, la debilidad de Una extraña dictadura. El éxito de sus obras reside, en importante medida, en su aptitud para elaborar su discurso desde la experiencia cotidiana del lector, de empatizar y comprender las angustias y temores de las personas ante el desempleo, el creciente deterioro del empleo, el deterioro de los servicios sociales, en suma el sacrificio de la calidad de vida de la mayoría está constantemente interferida y negada por la reproducción de un sistema socioeconómico crecientemente irracional y destructivo. Es impresionante, en este sentido, y ciertas y validas hoy las tesis centrales de la obra. La idea principal y que le da su título es la aseveración de que las sociedades contemporáneas están siendo gobernadas por "una extraña dictadura" y por un nuevo "totalitarismo". A diferencia de las tiranías tradicionales, está es una dictadura sin dictador, sin partido único de Estado, como lo fue la estalinista o nazi. Esta dictadura coexiste, o más bien se encubre con regímenes democráticos, carentes de autonomía política. La validez de la tesis se restringiría casi exclusivamente a los países europeos y latinoamericanos, y a algunos asiáticos y africanos.

Son los organismos internacionales como el Fondo Monetario, Banco Mundial y Organización Mundial de Comercio, entre otros, los cuales determinarían las principales políticas económicas y sociales. Sin embargo, a la vez sostiene que se trata de "un poder convertido en una potencia anónima, abstracta, inalcanzable, que determinaría la política planetaria" (pág. 79). Asimismo, muestra a las trasnacionales como los centros de poder mundial. La presión que ejercen sobre los principales gobiernos del primer mundo, hay que señalar que no son autónomos, y a la vez expresan, corresponden o siguen las orientaciones de los gobiernos de las naciones más poderosas. De este modo, las relaciones entre las elites tecnocráticas internacionales y los dirigentes políticos del primer mundo son más complejas e interactivas de lo que parecieran, puesto que los gobiernos del primer mundo pueden trasgredir sus recomendaciones, como lo ha hecho Trump con sus actuales políticas proteccionistas agrícolas y del acero, y el aumento impresionante del déficit fiscal. Estos organismos operan, a su vez, como una supra soberanía internacional sobre las naciones periféricas.

Stiglitz plantea una posibilidad de entender esta disparidad. Para este autor estos organismos operan en forma impositiva dirigiendo las políticas económicas y sociales de las naciones periféricas, y esa sería su función principal, pero sus recomendaciones serían inocuas frente a los gobiernos poderosos del primer mundo. "Las políticas que promueve el FMI en los países en desarrollo serían rechazadas por los países desarrollados. El fundamentalismo del mercado se promueve en el tercer mundo, el mismo que jamás se intentaría en Estados Unidos y otros países desarrollados" (Stiglitz 2013).

Esta es una interpretación muy discutible, puesto que el "ultraliberalismo" no es un sistema político. Los sistemas políticos no son ideas, por muy influyentes que sean éstas. Habría que recordar con Marx, que las ideas por sí mismas no tienen poder para hacer nada, son los hombres concretos los que hacen la historia, los que se organizan en sistemas políticos, y que orientan su acción de acuerdo a ciertas concepciones y proyectos. Asimismo, habría que recordar que los sistemas políticos y económicos del primer mundo aún no corresponden a las directrices del modelo de sociedad del neoliberalismo, y que el propio Friedman escribió un libro criticando a Reagan por haberse rendido a La tiranía del status quo (1983).

Se trata más bien de una metáfora que de una comparación reflexivamente analizada. Podría decirse que esta extraña dictadura y el estalinismo se asemejan en que son economicismos radicales en los cuales los seres humanos no valen por sí mismos, sino en cuanto son útiles para desarrollar las fuerzas productivas, en un caso, y en el otro en cuanto son útiles al mercado, o son valorados por éste. En ambos casos hay una clase cuyos intereses son inmediatamente universales y coinciden axiomáticamente con los de la sociedad. En el primer caso, dicha clase era la de los representantes del proletariado -el Partido Comunista y, especialmente, la nomenclatura-, en el otro, la clase empresarial, the business class. Asimismo, en ambos sistemas no se reconocen la totalidad de los derechos humanos, sino sólo algunos, en un caso parcialmente los sociales, y en el otro, principalmente, los políticos e intelectuales. Ambos buscan legitimarse mediante utopías economicistas. En el estalinismo fue la del pleno desarrollo de las fuerzas productivas, y en la extraña dictadura es el "el mercado total" (Hinkelammert 1984 y 1987). Sin embargo, hay diferencias considerables que habría que analizar sobre el modo que se ejerce la coerción, los márgenes de libertad que toleran y otros temas.

Dice Forrester que estamos sometidos a un "pensamiento único", a una propaganda intensiva y diversificada de internalización de la ideología ultraliberal que justifica y presenta como racional la creciente irracionalidad del sistema. Por ejemplo, cuando los empresarios amenazan con cerrar las fábricas o llevarse sus capitales si un gobierno cambia el sistema impositivo, dichos enunciados ya no son ideológicos, no apelan a ningún interés general, sino que son una expresión desnuda y cínica de coerción. Más aún, el compromiso de los individuos con el sistema actual, pese al creciente malestar frente al mismo, se reproduce mediante otras vías que no pasan por la persuasión, sino por mecanismos fácticos, por el condicionamiento económico, y la conquista de la subjetividad. Se trata de formas de "hegemonía fáctica"(Lechner 1984). Estos son la publicidad, el endeudamiento privado, la alienación en el consumo, la evasión televisiva y otros (Vgr. Alberoni (1986), Andréani (2000), Bourdieu (1998 a y b), y Hinkelammert 2001).

Su dictum implacable en la búsqueda de la maximización de la ganancia. Este es un tema apenas mencionado, e incluso en Chile resulta casi de mal gusto hacerlo. En cambio, las grandes decisiones públicas y privadas se justifican por la búsqueda de la eficacia, la competitividad, las necesidades de racionalización, y otras objetivos de interés general. Pero, tras esta retórica se encuentra la búsqueda de esta maximización. "Este es el principio mismo a partir del cual- y en cuyo beneficio opera el sistema imperante, sin que jamás aparezca al vista ni, a fortiori, sea puesto en tela de juicio: la reflexión indicaría que es demasiado despreciable, pueril, para ser cierto. Sin embargo, nada podría ser más real. Es el efecto de droga, de insaciabilidad, esa voracidad maniática, ávida de lo superfluo son los que destruyen el sentido de multitudes de vida y generan ese sufrimiento inenarrable que consume, altera y destruye una masa de destinos, cada uno de ellos vivido por una persona singular, una conciencia única, en carne viva, una y otra vez" (Forrester, 2000:24).

Aquí la autora hace suya la idea de "la teoría política del individual- ismo posesivo" de Hobbes, Locke y Smith que pensaban que la tendencia a la posesión es una pulsión natural y primaria. Y con ello, sin darse cuenta está asumiendo la creencia ideológica de que este capitalismo salvaje corres- ponde a la naturaleza humana. Pero, si así fuera, sería imposible transformar las sociedades de mercado en sociedades diferentes, orientadas por otros criterios. La referida tesis no sólo es cuestionable sino insostenible filosófi- camente, dada la crítica de los historicistas y dialécticos a la idea de una naturaleza humana permanente e inmodificable. Y es también insostenible desde el punto de vista del estudio comparado de las sociedades, de la psic- ología humanista, del psicoanálisis social, y otras teorías científicas.

Haciendo suya la tesis de varios autores señala que estamos en el fin de la civilización basada en el empleo, en el sentido de trabajo de tiempo completo y estable. Esta civilización ya en decadencia continúa con- siderando al desempleado como incapaz, carente de voluntad de trabajar, ineficiente, en suma, como un ser deficitario. Se sigue repitiendo un discurso ideológico para el cual la dignidad humana reside y depende de tener un em- pleo. Forrester lo cuestiona invocando la declaración Universal de los Derechos Humanos; y da por sabido y evidente que la dignidad humana reside en el sólo hecho de serlo y no en la posesión de un empleo. Asimismo, denuncia el discurso ideológico que ve los seguros de desempleo como un regalo de la sociedad a los perdedores del mercado, como un derroche, una generosidad excesiva para "los que no quieren trabajar". Denuncia los mecan- ismos del workfare que obliga a los desempleados a tomar cualquier empleo durante un tiempo, aunque las remuneraciones y condiciones sean pésimas, bajo la amenaza de término del seguro de desempleo.

Forrester comprende que las nuevas tecnologías permiten a las empresas pueden hacer estas reducciones sin disminuir su actividad, ni su producción. Señala, incluso, que era un fenómeno previsible, pero las so- ciedades no buscaron a tiempo las estrategias adecuadas para enfrentarlo. Sin embargo, la autora no realiza una reflexión sobre el tema, ni se refiere a la im- portancia de las técnicas de gestión para aumentar la productividad y, sobre todo sobre la contradicción de la economía contemporánea entre el aumento de productividad y la pérdida de empleos (Hinkelammert 2001).

El empobrecimiento, la pérdida de autoestima, la autoculpabilización, la desesperanza que conduce a abandonar la búsqueda de empleo, el deter- ioro de las relaciones familiares, y otros. Pero, su preocupación central es la situación futura de los desempleados considerados como seres sobrantes e innecesarios en las sociedades de mercado. Y es aquí donde su discurso asume un tono crítico y profético que recuerda los textos del Antiguo Testamento: "Inútiles, superfluos, estorbosos —insiste la escritora—. En víspera del siglo XXI nos estamos tropezando con una realidad terrible; existe algo peor que la explotación de los hombres; es el hecho de que ahora millones de seres humanos ya no sirven siquiera para ser explotados. Hoy día la economía es cada vez más especulativa y cada vez menos basada en activos reales; por lo tanto, la explotación del trabajo se está convirtiendo en una fuente anexa de rentabilidad de los capitales. El concepto de trabajo que era el fundamento de nuestra civilización occidental es caduco. Mienten los políticos -y probablemente parte de ellos se mienten a sí mismos-, cuando hablan de crisis económicas pasajeras, transitorias. Vuelvo y repito: ya no se trata de crisis, sino de una mutación violenta de nuestra civilización.

Mientras estemos en democracia esa interrogante se queda en el campo de la paranoia. ¿Pero qué pasará si la ultraderecha toma el poder? ¿Usted lo ve imposible? ¿Acaso poco a poco no está ganando terreno en Europa? De todos modos, ese proceso de eliminación existe ya en numerosos países en desarrollo. Y lo sabemos muy bien. ¿Qué hacen, en estos países, los escuadrones de la muerte o, en algunos otros, las fuerzas armadas? Simplemente eliminan a quienes no aceptan morirse de hambre en silencio. Lo que molestó a ciertos expertos, pero que entendieron muy bien mis lectores, fue que yo dijera que, si seguimos así, lo que ocurre en países lejanos y pobres puede pasar en Europa" (Forrester, 2000:47).

La autora está consciente de que la excepcionalidad europea, su Estado de Bienestar, su prosperidad de masas está en decadencia, está amenazada por el proceso de la globalización y la recesión de onda larga, y por la modernización neoliberal. Con lucidez y aguda sensibilidad descubre las tendencias al empobrecimiento, la degradación del empleo, el sometimiento de la mayoría por la coerción económica, en suma el horror económico y las consecuencias devastadoras de la extraña dictadura que se está constituyendo ejercida por los empresarios y grupos financieros. Su ensayo resulta muy esclarecedor para los habitantes de "un país lejano y pobre". Especialmente, porque nos hace más patente el horror económico en que nos ha sumido el experimento neoliberal en América Latina, y la dictadura económica a que estamos sometidos (Arribas y Vergara 2001). Forrester ve el futuro indeseable de Europa en su latinoamericanización, y convoca a sus lectores a hacer todo lo posible para evitarlo. Sus obras son una apasionada convocatoria a resistir este (des)orden crecientemente inhumano y a organizar la esperanza de crear una sociedad alternativa. Quizá puedan contribuir a que nosotros, en primer lugar, recuperemos el asombro frente a lo que estamos viviendo y que potenciemos la esperanza, y nuestra capacidad de resistencia y acción por una sociedad sin exclusión, por una democracia participativa, por un mundo donde todos tengan cabida y la posibilidad de desarrollar sus capacidades.

Sus palabras finales, sobre las instituciones internacionales, siguen tan vigentes como todas sus advertencias: "Cuándo falta la ética no hay límites. Lo mismo sucede cuando se acepta que se le niegue un solo derecho a una sola persona. Ni los habrá mientras reine, utilizando el término artificial de globalización, esta dictadura ultraliberal que da prioridad al lucro por encima del conjunto de los seres humanos" (Forrester, 2000:164)

2.La Desigualdad, El Gran Problema

Los políticos suelen hablar del aumento de la desigualdad y de la lentitud de la recuperación como si se tratara de fenómenos separados, cuando en realidad están estrechamente relacionados. La desigualdad sofoca, contiene y reprime nuestro crecimiento. Cuando hasta la revista The Economist, defensora del mercado libre, argumenta que la magnitud y la naturaleza de la desigualdad que hay en el mundo y en los países representan una seria amenaza para Estados Unidos, deberíamos tener claro que algo ha ido terriblemente mal. Y, no obstante, tras cuatro décadas de desigualdad en aumento y la mayor desaceleración económica desde el crac de 1929, no hemos hecho nada al respecto.

Hay cuatro grandes razones por las que la desigualdad está asfixiando la recuperación (Stiglitz, 2015,320-21). La más inmediata es una clase media demasiado débil para sustentar el gasto en consumo que históricamente ha impulsado el crecimiento económico. El crecimiento que se produjo en la década anterior a la crisis fue insostenible, ya que dependía de que el 80 por ciento de la parte inferior de la pirámide social consumiera en torno a un 110 por ciento de sus ingresos.

En segundo lugar, el encogimiento de la clase media que viene produciéndose desde la década de 1970, fenómeno que solo se vio brevemente interrumpido durante la década de 1990, implica que esta sea incapaz de invertir en su futuro para formarse a sí misma y a su descendencia, así como de abrir nuevas empresas o mejorar las que ya existen.

En tercer lugar, la debilidad de la clase media pesa sobre la recaudación fiscal, en particular porque quienes están en la cima de la pirámide social son sumamente hábiles a la hora de evitar pagar impuestos y lograr que Washington les otorgue rebajas fiscales. El reciente y modesto acuerdo para restablecer los tipos marginales superiores del impuesto sobre la renta de la era Clinton para individuos que ganen más de 400.000 dólares y hogares que ganen más de 450.000 no hizo nada para cambiar esto. Las ganancias de la especulación en Wall Street se gravan con unos tipos mucho más bajos que otras formas de ingreso. Una recaudación fiscal baja significa que el Gobierno no puede realizar las inversiones decisivas en infraestructura, educación, investigación y sanidad para restablecer la pujanza económica a largo plazo.

En cuarto lugar, la desigualdad está ligada a ciclos de prosperidad y depresión más frecuentes y severos, que hacen que nuestra economía sea más volátil y vulnerable.

Si bien la desigualdad no fue la causante directa de la crisis, no fue ninguna casualidad que la década de 1920 —la última vez que la desigualdad de ingresos y de riqueza en Estados Unidos fue tan elevada— desembocase en el crac y la crisis de 1929. El Fondo Monetario Internacional ha tomado nota de la relación sistémica entre inestabilidad económica y desigualdad económica, pero los líderes estadounidenses no han aprendido la lección.

Nuestra desigualdad desbocada -tan opuesta a nuestro ideal meritocrático de Estados Unidos como un lugar donde cualquiera que trabaje duro y tenga talento puede «triunfar»- significa que es probable que quienes sean hijos de padres con pocos recursos nunca hagan realidad sus expectativas. Los niños de países ricos como Canadá, Francia, Alemania y Suecia tienen más probabilidades de que les vaya mejor en la vida que a sus padres que los niños estadounidenses. Más de una quinta parte de nuestros niños viven en la pobreza, lo que nos convierte en la segunda peor de todas las economías avanzadas, y nos sitúa por detrás de países como Bulgaria, Letonia y Grecia.

Nuestra sociedad está despilfarrando su recurso más valioso: nuestra juventud. El sueño de una vida mejor, que atrajo a los inmigrantes a nuestras costas, está siendo destruido por una brecha de ingresos y riqueza cada vez mayor. Tocqueville, que en la década de 1830 consideró que el impulso igualitario constituía la esencia del carácter estadounidense, debe de estar revolviéndose en la tumba.

Aun en el caso de que pudiéramos darle la espalda al imperativo económico de solucionar nuestro problema de desigualdad, el daño que está haciendo a nuestro tejido social y a nuestra vida política debería ser motivo de inquietud. La desigualdad económica conduce a la desigualdad política y a un proceso de toma de decisiones disfuncional.

A la vez que en 2009 entregábamos a los bancos el dinero de los rescates a espuertas, ese mismo mes de octubre el paro se disparó hasta alcanzar el 10 por ciento. La tasa actual (7,8 por ciento) parece mejor en parte porque hay muchísima gente que ha abandonado la búsqueda de trabajo, que nunca ha entrado a formar parte de la población activa o que ha aceptado empleos a tiempo parcial porque nadie les ofrecía trabajo a tiempo completo (Stiglitz, 2017:320-21)

Los males ocasionados por la globalización en gran parte de las sociedades humanas que hoy se organizan bajo la forma de Estados son resultado de una utilización perversa de la política –esto es, como consecuencia de que ésta funciona como tapadera e instrumento de imposición de intereses económicos de todos conocidos– y de la predicación entre las naciones más desfavorecidas del evangelio según el cual la pobreza se erradica «ampliando la tarta». Sentadas estas premisas, el autor se pregunta retóricamente qué cambios harían posible el cumplimiento de las promesas ofrecidas por la globalización. Justamente esas son las preguntas a que su libro trata de responder.

En el mundo, los activistas han escuchado de las promesas de la globalización, que supondría mejoras para todo el mundo, pero ven la realidad, a unos les ha ido muy bien, mientras que a otros les va cada vez peor (Stiglitz, 2017: 28).

La globalización posee el potencial de generar enormes beneficios para el mundo en desarrollo como para el desarrollado -quienes la han instrumentado de acuerdo con sus propios intereses. Pero existen pruebas abrumadoras de que no ha actuado con ese potencial (Stiglitz, 2017: 28).

Tanto los Foros Sociales Mundiales como los Foros Económicos (Davos) han sido encuentros abiertos que reúne a personas de todo el mundo que tienen aún esperanzas de hacer realidad el eslogan "Otro mundo es posible". Existe preocupación del rumbo que ha tomado la globalización, sobre todo después de la crisis de 2008.

Es claro que la globalización muestra dos caras, una la del desequilibrio, tanto entre países, como dentro de los mismos. Se crea riqueza, pero hay demasiados países y personas que no comparten sus beneficios. Para muchas familias, la globalización no ha creado los puestos de trabajo dignos y un mejor futuro para sus hijos. Muchos de ellos viven en el limbo de la economía informal sin derechos legales y asistencia social (Stiglitz, 2017: 33). Lo que preocupa es que la globalización pueda estar creando países ricos con población pobre.

Existen cinco inquietudes relacionadas con las dos caras de la globalización:
1. Las reglas que gobiernan la globalización son injustas, están diseñadas específicamente para beneficiar a los países industriales avanzados.
2. La globalización prioriza los valores materiales sobre otros valores.
3. La gestión de la globalización ha propiciado la pérdida de la soberanía y la toma de decisiones autónoma.

4. Hay pruebas de que en países desarrollados como en los menos desarrollados hay muchas personas que han salido perdiendo.

5. El sistema económico con el que se ha presionado a los países en vías de desarrollo es inadecuado y a menudo perjudicial (Stiglitz, 2017: 34).

Una de las críticas más sólidas es que cada vez es mayor el número de personas que viven en la pobreza. La carrera del crecimiento económico y el poblacional tiene hasta ahora un claro ganador y es este último.

Está claro que la globalización ha desempeñado algún papel tanto en los mayores éxitos como el de China, como en los fracasos que se han producido (África que es la región más explotada por la globalización).

Entre las ventajas de la globalización se cuentan la disminución de una situación de aislamiento experimentada por numerosos países en vías de desarrollo; la posibilidad real de un intercambio entre éstos y otros países desarrollados en un mercado internacional; la globalización ha permitido crecer a numerosos países mucho más rápidamente que en otras épocas; ha permitido, igualmente que un número mayor de personas gocen en la actualidad de un mayor nivel adquisitivo y de un nivel de vida muy superior al que habían disfrutado nunca y ha brindado a un mayor número de personas el acceso a un grado de conocimientos que sólo hace un siglo no era alcanzable ni por los más ricos del planeta. A todo ello ha colaborado, sin duda, el acceso a las fuentes de información, entre ellas, la más poderosa, Internet. Los ejemplos en ese sentido son múltiples, desde las posibilidades de interconectar políticas activas para mejorar las condiciones de países sometidos a peligros reales, como las minas antipersonas, o aquellas campañas destinadas a condonar las deudas de países demasiado pobres.

En la parte negativa, no cabe duda de que la globalización ha favorecido una mayor diferencia entre los países ricos y los que se encuentran en vías de desarrollo; el número de pobres ha aumentado de forma dramática a escala global, mientras que los ricos lo son cada vez más. En África, los proyectos de desarrollo han chocado con políticas mal orientadas que han precipitado en la miseria a un número creciente de población, mientras que las elites dirigentes acumulan mayores índices de riqueza.

En los últimos años se ha alcanzado un consenso entre expertos y diseñadores de políticas de que debe existir un cambio, el problema es cuáles y cómo.

Stiglitz resume en seis los ámbitos donde existen problemas y se requieren cambios (Stiglitz, 2017: 39).

1. El calado de la pobreza.

2. La necesidad de la ayuda externa y la condonación de la deuda externa.

3. La aspiración a crear un comercio justo.

4. Las limitaciones a la liberalización.

5. La protección del medio ambiente.

6. Un sistema adecuado de gobernanza global.

Para muchos las corporaciones transnacionales simbolizan los peores males de la globalización y otros dirán que son las causantes de la mayoría de sus problemas. Sin embargo, estas tienen dos caras: una de ellas es la de las grandes inversiones que propician desarrollos regionales y nacionales, la generación de empleos, la creación de redes de suministro y la difusión de la modernización a través de la capacitación y desarrollo de personal (Stiglitz, 2017: 241-43). Por la otra se les culpa del materialismo de las sociedades, la depredación de los recursos naturales y la exportación de las utilidades.

La economía moderna ha demostrado que existen objetivos contrapuestos, no se puede alcanzar al mismo tiempo el beneficio social y la maximización de las utilidades. Otro ámbito de colisión de intereses en la corrupción donde las empresas minan las bases morales de funcionarios de países para obtener concesiones, como en el caso de la minería, la pesca, los recursos forestales y los petrolíferos. El pago de sobornos para conseguir favores es un grave problema que aqueja por igual a los países en vías de desarrollo como a los desarrollados. Otro de los problemas es el impacto en comunidades locales donde gigantes como Walmart pueden terminar con la competencia local imponiendo condiciones de compra de productos y presionando a la baja los salarios (Stiglitz, 2017: 244-47).

Los problemas que aquejan al mundo tienen que ver más con el rezago de la globalización política y con la falta de argumentos y razonamiento para entender las consecuencias con procesos políticas. Reformar la globalización es cosa de la política. También hay que reforzar las perspectivas que tienen los trabajadores no especializados y el impacto de la globalización en la desigualdad, el déficit democrático de nuestras instituciones económicas globales que debilitan las instituciones políticas en los regímenes democráticos (Stiglitz, 2017: 339-343).

La escala y la velocidad de la amenaza competitiva, de la pérdida de puestos de trabajo en un periodo relativamente breve, está alcanzando dimensiones incontrolables. Sólo en el largo plazo los salarios tenderán a homogenizarse con el arrastre que hacen los países industriales como China e India, sumados a Europa y Estados Unidos. Mientras, la globalización no podrá cumplir las promesas de millones de trabajadores que seguirán subsistiendo con salarios miserables y condiciones de trabajo infrahumanas.

Los críticos de la globalización tienen razón: tal y como se ha llevado a cabo, la globalización tiene demasiados perdedores. Sin una corriente reformadora que mejore las condiciones de los trabajadores, estos ejercerán su voto, y, nuevamente, vendrá una oleada de gobiernos proteccionistas que lo único que harán será empeorar las condiciones de los que se quejan de la globalización y sus promesas incumplidas (Stiglitz, 2017:346-348).

Del último de los capítulos del libro destacaríamos la nueva agenda en siete puntos que, a modo de conclusiones, propone el autor y que enumeramos a continuación de manera resumida.

En primer lugar, se hace evidente la necesidad de aceptar los peligros de la liberalización de los mercados de capitales y el hecho de que los flujos de capital de corto plazo ("dinero caliente") imponen abultadas externalidades, que se traducen en mayores costes soportados por quienes no son parte directa en las transacciones.

En segundo lugar, es preciso realizar reformas sobre quiebras y moratorias, que tendrían la virtud de inducir a la precaución a los futuros inversores en países en desarrollo, en lugar de estimular un tipo de préstamos temerarios, comunes en el pasado.

En tercer lugar, se impone destinar menos recursos a los salvamentos económicos -los rescates- que se orientan a garantizar que los acreedores occidentales cobren más que lo que habrían cobrado en otras circunstancias.

En cuarto lugar, el autor sugiere mejorar la regulación bancaria, tanto en los países desarrollados como en los que se encuentran en vías de desarrollo, ya que una mala regulación bancaria en los países desarrollados puede conducir a malas prácticas de préstamos y a los que se encuentran en crecimiento, a una exportación de inestabilidad.

En quinto lugar, se debe mejorar, también, la gestión del riesgo producido por la volatilidad de los tipos de cambio. El actual desastre de Argentina muestra que una paridad demasiado estricta con el dólar no resuelve tampoco los problemas cambiarios, sobre todo, a los países pequeños o a los que presentan una economía frágil. Los países desarrollados pueden sin duda absorber mejor las fluctuaciones en los mercados de capitales, y deberían ser éstos quienes deberían ayudar a los menores en forma de créditos que mitiguen esos riesgos.

En relación con esto, la sexta condición para un crecimiento global más armónico reside en gestionar el riesgo inherente a los cambios económicos de manera que dicho riesgo no deba ser absorbido por los más vulnerables dentro de los países en recesión, lo que supone fomentar la capacidad de incluir programas de desempleo más efectivos.

Por último, Stiglitz propone una mejor respuesta a las crisis. La asistencia a países en vías de recesión económica debería considerar necesario un mayor conocimiento de las condiciones políticas y sociales. Y, lo más importante, se debería regresar a los principios económicos básicos postulados en la teoría keynesiana, por una parte; por otra, el autor propone poner en práctica estrategias expansivas de carácter fiscal y monetario en los países en dificultades, de la misma manera que se realiza cuando Estados Unidos atraviesa una recesión económica, y no a la inversa, como ha venido sucediendo hasta ahora (7).

Por ello "más que concentrarse en la efímera psicología de los inversores, en la impredecibilidad de la confianza, el FMI debe retornar a su mandato original de proveer financiación para restaurar la demanda en los países que afrontan una recesión económica" (Stiglitz, 2017: 299).

Para todo ello, el autor considera que la ayuda al desarrollo debería ser liderada más que por el FMI por el Banco Mundial, ya que cree que esta institución responde mejor a las preocupaciones de los países en desarrollo. El Banco Mundial puede ajustarse mejor a las restricciones presupuestarias, es más sensible a la importancia de la educación -incluida la de las mujeres- y a la necesidad del establecimiento de una sólida base tecnológica, incluido el apoyo a una formación avanzada. Respecto a la condonación de la deuda para determinados países, Stiglitz es terminante: sin dicha condonación de la deuda, muchos países en desarrollo no podrán crecer. Todos conocemos que muchos de los países deudores sólo pueden pagar los intereses de su deuda a los países desarrollados; pero no tienen capacidad económica para nada más. Todavía va más lejos y considera que no sólo los países más pobres deberían acogerse a las condiciones de condonación de la deuda, sino muchos otros que, sin estar en esa situación, ya están experimentando las consecuencias de los errores de las instituciones supranacionales en el pasado.

En opinión del autor, es posible todavía promover la igualdad y el crecimiento rápido al mismo tiempo, a condición de que dicho impulso provenga de políticas más igualitarias y de la creación de nuevas empresas que potencien las exportaciones, para lo que el papel del Estado es fundamental al estimular sectores concretos y al ayudar a crear instituciones que promuevan el ahorro y a dirigir esos fondos de una manera eficiente.

Una "globalización con un rostro más humano" sería lo mejor que le podría pasar a la sociedad actual; una globalización que implicase el cambio de no sólo las estructuras institucionales, sino del propio esquema mental de dichas estructuras institucionales. Si en la actualidad la globalización se entiende en términos económicos, para muchos en el mundo subdesarrollado es bastante más; la globalización conlleva cambios que no han hecho más que empezar: está el problema del debilitamiento de las sociedades rurales tradicionales en favor de un proceso acelerado de urbanización; está el problema del ritmo de la integración global, que debería constituir un proceso gradual que no arrolle las instituciones precedentes, sino que se adapte y pueda afrontar la nueva situación observada desde más ángulos que el propiamente económico.

Está también, para Stiglitz, lo que la globalización debería poder hacer por la democracia. A menudo, sugiere Stiglitz, parece que, a las antiguas dictaduras de las elites nacionales, les está sucediendo la dictadura ejercida por las finanzas internacionales, lo cual explica el riesgo de la pérdida de soberanía que pueden experimentar algunos países que necesitan ayuda económica. Dichos países en desarrollo son avisados de que, si no cumplen determinadas condiciones, los mercados de capitales o el FMI se negarán a prestarles el dinero que necesitan para su progreso. En esencia, pues, dichos países son obligados a ceder una parte de su soberanía y dejar que los mercados de capitales "incluidos los especuladores, cuyo único afán es el corto plazo" influyan en sus políticas de desarrollo que, evidentemente, han planificado a unos plazos mucho más largos. O los países pobres se someten a los "caprichos" de los especuladores o se arriesgan a seguir su camino solos; y, en un mundo globalizado e interdependiente, pocos países están dispuestos a correr ese riesgo.

De momento, para el autor la globalización actual no funciona.

"Para muchos de los pobres de la Tierra no está funcionando. Para buena parte del medio ambiente no funciona. Para la estabilidad de la economía global no funciona. La transición del comunismo a la economía de mercado ha sido gestionada tan mal que -con la excepción de China, Vietnam y unos pocos países del este de Europa- la pobreza ha crecido y los ingresos se han hundido" (Stiglitz, 2017: 289).

Sin embargo, el autor concluye que, a pesar de todo ello, la globalización puede ser una fuerza benigna. Puede ayudar a generalizar el conocimiento y el intercambio de ideas, puede contribuir a la transmisión de concepciones sobre la democracia y promover una sociedad civil más justa; y puede beneficiar a los países que, sin confiar en la noción de un mercado autorregulado, reconozcan el papel que puede cumplir el Estado en el desarrollo, y que, en consecuencia, estén en condiciones de resolver sus propios problemas. Su larga trayectoria académica, autoriza suficientemente, sin duda, al Premio Nobel de Economía 2001 a emitir su opinión ante el neoliberalismo acelerado que invade todas las parcelas de la vida social, política y económica de los pueblos en un mundo crecientemente globalizado.

No obstante, su declarado alegato en favor de la vuelta a las teorías económicas keynesianas quizás le ha hecho olvidar en el relato de los hechos recientes el papel desempeñado por las otras grandes corporaciones internacionales, como el propio Banco Mundial o la Organización Mundial del Comercio.

La impresión general que se obtiene tras la lectura de su extenso libro es que de la actual situación de desequilibrio económico, social y político a escala global prácticamente las únicas instituciones culpables son dos: el FMI y el Tesoro americano. Sin duda, el autor conoce de cerca las diferentes circunstancias que han coincidido en la historia económica reciente; pero para que se llegase a esa situación de indefensión en que se encuentran muchos de los países menos favorecidos algo han debido hacer los gobiernos de esos mismos países.

Quizás, y ahí radica una de las mayores virtudes de este libro, a partir de todo lo que se expone en él puede suceder que los gobiernos, especialmente los de países en vías de desarrollo valorarán más cuidadosamente el "abrazo del oso" que implica a menudo la ayuda internacional.

En opinión de Stiglitz, ocho grandes escollos deben salvarse si deseamos que la globalización funcione: lograr que el comercio internacional sea justo no sólo en teoría, sino también en la práctica; modificar el régimen vigente de propiedad intelectual de tal forma que, sobre todo los medicamentos, se pongan al servicio de la justicia social; acabar con la corrupción, la plaga maldita que impide a los pueblos más pobres explotar adecuadamente los recursos con que la naturaleza les ha dotado; salvar al planeta adoptando, mediante una sabia dosificación de incentivos y sanciones, las medidas necesarias para contener el cambio climático; hacer que las grandes corporaciones internacionales vean limitado su poder y sean responsables ante la sociedad; aliviar sustancialmente el pesado fardo de la deuda externa de los países en vías de desarrollo; establecer los mecanismos adecuados para evitar las consecuencias que actualmente provocan las crisis de balanzas de pagos, poniendo en marcha una reforma del sistema internacional de reservas; y, por último, colmar el déficit democrático que la globalización, entendida en su actual esquema, origina, eliminando de esta forma la desigualdad reinante mediante «un nuevo contrato social global» entre países más y menos desarrollados (Stiglitz 2017:358-62)

El nuevo libro de Branko Milanovic *Global Inequality: A New Approach for the Age of Globalization* proporciona algunas perspectivas vitales al mirar a los grandes ganadores y perdedores de la globalización en términos de ingresos durante dos décadas, desde el año 1988 al 2008. Entre los grandes ganadores estuvieron el 1% global, los plutócratas del mundo, pero también estuvo la clase media de las economías emergentes. Entre los grandes perdedores – los que ganaron poco o nada – estuvieron aquellos que forman parte de las clases baja, media y trabajadora en los países avanzados. La globalización no es la única razón, pero es una de las razones.

Bajo el supuesto de mercados perfectos (que subyace a la mayoría de los análisis económicos neoliberales), el libre comercio iguala los salarios de los trabajadores no cualificados en todo el mundo. El comercio de mercancías es un sustituto para el desplazamiento de personas. La importación de mercancías procedentes de China – mercancías que para producirse requieren de una gran cantidad de trabajadores no cualificados – reduce la demanda de trabajadores no cualificados en Europa y Estados Unidos.

Esta fuerza es tan poderosa que, si no existieran los costos de transporte, y si Estados Unidos y Europa no tuvieran otra fuente de ventaja competitiva, como lo es, por ejemplo, la tecnología, con el transcurso del tiempo la situación se haría semejante a una en la que los trabajadores chinos habrían emigrado a Estados Unidos y Europa, hasta eliminar por completo las diferencias salariales. No es sorprendente que los neoliberales nunca publicitaron esta consecuencia de la liberalización del comercio, tal como afirmaron – se podría decir mintieron – sobre que todos iban a beneficiarse.

El fracaso de la globalización en cuanto a cumplir con las promesas emitidas por los políticos convencionales, sin duda, ha socavado la confianza en la "élite". Y, las ofertas hechas por los gobiernos con relación a rescates generosos para los bancos causantes de la crisis financiera del año 2008 – dejando simultáneamente a los ciudadanos comunes para que ellos, en gran medida, se valgan por sí solos – reforzaron la opinión de que el mencionado fracaso de la globalización no era simplemente un asunto de juicios erróneos económicos.

En Estados Unidos, los republicanos del Congreso incluso se opusieron a prestar ayuda a aquellos que se vieron directamente lastimados por la globalización. De manera más general, los neoliberales, al parecer preocupados por los efectos de los incentivos adversos, se han opuesto a las medidas de bienestar que habrían protegido a los perdedores.

Pero, no se puede tener ambas cosas: si la globalización va a beneficiar a la mayoría de los miembros de la sociedad, se deben establecer fuertes medidas de protección social. Los escandinavos se dieron cuenta de esto mucho tiempo atrás; esto fue parte del contrato social que mantuvo a una sociedad abierta – abierta a la globalización y a los cambios en la tecnología. Los neoliberales en el resto del mundo no se dieron cuenta de ello – y ahora, en procesos eleccionarios en Estados Unidos, Latinoamérica y Europa, están recibiendo su merecido castigo.

La globalización es, por supuesto, sólo una parte de lo que está pasando; la innovación tecnológica es otra parte. Pero, se suponía que toda esa apertura y disturbios iban a hacernos a todos más ricos y que los países avanzados iban a poder introducir políticas para garantizar que las ganancias sean ampliamente compartidas.

Pero ocurrió todo lo contrario, se impulsaron políticas que reestructuraron los mercados en una forma que se incrementó la desigualdad y se socavó el rendimiento económico en general; en los hechos, el crecimiento se desaceleró en la medida que se reescribieron las reglas del juego con el propósito de hacer avanzar los intereses de los bancos y las empresas – es decir de los ricos y poderosos – a expensas de todos los demás. El poder de negociación de los trabajadores se debilitó; en Estados Unidos, al menos, las leyes de la competencia no se mantuvieron al día con los tiempos; y, las leyes existentes se aplican de forma inadecuada. La financiarización continuó a buen ritmo y el gobierno corporativo empeoró.

Ahora, como señala Stiglitz en su reciente libro *Rewriting the Rules of the American Economy* (A Roosevelt Book, 2015), se deben cambiar nuevamente las reglas del juego – y estas deben incluir medidas para sosegar la globalización. Los dos nuevos grandes acuerdos que el presidente Barack Obama ha estado impulsando – la Asociación Trans-Pacífico entre los Estados Unidos y 11 países de la costa del Pacífico, y la Asociación Transatlántica para el Comercio y la Inversión entre la UE y Estados Unidos. – son pasos en la dirección equivocada.

El principal mensaje del Malestar en la globalización fue que el problema no era de la globalización, sino cómo se gestionaba el proceso de esta. Lamentablemente, la forma de gestión no cambió. Quince años más tarde, los nuevos malestares han hecho que ese mensaje llegue a las economías avanzadas.

3.La Gran Brecha

Como ha demostrado de forma convincente Jamie Galbraith, existe un nexo innegable entre la creciente financiarización de las economías mundiales y el aumento de las desigualdades. El sector financiero es emblemático de los errores de nuestra economía: un factor importante del aumento de las desigualdades, la principal fuente de inestabilidad económica y una causa fundamental del mal comportamiento de la economía en los treinta últimos años (Stiglitz, 2015:24).

La crisis que golpeó a Estados Unidos y el mundo en 2008 fue "obra del ser humano. Era una película que yo ya había visto: cómo la mezcla de unas ideas convincentes (aunque equivocadas) y unos intereses poderosos puede producir unos resultados desastrosos" (Stiglitz, 2015:24).

Pero es frecuente que las ideologías influyan más que las pruebas. Los economistas partidarios del libre mercado no se fijaron casi en el éxito de las economías de mercado dirigidas del este asiático. Preferían hablar de los fracasos de la Unión Soviética, que había rechazado por completo el mercado. Con la caída del Muro de Berlín y el comunismo, parecía que el libre mercado había vencido. Aunque era una conclusión equivocada (Stiglitz, 2015:25).

El sector financiero ha desempeñado también un último papel en la gestación de las desigualdades crecientes (y el mal comportamiento económico) en el mundo: las desmesuradas desigualdades del país son consecuencia de las políticas financieras adoptadas. El sector financiero impulsó esas políticas y elaboró una ideología para sustentarlas. Por supuesto, entre los participantes en los mercados financieros ha habido voces importantes que se han opuesto; muchos son partidarios del «propio interés razonable». Ahora bien, en general, el sector financiero ha promovido la idea de que los mercados, por sí solos, producían resultados eficientes y estables, y que, por tanto, los Gobiernos debían liberalizar y privatizar; que había que limitar los impuestos progresivos porque disminuían los incentivos; que la política monetaria debía centrarse en la inflación, y no en la creación de empleo. Cuando estas políticas desembocan en una recesión, la obsesión con los déficits fiscales hace que se lleven a cabo recortes del gasto público que perjudican a los ciudadanos corrientes. Y prolongan la crisis económica (Stiglitz, 2015:27-29).

El capitalismo es tal vez el mejor sistema económico que ha inventado el ser humano, pero nadie ha dicho nunca que vaya a crear estabilidad. En los últimos treinta años, las economías de mercado han experimentado más de cien crisis. Por eso muchos economistas creemos que la regulación y la supervisión del Gobierno son elementos fundamentales para que la economía de mercado funcione. Sin ellas, seguirá habiendo crisis económicas graves y frecuentes en distintas partes del mundo. El mercado no basta por sí solo, debe desempeñar una función el Estado (Stiglitz, 2015:62).

Algunas personas observan las desigualdades y se encogen de hombros. ¿Qué más da que esta persona gane y esa pierda? Lo que importa, aseguran, no es cómo se divide la tarta, sino el tamaño de la tarta. Es un argumento profundamente equivocado. Una economía en la que la mayoría de los ciudadanos están peor cada año —como en Estados Unidos— no puede ir bien a largo plazo, por varios motivos.

En primer lugar, el aumento de las desigualdades es la cara de la moneda; la cruz es la disminución de las oportunidades. Cuando reducimos la igualdad de oportunidades, significa que no estamos utilizando uno de nuestros recursos más valiosos -nuestra gente- de la forma más productiva posible. En segundo lugar, muchas distorsiones que generan las desigualdades

-como las relacionadas con el poder de los monopolios y el tratamiento fiscal preferente a los grupos de intereses especiales-disminuyen la eficacia de la economía. Esa desigualdad crea a su vez nuevas distorsiones, que vuelven a reducir la eficacia todavía más. Un ejemplo: muchos de nuestros jóvenes de talento, demasiados, al ver las compensaciones astronómicas, han decidido dedicarse a las finanzas en lugar de trabajar en campos que permiten tener una economía más sana y productiva.

Tercero, y quizá más importante, es el hecho de que una economía moderna necesita una «acción colectiva», es decir, que el Gobierno invierta en infraestructuras, educación y tecnología. Estados Unidos y el mundo entero se han beneficiado enormemente de las investigaciones del Gobierno que desembocaron en la creación de Internet, los avances en la sanidad pública, etcétera. Pero el país lleva mucho tiempo sufriendo la escasez de inversiones en infraestructuras (no hay más que ver el estado de nuestras carreteras y nuestros puentes, nuestros ferrocarriles y aeropuertos), investigación básica y educación a todos los niveles. Y nos esperan más recortes en estos ámbitos.

Nada de esto puede extrañar, no es más que lo que sucede cuando la distribución de riqueza en una sociedad se desequilibra. Cuantas más diferencias de riqueza hay, más se resisten los ricos a gastar dinero en las necesidades colectivas. Los ricos no necesitan al Gobierno para tener parques, educación, asistencia médica ni seguridad personal, porque pueden comprar todas esas cosas. Al hacerlo, se alejan más de la gente corriente y pierden cualquier empatía que pudieran tener. Además, les preocupa que el Gobierno intervenga demasiado, que pueda utilizar sus poderes para ajustar el equilibrio, quitarles parte de su riqueza e invertirla en el bien común (Stiglitz, 2015:83-86).

Branko Milanovic (2016) presentó, en diciembre del 2017, en México su libro ya en español *Desigualdad mundial, un nuevo enfoque para la era de la globalización* (FCE, 2017) como parte de la formidable colección de títulos que sobre el tema de desigualdad publica el Fondo de Cultura Económica. Ya nos referimos antes a su publicación en inglés. El estudio de Branko, que compara la desigualdad entre países, es único y resulta uno de los textos más influyentes de la discusión del tema. Hasta recientemente, la evolución de la desigualdad de un país se explicaba con la llamada curva de Kuznets (desarrollada por el premio Nobel Simon Kuznets) y que tiene la forma de una U invertida. Se decía que, en un país pobre, a medida que se van desarrollando, el ingreso se concentra, pero cuando se alcanza cierto nivel de desarrollo, la desigualdad disminuye. Es por eso por lo que discutir la desigualdad no se consideraba importante, ya que el progreso necesariamente nos llevaría a alcanzar la equidad.

Branko ofrece evidencia sistemática para mostrar que la figura de la evolución de la desigualdad se parece más bien a la silueta de un elefante, ya que eventualmente, después de ciertos niveles de desarrollo, la desigualdad vuelve a crecer 46-70. Son preguntas complejas, y las investigaciones recientes de Branko Milanovic y otros expertos apuntan varias respuestas. La Revolución Industrial, que comenzó en el siglo XVIII, produjo una riqueza inmensa en Europa y Norteamérica. Desde luego, las desigualdades en estos países eran espantosas —piensen en las plantas textiles de Liverpool y Manchester, en Inglaterra, durante la década de 1820, o los sórdidos edificios de apartamentos en el Lower East Side de Manhattan y el South Side de Chicago hacia 1890—, pero la brecha mundial entre los ricos y todos los demás fue ensanchándose cada vez más hasta la Segunda Guerra Mundial. Todavía hoy, la desigualdad entre países es mucho mayor que la desigualdad dentro de los países.

Sin embargo, en la época de la caída del comunismo, a finales de la década de 1980, la globalización económica se aceleró y las diferencias entre unos países y otros empezaron a disminuir. En el periodo entre 1988 y 2008, «tal vez se produjo el primer descenso de las desigualdades globales entre los ciudadanos del mundo desde la Revolución Industrial», explica Branko Milanovic, nacido en la antigua Yugoslavia. Es cierto que la brecha entre ciertas regiones se ha estrechado de forma considerable —en particular, entre Asia y las economías avanzadas de Occidente—, pero sigue habiendo otras enormes. Las rentas medias mundiales, por país, se han aproximado en los últimos decenios, sobre todo gracias al crecimiento de China y la India. Pero la igualdad entre los seres humanos, entre las personas, ha mejorado muy poco (el coeficiente de Gini, un criterio para medir las desigualdades mejoró solo 1,4 puntos entre 2002 y 2008).

Milanovic demuestra que los beneficios de la globalización no se distribuyen uniformemente (2016, 10-25), al principio las clases medias salen ganando, pero hay un punto en que las ganancias en términos de ingreso se detienen, debido a las grandes brechas existentes entre el segmento de altos ingresos, los de medio y los de bajos ingresos. El último año de su análisis, 2008, muestra que el promedio del 1 por ciento más rico en el mundo es de 71 mil dólares anuales, el de las clases medias fue de 1,400 dólares y la de bajos ingresos fue de 450.

Eso también sucede cuando se mide la desigualdad entre países. Primero aumentó cuando las clases medias de países desarrollados crecieron, después disminuyó ante el aumento masivo de ingresos de personas en países como China y la India, pero ahora parecería volver a crecer por la desigualdad interna de la propia China. Branko explica la disminución de la desigualdad por causas tanto malignas como benignas. Las primeras pueden tener carácter endógeno, es decir, la propia desigualdad extrema puede ser una de las causas de fenómenos como guerras o cambios políticos extremos. Las segundas son políticas o fenómenos que incrementan los activos físicos o de capital humano de las personas de menores ingresos, los que fortalecen el salario, como el poder de negociación de los sindicatos, o mecanismos que reducen las transferencias del grupo privilegiado entre generaciones, como el impuesto a las herencias. Branko es crítico de propuestas como la del ingreso universal, porque terminaría como el estado de bienestar que se basa en ofrecer garantías a las personas ante fenómenos catastróficos, como la enfermedad, el desempleo, o el envejecimiento, a cambio de un ingreso que, sin un incremento muy grande de los impuestos, sería muy bajo (2016: 46-59).

Las razones que Branko encuentra para explicar los aumentos de la desigualdad son varias. Una es el cambio tecnológico que genera la robotización y, por tanto, reduce la oferta de mano de obra no calificada. Aunque también señala que se podría desarrollar tecnología para incrementar la productividad de personas con bajos recursos. Es, por supuesto, la tendencia desde los años 80 de reducir las tasas de Impuestos sobre la Renta y como consecuencia los servicios públicos, así como el hecho de que las personas que obtienen altos salarios ahora son también accionistas de empresas y poseen propiedades. Lo que Branko señala es que se han consolidado en las democracias formales sistemas plutocráticos, capaces de capturar las instituciones políticas, para asegurar el crecimiento de los ingresos y activos del sector más rico de la población. Es por eso por lo que los gobiernos no impulsan políticas que benefician a la mayoría, como la inversión en universidades públicas, en transporte masivo o salud universal, mientras que se busca relajar las regulaciones laborales y permitir deducciones de impuestos a personas con rentas muy altas.

Las reflexiones que sobre México podemos hacer del trabajo de Branko son muchas. La más obvia es hasta qué punto el limitado debate sobre las alternativas de política económica en México se explica por una plutocracia interesada en mantener el escenario de estabilidad, bajo crecimiento y ninguna redistribución del ingreso. En realidad, las curvas que miden la desigualdad de México, elaboradas por el propio Branko, se parecen a las del mundo en su conjunto. Los sectores de la población más pobres de México tienen niveles de ingreso similares a sectores de ingreso bajo de los países más pobres, mientras que los más ricos del país cuentan con tantos recursos como el 1% más adinerado de las naciones de mayor desarrollo. El otro tema es la pregunta sobre la razón por la que México, uno de los países con mayor apertura económica, no fue, a diferencia de China o la India, capaz de recortar, durante el periodo de globalización, la brecha de ingresos frente a los países ya desarrollados. Branko lo atribuye a que no hemos sido capaces de exportar productos con mayor tecnología, y por tanto mayor valor agregado.

La desigualdad es un fenómeno mundial, quizá el reto más importante de nuestro tiempo y la dinámica de la globalización ha jugado un rol crucial en su comportamiento. Hoy podemos decir, con un grado elevado de confianza, que la desigualdad global es menor entre países, producto de la gran convergencia en estándares de vida que ha ocurrido en buena parte del mundo en desarrollo, en especial en China e India. A su vez, la desigualdad entre personas se incrementa conforme las clases sociales se vuelven relevantes nuevamente.

Con esta graciosa casualidad y reconciliando los resultados empíricos sobre menor desigualdad entre países y mayor desigualdad entre personas, Branko Milanovic, uno de los grandes expertos en la desigualdad global, comienza una lectura sumamente divertida y profunda sobre la evolución de la desigualdad entre los países, dentro de éstos, y los retos económicos y políticos que dichos cambios producen, concluyendo con una breve, pero enriquecedora, especulación sobre qué podría ocurrir al terminar el siglo XXI.

Parte central del libro se enfoca en la historia de quienes han ganado y quienes han perdido en la distribución global del ingreso desde la caída del muro de Berlín hasta la actualidad. Un periodo de veinticinco años que coincide con la fase actual del capitalismo global. Las ganancias de la globalización no se han distribuido de forma equitativa, los ganadores indiscutibles han sido grupos dentro de las poblaciones de India y China y algunos países más en el este asiático, mismos que han ascendido rápidamente en los deciles de la distribución global y se unieron a lo que el autor llama la "clase media global".

Al ascenso de la clase media global se debe que la desigualdad entre los países se encuentre en una trayectoria descendiente, obra indiscutible del proceso de convergencia económica que ha ocurrido en el mundo -cuando países en desarrollo crecen a tasas más altas y sostenidas en el tiempo que los países desarrollados-. Sin embargo, esta historia tiene su lado amargo, el otro gran grupo que ha ganado en la era del capitalismo global es el 5% más rico de la distribución global del ingreso, capturando el 44% de todas las ganancias y formando lo que Milanovic bautiza como la "plutocracia global".

Para tener un panorama completo de qué dicta la evolución de la desigualdad en el mundo es importante poner atención a lo que ocurre dentro de los países, y aquí es donde la desigualdad se vuelve un asunto no sólo económico, sino predominantemente político. La desigualdad al interior de los países se encuentra en aumento incluso entre países desarrollados, hecho que en algún momento era considerado imposible, al menos desde la perspectiva de la hipótesis de Kuznets. Dicha hipótesis considera que la desigualdad aumenta en la primera fase del desarrollo económico, cuando el cambio estructural ocurre, para luego disminuir cuando el país se ha desarrollado, la famosa U invertida.

La U invertida de Kuznets ha sido la hipótesis dominante durante décadas al pensar sobre la desigualdad, sin embargo, la evidencia empírica sugiere que la hipótesis requiere una corrección. En esta parte del libro es donde Branko Milanovic realiza lo que es una gran aportación teórica a nuestra comprensión sobre la desigualdad. Milanovic corrige la hipótesis de Kuznets para reconciliarla con el hecho de que países como Estados Unidos, el Reino Unido o incluso los países igualitarios en Escandinavia, tengan una desigualdad que crece. Con este propósito Milanovic introduce el concepto de los ciclos u ondas de Kuznets (2016:103-53).

Bajo esta nueva hipótesis los países experimentarían el comportamiento descrito bajo la U invertida de Kuznets, pero no se detendrían en su punto más bajo, sino que justo ahí comenzaría un proceso ascendente hasta llegar a una nueva cresta y, desde ese punto, descender nuevamente –como una onda sonora con crestas y valles.

De esta nueva hipótesis se desprende la siguiente pregunta: ¿Por qué es relevante la corrección? Porque permite tener una idea del comportamiento de la desigualdad dentro los países y de la magnitud de sus oscilaciones y trayectorias históricas, le da una mayor importancia a la evolución histórica de cada nación. Para que podamos comprender esto, el autor nos lleva a un viaje en el tiempo a la Roma antigua y la España de hace setecientos años, presa hasta el siglo XIX de los ciclos malthusianos, con la desigualdad oscilando entre mayor y menor dependiendo del aumento del salario que, a su vez, dependía de los aumentos y disminuciones en la población y el valor de renta de la tierra.

Al comenzar la revolución industrial y escapar de la trampa malthusiana, dio inicio un nuevo tipo de ciclo, el de Kuznets. Estos ciclos no son parejos entre países, algunos comenzaron antes, algunos, como Estados Unidos, se encontrarían hoy en la parte ascendente de su segunda onda de Kuznets; países como China en la parte ascendente de la primera.

Las oscilaciones en estos ciclos dependen en gran medida de las circunstancias políticas dentro de las sociedades y son influenciadas por fuerzas benignas y malignas, como lo son la redistribución fiscal o la guerra, el sesgo del cambio tecnológico como fuera expresado por Claudia Goldin y Lawrence Katz o la desaparición de las primas a la educación como esperaba Jan Timbergen.

Estas ideas forman la parte central del libro y, una vez expuestas, Branko Milanovic aborda la desigualdad desde una óptica política y filosófica. ¿La igualdad de oportunidades a nivel global es deseable? Para Milanovic, a diferencia de muchos teóricos de la justicia como John Rawls, la respuesta es que sí. Por lo que, partiendo de esta idea, realiza una gran provocación: impulsar la libre migración global, el libre movimiento de personas, que sería una fuerza ecualizadora en el mundo, pero que requiere compromisos políticos difíciles de asumir.

Milanovic propone que dicho compromiso sea el de modificar lo que él llama "primas de ciudadanía" –las rentas económicas que obtiene un ciudadano de un país sólo por ser ciudadano de dicho país, podríamos llamarlo el valor intrínseco de nuestro pasaporte– y para modificarlas quizá se debería permitir una migración donde el migrante no goce de los mismos derechos plenos que un ciudadano; por ejemplo, pagando impuestos más elevados que permitan retribuir el costo de su seguridad social y resarcir a los trabajadores locales que pudieran perder sus empleos a causa de la migración.

La idea es provocadora porque implica aceptar que pudieran existir habitantes de primera y de segunda clase en los países ricos; sin embargo, en sus efectos llevaría a un mundo más equitativo y posiblemente a un mayor crecimiento económico en los países en los dos extremos de los flujos migratorios, pues en el mundo hoy la desigualdad es más determinada por dónde se vive –locación– que por la clase social a la que se pertenece.

Sin embargo, justo este último punto, la relevancia de la locación vis á vis la clase social podría cambiar en el mediano plazo. En un futuro no muy distante, el mundo podría ser más desigual y parecido al mundo de principios del siglo XIX donde la clase –quiénes son tus padres, su estatus social– es más importante que dónde te encuentras geográficamente.

Sobre el potencial peligro de este mundo es que Milanovic nos advierte de sus consecuencias políticas. Una sociedad desigual es poco compatible con la democracia liberal que caracteriza a las sociedades occidentales del último siglo. Mayor desigualdad transforma a las democracias en plutocracias y las vuelve presas fáciles del populismo xenófobo y nativista. Un claro ejemplo de esta tendencia es el fortalecimiento de partidos del populismo de derecha, como el Frente Popular en Francia, el UKIP en el Reino Unido o el discurso radical de Donald Trump en los Estados Unidos.

En la última parte del libro, Branko Milanovic –en contraste con otros economistas que estudian la desigualdad como Thomas Piketty, Antony B. Atkinson o François Bourguignon– no habla mucho sobre políticas públicas sino sobre el futuro. Para hacerlo es cauteloso y advierte de los errores clásicos que se cometen al elaborar predicciones.

Entre sus preocupaciones está el estado de la convergencia económica contemporánea: no todos los países en el mundo están convergiendo; el continente africano, por ejemplo, se encuentra lejos de ser uno de los beneficiados de la globalización y por momentos pareciera que la convergencia es un fenómeno más asiático que global. Otra preocupación a futuro es la capacidad política que China pueda tener para manejar los cambios en su ciclo de Kuznets, mayor desigualdad puede causar presiones hacia la democracia o endurecer el autoritarismo, puede producir transformaciones positivas o negativas como fracturas regionales; todas éstas con consecuencias poco agradables sobre la economía global.

De entre todo lo que puede suceder en los próximos 85 años quizá lo más peligroso sea la extinción de la clase media que tradicionalmente, desde Tocqueville hasta la actualidad, se considera el colchón de la democracia, el fiel de la balanza entre las fuerzas de los extremos. Y hoy está desapareciendo en muchos países del mundo.

Una omisión en el libro es lo que sucede en América Latina, una región que posiblemente se encuentra próxima a la cresta de su primera onda de Kuznets, con una democracia erosionada y una plutocracia creciente, donde la clase a la que se pertenece, más que la locación, es un factor determinante sobre la calidad de vida. Quizá el mundo del que habla Branko Milanovic en el futuro es una versión global de la experiencia latinoamericana del siglo XX (2016:155-211 y 212-238).

Las últimas palabras de Milanovic en el libro son una respuesta a una pregunta que él mismo plantea y que tienen mucha relevancia para la discusión actual sobre los ganadores y perdedores de la globalización: "¿La desigualdad desaparecerá mientras la globalización continua?" Y responde de manera contundente, sin mucha esperanza: "No, las ganancias de la globalización no se distribuirán de forma equitativa" (2016:239).

Es decir, aunque hay países de Asia, Oriente Próximo y Latinoamérica que, en conjunto, quizá estén poniéndose a la altura de Occidente, los pobres siguen quedándose atrás en todas partes, incluso en lugares como China, donde les ha beneficiado hasta cierto punto la mejora del nivel de vida.

De acuerdo con Milanovic, entre 1988 y 2008, los miembros del 1 por ciento más rico del mundo incrementaron sus rentas en un 60 por ciento, mientras que los que componen el 5 por ciento más pobre no mejoraron nada. Y a pesar de que las rentas medias han aumentado enormemente en las últimas décadas, todavía existen grandes desequilibrios: el 8 por ciento de la humanidad obtiene el 50 por ciento de las rentas mundiales; el 1 por ciento más rico obtiene el 15 por ciento. Los mayores incrementos de rentas se han producido entre la élite mundial —los directivos financieros y empresariales de los países ricos— y las vastas «clases medias emergentes» de China, la India, Indonesia y Brasil. ¿Quién ha perdido más? Los africanos, algunos latinoamericanos y los habitantes de la Europa del Este poscomunista y la antigua Unión Soviética, descubrió Milanovic.

Estados Unidos es un ejemplo especialmente desalentador. Y dado que suele «dirigir al mundo» en tantos aspectos, la posibilidad de que otros países sigan su ejemplo no presagia nada bueno para el futuro. Por un lado, el aumento de las desigualdades de rentas y riqueza en Estados Unidos forma parte de una tendencia que se observa en todo el mundo occidental. Un estudio realizado en 2011 por la Organización para la Cooperación y el Desarrollo Económicos llegó a la conclusión de que la desigualdad de rentas empezó a aumentar a finales de los años setenta y principios de los ochenta en Estados Unidos y Gran Bretaña (y también en Israel). Esta tendencia se extendió a finales de los ochenta. En el último decenio, la desigualdad de rentas ha crecido incluso en países tradicionalmente igualitarios como Alemania, Suecia y Dinamarca. Con unas cuantas excepciones -Francia, Japón, España-, el 10 por ciento de los que más ganan en la mayoría de las economías avanzadas progresó a toda velocidad mientras que el 10 por ciento más pobre se quedaba atrás.

Pero la tendencia no era universal ni inevitable. En esos mismos años, países como Chile, México, Grecia, Turquía y Hungría consiguieron reducir la desigualdad de rentas (en algunos casos, inmensa), lo cual indica que la desigualdad es el resultado de la acción de fuerzas políticas, no solo macroeconómicas. No es verdad que la desigualdad sea una consecuencia inevitable de la globalización, de la libre circulación de trabajadores, capital, bienes y servicios y de los cambios tecnológicos, que dan preferencia a empleados más formados y cualificados.

Entre las economías avanzadas, Estados Unidos tiene una de las mayores desigualdades de rentas y oportunidades, con devastadoras repercusiones macroeconómicas. El PIB estadounidense se ha multiplicado por más de cuatro en los últimos cuarenta años y casi por dos en los últimos veinticinco, pero, como ya sabemos, los beneficios han ido a parar a lo alto de la escala social y sobre todo, cada vez más, a lo más alto de lo alto.

El año 2016, el 1 por ciento más rico de los estadounidenses se embolsó el 22 por ciento de los ingresos del país; el 0,1 por ciento más rico, el 11 por ciento. El 95 por ciento de todos los ingresos desde 2009 ha ido a parar al 1 por ciento. Las cifras del censo hechas públicas recientemente muestran que la renta media en Estados Unidos es la misma desde hace casi veinticinco años. El varón estadounidense medio gana menos de lo que ganaba hace 45 años (después del ajuste por inflación); los varones que tienen el bachillerato, pero no un título universitario superior gana casi un 40 por ciento menos que hace cuarenta años.

Las desigualdades empezaron a aumentar en Estados Unidos hace treinta años, al mismo tiempo que las rebajas de impuestos a los ricos y la relajación de las reglas del sector financiero. No es una coincidencia. La situación ha empeorado a medida que han disminuido las inversiones en infraestructuras, educación, sanidad y las redes de protección social. La desigualdad, cuando crece, se refuerza a sí misma mediante la corrosión de nuestro sistema político y nuestro sistema democrático de gobierno.

Europa parece muy dispuesta a seguir el mal ejemplo de Estados Unidos. Las medidas de austeridad, desde el Reino Unido hasta Alemania, están provocando el aumento del desempleo, la caída de los salarios y unas desigualdades cada vez mayores. Autoridades como Angela Merkel, la recién reelegida canciller alemana, y Mario Draghi, presidente del Banco Central Europeo, alegan que los problemas de Europa son consecuencia de un gasto en bienestar excesivo. Pero esa línea de pensamiento ha llevado a Europa a la recesión (e incluso a la depresión). El hecho de que quizá la situación haya tocado fondo -que quizá la recesión se haya terminado «oficialmente»- es magro consuelo para los 27 millones de personas en paro en la UE. A ambos lados del Atlántico, los fanáticos de la austeridad dicen que hay que seguir adelante, que son unas píldoras amargas necesarias para alcanzar la prosperidad.

Pero ¿la prosperidad para quién? El exceso de financiarización -que ayuda a explicar el dudoso honor de Gran Bretaña por ser el segundo país con más desigualdades entre las economías más avanzadas del mundo, después de Estados Unidos- ayuda a explicar asimismo por qué se ha agrandado tanto la brecha. En muchos países, el mal gobierno corporativo y el deterioro de la cohesión social han producido diferencias cada vez mayores entre el sueldo de los altos directivos y el de los empleados normales; todavía no se acercan al nivel de la proporción en las grandes empresas estadounidenses, 500 a 1 (según cálculos de la Organización Internacional del Trabajo), pero son mayores que antes de la recesión (Japón, que ha puesto un límite a la remuneración de los ejecutivos, es una notable excepción). Las innovaciones estadounidenses en la captación de rentas - enriquecerse no a base de aumentar el tamaño de la tarta económica sino manipulando el sistema para quedarse con una porción más grande- se han extendido a todo el mundo.

La globalización asimétrica también se ha cobrado un precio en todo el mundo. La movilidad del capital exige que los trabajadores hagan concesiones salariales y los Gobiernos, concesiones fiscales. El resultado es una competición a la baja. Los salarios y las condiciones de trabajo están en peligro. Empresas innovadoras como Apple, que basa su éxito en enormes avances en ciencia y tecnología —muchos de ellos financiados con dinero público—, han mostrado un talento increíble para eludir el pago de impuestos. Están dispuestos a recibir, pero no a dar.

La desigualdad y la pobreza infantiles son un escándalo moral especialmente grave. Refutan las insinuaciones de la derecha de que la pobreza es consecuencia de la vagancia y las malas decisiones, porque los niños no pueden escoger a sus padres. En Estados Unidos, casi uno de cada cuatro niños vive en la pobreza; en España y Grecia, uno de cada seis; en Australia, Gran Bretaña y Canadá, más de uno de cada diez. Y no son cosas inevitables. Algunos países han decidido crear economías más equitativas: Corea del Sur, donde hace medio siglo solo una de cada diez personas completaba sus estudios en la universidad, tiene hoy una de las mayores cifras de titulados universitarios del mundo.

Estos factores me hacen pensar que entramos en un mundo dividido no solo entre ricos y pobres, sino también entre los países que no hacen nada para remediarlo y los que sí. Algunos conseguirán construir una prosperidad colectiva, el único tipo de prosperidad, en mi opinión, que es verdaderamente sostenible. Otros dejarán que las desigualdades crezcan sin control. En estas sociedades divididas, los ricos se atrincherarán en urbanizaciones cerradas, separados casi por completo de los pobres, cuyas vidas les resultarán casi imposibles de imaginar, y viceversa. He visitado sociedades que parecen haber escogido este camino. No son sitios en los que nos gustaría vivir en general a nosotros, ni en los enclaves protegidos ni en los desesperados barrios de chabolas.

En contraste con esta interpretación tan catastrofista de la gobernanza global, otras interpretaciones a favor de la globalización abogan por el carácter dinámico, institucional y pluralista de la misma, por una multiplicidad de niveles en la que los diseños y ejecuciones de políticas globales implican un proceso de cooperación entre organismos, ya no solo transnacionales, sino también nacionales y a veces subestatales. En cualquier caso, esto no debe conducirnos erróneamente a pensar que se les concede igual importancia a todos los intereses mostrados por los distintos estados u organizaciones internacionales. Como dijo Friedrich Wilhelm Nietzsche, "Nada más hipócrita que la eliminación de la hipocresía". No podemos, ni creo que debamos, contentarnos con lo que se nos dice y pensar que la globalización con todo lo que implica es inalienablemente buena y funciona igual para todos. De llegar a este punto no sé qué sería peor si aquel que quiere vendernos una necedad y a fuerza de repetirla acaba creyéndosela o aquel que su ignorancia, desinterés y falta de criterio le lleva a asumir todo lo argumentado por los partidistas de la globalización sin pararse a pensar y hacer una criba de lo esencialmente bueno de aquello que no lo es.

Para hacer más claras ambas posturas (que difieren en si realmente se está teniendo lugar o no la globalización) los autores distinguen entre dos grupos bien definidos:

• Los globalizadores rechazan la afirmación según la cual globalización es sinónimo de americanización o imperialismo occidental (de los escépticos). Ponen el énfasis en la expresión de cambios estructurales que acarrea la globalización en la escala de la organización social moderna (esperemos que no "alineación´") a través del crecimiento de los mercados financieros, del desarrollo de los medios de comunicación, la difusión de la cultura popular, del crecimiento en número y tamaño de sociedades multinacionales y la degradación medioambiental del globo terráqueo.

• Para aquellos que adoptan una postura más escéptica (los denominados escépticos) la globalización no es tal cual se presenta. Consideran que se ha exagerado considerablemente la importancia y el impacto de la globalización. En un mundo en que "la política de poder es la realidad dominante para los estados, la lucha endémica por la ventaja nacional relativa asegura que nunca será erradicada la desigualdad (...) siendo improbable que surja un orden mundial más justo mientras las instituciones globales no tengan el poder efectivo para garantizar que los estados más ricos acometan políticas para conseguir una distribución más equitativa de la riqueza y la renta global" (Held y McGrew, 2007:102-103). Para los escépticos los Estados Unidos, como superhegemonía mundial, sigue siendo la fuerza principal que determina la gobernanza internacional (más que global).

Lo que es innegable por todos, da igual que apoyen la globalización o la rechacen, es que en los últimos tiempos ha habido un crecimiento de las conexiones de comunicación, económicas y políticas en y entre los estados y las regiones. Cada día surgen nuevos problemas que transcienden los límites fronterizos entre países y, en más de una ocasión, entre continentes al tiempo que aumenta la expansión de multinacionales, organismos oficiales de control internacional y de organizaciones no gubernamentales (ONGs).

Cada día existen más adeptos a la visión de un nuevo orden mundial, de una nueva política más compleja a la que denominan socialdemocracia cosmopolita cuyos valores son el imperio de la ley, la igualdad política, la justicia social, la solidaridad social y la eficacia económica

Describir y analizar adecuadamente el mundo actual, y diagnosticar correctamente su futuro y las encrucijadas que enfrenta y enfrentará, implica

mucho más que simplemente tomar partido y decirse globalifílico o glo-
balifóbico, aceptar o rechazar un concepto ambiguo, puramente descriptivo
y hoy a la moda. Pues más allá de lo que revela, y sobre todo de lo que oculta
y omite el término de "globalización", están los problemas estructurales y de
proceso que genera en las sociedades que debería necesariamente afrontar.

La crisis actual podría, por ejemplo, conducir a los gobiernos a ignorar
la oposición de los actores nacionales y reimponer los controles de capital
como una manera de defender la balanza de pagos.

Igualmente, y vinculado con este nuevo rol de los movimientos migratorios, la liberalización financiera y la limitación del accionar político de los
Estados contemporáneos, se impone la teorización sobre las formas y los desarrollos de los Estados, y de la anunciada "muerte de la política" que la acompaña. Porque cuando los Estados de todo el mundo, comienzan a privatizar
la educación en todos sus niveles, a suprimir las jubilaciones, las pensiones
y los seguros de desempleo, a recortar y escatimar los servicios de salud, y a
demostrar su incapacidad total para mantener un mínimo de control sobre la
violencia global del cuerpo social y para proveer de un mínimo de seguridad
a la sociedad, entonces es claro que lo que está desestructurándose de modo
definitivo el Estado moderno.

4.   GLOBALIZACIÓN Y GOBERNABILIDAD

Lo que los profetas de la globalización anunciaron de la muerte del
Estado-nación ha quedado en el pasado. América Primero, América Primero,
es el grito de guerra para consolidar un estado fuerte y revertir todas las tendencias de la globalización. Lo dijeron el mismísimo Fukuyama, esa mezcla
de filósofo y yuppie que despistó a tantos con su Fin de la Historia y
su lenguaje cuasi-hegeliano: "El nacionalismo y la cultura nacional son
menos racionales que la democracia universal..... Son obstáculos para el
establecimiento de democracias exitosas y economías de mercado, obstáculos condenados a desaparecer a medida que se imponen los valores
liberales". Lo decía el Señor Naisbitt, el autor afamado de las Megaten-
dencias: "Vivimos una época de grandes cambios y de comienzos nuevos.
Un mundo de mil países es mi metáfora para describir el fin del Estado-
nación. Los Estados serán cada día menos relevantes.... El gobierno central
como base de la gobernabilidad es obsoleto".

Lo dice el historiador Paul Kennedy, el mismo que nos cautivó con
sus tesis sobre El Fin del Imperio: "Estos cambios globales están poniendo en duda la utilidad misma del Estado-nación. El Estado es demasiado
grande para actuar con eficiencia en algunos campos y demasiado pequeño
para operar en otros... Sin duda alguna están aumentando las presiones

para redistribuir la autoridad del Estado, tanto hacia arriba (hacia la aldea global) como hacia abajo (hacia los gobiernos locales)".

Todo lo anterior fue borrado con cuatro plumazos de Donald Trump. Cuatro órdenes ejecutivas que transforman la ideología y la política de la globalización en su contrario: un mundo en el cual los nacionalismos se suman para buscar sacar ventajas de países en lo particular contribuyendo al aislacionismo.

Y en efecto, la globalización fue una fuerza económica, cultural y geopolítica que parece contradecir la idea misma de naciones y estados. (a) El manejo autárquico de las políticas macroeconómicas es un recuerdo del pasado. Por ejemplo: las reservas conjuntas de la banca central de Estados Unidos, Alemania y Japón no alcanzan a valer tanto como los movimientos transnacionales de capital en un solo día. (b). Las culturas nacionales, según se alega, están en trance de convertirse en "piezas de museo" ante el embate de la cultura global. Y (c), a medida que la capacidad de destrucción logra escala planetaria, la seguridad militar de cada país depende más y más de sus aliados. Nuevos tratados y organismos supranacionales regulan y vigilan cada día una materia antes reservada a los estados individuales. Y hasta la noción clásica de "soberanía", intocada desde el Siglo XVII, comienza a resquebrajarse a la luz de figuras como la superior "soberanía de la humanidad" o el dudoso "derecho de injerencia". No es de extrañar, por todo eso, que sean tantos los que entonan un réquiem por el Estado-nación.

Pero se equivocaron, no solamente porque España, Gracia, Reino Unido y ahora Estados Unidos y puede seguir Francia, eligieron a populistas de derecha y de izquierda con promesas de hacer renacer a sus países con ese viejo nacionalismo retrograda que hará que se puedan no solamente años, sino décadas de avance en la conformación de un mundo más solidario.

Pero Nietzsche también decía que cuando muchos están de acuerdo en una idea compleja, hay que buscar una explicación más simple. La explicación simple del declive de los Estados-nación consiste en que en la globalización: "El Estado no es la solución a nuestros problemas; el Estado es nuestro problema". Ahora Trump dice lo contrario.

Con Trump y otros nacionalistas, el Estado-nación está vivo y está activo en la economía, en la cultura y en la geopolítica. a) A medida que pierden autonomía macroeconómica, los Estados optan por una especie de mercantilismo microeconómico, para defender sus industrias a base de apoyo tecnológico, capacitación de trabajadores y otros subsidios que incluyen la protección "selectiva" contra competidores extranjeros. ¿O no estamos presenciado un arduo debate entre partidarios y enemigos del "fast track" en la superpotencia exportadora? (b) Es más: Las culturas nacionales todavía no parecen piezas de museo - ¿o alguien no está enterado de la ex-Yugoslavia?. (c) La vieja idea de "seguridad nacional" sigue por supuesto dominando la política militar de cada país, y la guerra no ha sido expulsada de las costumbres internacionales. Los tratados y organismos multinacionales actúan por delegación y no por suplantación de la vieja soberanía... De suerte que aquel réquiem por el Estado-nación fue un tanto prematuro.

Por eso hay hoy una carrera declarada entre los países de la periferia para mover sus organizaciones a un vecindario más amable dentro de la aldea global. Lejos de Estados Unidos. Los testigos son, entre otros, Israel y Chile, Singapur y la República Checa, Nueva Zelandia y Sao Paulo, Malasia y Costa Rica. ¿A quién se le ocurrirá decir que el Estado no ha tenido nada que ver con estas historias de éxito, o con sus contrapartidas de fracaso, desde Libia hasta Usbequistán? ¿Quién no ve que aquí hay un papel delicado y decisivo, un abanico de responsabilidades nuevas y poderosas para el viejo Estado?

Es un tiempo de fragmentación. De perplejidad. De confusión, de turbulencia, de caos, de cambio. El tiempo de la incertidumbre. No, como dijo alguna vez Ionesco, porque falten las ideologías simplificadoras, sino porque ninguna de ellas conduce a ninguna parte. Y por eso los pactos que ayer mantuvieron el orden tienen que ser revisados hoy para volver a revisarlos mañana. Y quedamos en que el Estado, en cuanto orden jurídico, tampoco ha desaparecido. Sólo está en trance de reinventarse cada día. Pero las lecciones de la historia no lo las entiende "The Aprentice". Él quiere reescribir otra historia.

"Globalismo" y "aislacionismo" son en efecto, las dos "ideologías" de nuestro tiempo: en cada país del mundo, los electores y los gobiernos se alinean y realinean en torno a esta disyuntiva. Y en Estados Unidos de Norteamérica y en México ganó el segundo, así lo decidieron los electores, quienes en su mayoría pertenecen al "rust belt" en un lado, y en otro, a las ciudades medias con grandes cinturones de miseria, esto es, los perdedores de la globalización.

Donald Trump y Andrés Manuel López Obrador ganaron con su discurso de que la gobernabilidad en esta era global supone una profunda "reingeniería" de la administración pública, para hacerla de verdad más eficiente y eficaz, sacando sus narices de donde no le importa y haciendo las cosas como deben "hacerse" sin los políticos ineficaces de Washington y México. Aquel prometió drenar el sucio pantano de Washington, este prometió acabar con el sistema y los políticos corruptos.

Trump y López Obrador proponen renegociar bien la salida del su país de la aldea global; quieren asegurar el orden común o público en una sociedad segmentada; para cumplir las metas que el pueblo le señale; y para filtrar los impactos redistributivos de la globalización sobre las clases sociales menos favorecidas. Al menos ese es su discurso, la forma en que lo hacen -poner freno a la globalización– traerá exactamente los efectos contrarios.

Los países ganadores de la globalización se conforman con el "buen gobierno", porque no necesitan nada más. Pero se han equivocado también, no hicieron nada para prevenir el miedo y la "indignación" de los excluidos. Esos "indignados" que hoy son anti sistémicos y que quieren regresar a los días de "gloria" donde ellos recibían una atajada del pastel. Los países en proceso de construcción, como tantos de América Latina, necesitan de gobernabilidad, porque no han acabado de resolver el quíntuple desafío de la dependencia, la violencia, el autoritarismo, la injusticia y la ineficacia del sector público. Así que, el asunto va más allá del "buen gobierno". Incluso va más allá de la gobernabilidad. El real desafío es lograr una gobernabilidad democrática, comenzando por hacer gobernables nuestras democracias. El trabajo apenas estaba comenzando, hoy eso quedó atrás, la globalización está muriendo.

De acuerdo con Paul Krugman, ahora vamos hacia un mundo "Z" polar. El mundo Zero polar implica que no habrá una potencia o dos hegemónicas, que Trump dejará a su suerte a Europa, y China y Rusia aceptarán el regalo: dividirse nuevamente las regiones de control e influencia. La tesis del "desacople" sería una expresión de ese proceso. Sin embargo, la crisis parece indicar algo distinto, y más alarmante: con la globalización y el celo desregulador del neoliberalismo, en el ámbito financiero el poder se habría "evaporado" en un vasto mercado global en el que ningún actor podría ejercerlo eficazmente: ni los Estados avanzados ni emergentes, cuyas opciones se ven limitadas por la integración financiera global, ni las firmas privadas, que ven volatilizarse su valor bursátil o se ven empujadas a la quiebra por un proceso que de una forma u otra contribuyeron a desencadenar. Para los países en desarrollo, que siguen viendo el sistema internacional a través del prisma de y que creyeron poder aumentar su influencia y al tiempo aislarse de esos procesos, se trata de un doloroso aprendizaje, y debería contribuir a alentar una participación más activa en la gobernanza global.

La crisis pondrá claramente de manifiesto que, ante la globalización del comercio y las finanzas, es necesario crear mecanismos eficaces y legítimos para la gobernanza global, a través de un "nuevo multilateralismo" que sea capaz de dar un papel más relevante a los países emergentes y en desarrollo, pues sin ellos, o contra ellos, no habrá salida a la crisis de relaciones entre el mundo y Estados Unidos.

Es cierto que la globalización no pudo ni puede resolver el problema que afecta a la distribución de la riqueza en un mundo caracterizado por una marcada desigualdad, en el que la reducción de la pobreza y el desarrollo sostenible, además de ser un imperativo político, se convierten en elementos clave de la recuperación. Los magros resultados alcanzados a escala global en la reducción de la pobreza y la desigualdad dependían de un modelo de crecimiento que en muchos aspectos se ha mostrado insostenible, y su mero restablecimiento ya no es una opción viable. Hay que evitar que la crisis se lleve por delante esos logros, por limitados que puedan ser en algunos países, o que se produzcan retrocesos.

Joseph Stiglitz arguye que la globalización, la escuela dominante del pensamiento económico en Occidente, del FMI y el Banco Mundial en los pasados 30 años, se encuentra en su fase terminal.

Sabemos que en el mundo académico la globalización ha sido rechazada y ahora los jóvenes estudiantes tratan de entender dónde fracasan los mercados y qué hacer al respecto, con el conocimiento de que sus fracasos son expansivos a nivel micro y macroeconómico.

La quintaesencia de la ideología neoliberal ha sido rechazada: la idea que los mercados funcionan mejor cuando son dejados solos y que un mercado desregulado es la mejor manera de incrementar el crecimiento económico.

Los mercados no funcionan, y el debate es cómo podemos hacer que los gobiernos funcionen en forma tal que alivie esto, ya que el neoliberalismo está muerto, la globalización está muriendo tanto en los países desarrollados como en vías de desarrollo.

No debemos temer a Trump por lo que haga o deje de hacer en su país, debemos preocuparnos por él. Las crisis generan oportunidades y esta es una de ellas. La debemos aprovechar para sacudir las políticas neoliberales y modernizar la globalización en lo económico, en lo político y en lo social. Los cambios deben ser radicales como lo son las circunstancias que enfrentamos.

Podemos concluir que, de seguir Trump con los planes de su agenda, la globalización ha muerto. El retroceso será terrible para Estados Unidos y para el mundo. ¿Qué descanse en paz!!!??

No tan rápido, Trump ya se fue después de cuatro años.

9. CONCLUSIONES

No parece necesario insistir en lo que tan machaconamente se reitera sobre la realidad de un mundo global. Bajo cualquiera de los términos comúnmente empleados, globalización o mundialización, según la matriz sea anglosajona o francesa, se está haciendo referencia a la internacionalización a escala planetaria del sistema económico capitalista, barrida ya la excepción del bloque socialista después de 1989. Sin embargo, la globalización no se reduce a un fenómeno de base estrictamente económica. Tiene una evidente multidimensionalidad que implica facetas sociales, culturales y políticas.

La versión más extendida, no obstante, es la que se refiere "al dominio del mercado mundial que impregna todos los aspectos y lo transforma todo", precisamente lo que para diferenciarlo del fenómeno más complejo en su conjunto de la globalidad, se ha venido a denominar globalismo (Beck, 1998 : 163 ss.).

Empleando esta noción de globalización en su versión económica, y en lo que a un jurista del trabajo interesa, este fenómeno finisecular implica una relación entre los mecanismos de circulación del capital, los sistemas financieros y la mundialización de los mercados con la regulación de los sistemas productivos y las formas de organización del trabajo, que desemboca en una crisis de las tradicionales formas de regulación de las relaciones laborales. La globalización por un lado implica una drástica disminución del control por los Estados de la regulación nacional de la economía, y por otro, es un fenómeno que no puede limitarse desde las relaciones internacionales clásicas a través de tratados internacionales entre Estados.

La globalización se ve acompañada, además, en buena parte de los casos, de una profundización en la fractura en términos desiguales de riqueza y de acumulación frente a pobreza y miseria. Hay un nuevo tipo de desigualdad planteada en términos de exclusión, que no anula las viejas desigualdades, y que en algunos países llega a la dualización social abruptamente representada. A nivel del planeta se distingue entre un Norte rico y un Sur pobre, pero tales nociones geográficas se repiten de Este a Oeste, y se reiteran dentro de muchos países, donde su configuración concreta depende estrechamente del marco institucional de los mismos. La mundialización de la economía genera por tanto una distribución deforme de los recursos, una extrema diferenciación entre ricos y pobres, una era global apoyada sobre la desigualdad económica y social. La globalización tiene una naturaleza bifronte, pues si de una parte implica una homogeneización creciente apoyada en la convergencia en una "cultura global", no supone por el contrario una armonización entre los países y sus ciudadanos sobre la base de unos estándares de vida comunes, sino ante todo lo contrario: diferenciación extrema, fragmentación y segmentación sociales en los mismos.

La integración económica, financiera y comercial en el plano mundial lleva consigo la desregulación y re-regulación de las estructuras productivas, para que éstas
puedan responder a un proceso global de competencia, siempre más exigente en términos de competitividad en los costos laborales. La internacionalización de los mercados de trabajo produce además flujos migratorios intensos, en los que se han apreciado, especialmente en los países del tercer mundo, relaciones estrechas entre los mercados de trabajo locales subnacionales y los mercados de trabajo regionales supranacionales, con la consiguiente repercusión en la clásica unidad nación (estado) / mercado laboral.

Todo esto es bien conocido. Mas aún, se sabe que este discurso tiene una vertiente explicativa de los procesos que se desenvuelven en la economía-mundo, pero
que fundamentalmente son empleados como argumento definitivo para lograr la modificación del marco normativo de las relaciones laborales en un país determinado.

Normalmente se alega esta realidad para imponer políticas de "flexibilidad" en el ámbito de la regulación normativa del trabajo asalariado en cada país. Esta determinación "interna" del discurso de la globalización como una realidad que exige la modificación del cuadro legal y de los valores que rigen las relaciones entre los actores sociales, como un proceso de "desvalorización competitiva" de las políticas sociales nacionales es posiblemente la vertiente más utilizada de las reflexiones sobre dicho fenómeno provenientes del ámbito laboral. Pero se ha señalado también que las reformas legislativas impulsadas en los cuatro países del Mercosur que comparten la "flexibilidad" laboral como paradigma, justifican ese "Derecho del Trabajo minimalista" en las exigencias de competitividad a escala global o, en el caso de la integración europea, las propuestas de recorte del gasto social, de mayor flexibilidad laboral y de reducción de los costos laborales, vienen justificadas por imperativos de la unidad monetaria y de recuperación de competitividad en los mercados internacionales.

Pero más allá de estos derroteros, en los que resulta claro el cambio de plano del análisis y un determinismo presunto entre el alegado panorama de la economía mundializada y la disminución de los estándares de vida de los trabajadores de un pais, lo que este fenómeno plantea, de modo general, es una evidente inversión en la relación establecida entre el derecho, la política y la economía de mercado en las democracias surgidas de la segunda posguerra mundial. En éstas se procedía a una cierta conciliación entre la lógica de la explotación y del beneficio propia del sistema capitalista y la lógica democrática de la igualdad expresada en la nivelación social. Esta dialéctica se encerraba, en el compromiso constitucional que afectaba a los poderes públicos y que reconocía simultáneamente un principio de autorregulación social dirigido a la gradual remoción de las desigualdades materiales, aun manteniendo el sistema de libre empresa como base de la creación de riqueza y de acumulación. Tal compromiso implicaba la primacía de la política sobre la economía, es decir, que el principio político-democrático orientaba la regulación del mercado y la obtención del beneficio. A ello se unía frecuentemente la intervención pública en la planificación económica y en los servicios y sectores productivos centrales en la vida económica nacional, que expresaban una lógica diferente a la que regía la acción de la libre empresa y los criterios de competitividad en el mercado. La percepción en estos términos de la globalización tiene una relación directa con la configuración estructural de los sistemas jurídico-laborales y su modo de regular las relaciones laborales. A la descripción de los efectos más señalados sobre los modelos de derecho del trabajo se dedica el apartado siguiente.

Efectos De La Globalización Sobre La Regulación Jurídica De Las Relaciones Laborales

Desde este punto de vista, la globalización se ha traducido, en primer lugar, en la despolitización de los procesos regulativos de las relaciones de trabajo, que se "escapan" del campo de actuación estatal y de la regulación que éste realiza, y evitan asimismo la emanación de normas procedentes de la autonomía colectiva. Hay una relación profundamente asimétrica entre la economía y la política, como lugares de producción de reglas, que se plantea continuamente como la "contradicción inmanente" del proceso de unificación europea (D'Antona, 2018 a): 320). La empresa no es sólo el centro de referencia del sistema económico, sino que en este contexto globalizador se convierte en el lugar típico de producción de reglas sobre las relaciones de trabajo. Su autoridad se expresa en el carácter unilateral de las mismas, en un poder no intervenido estatalmente ni contratado colectivamente; liberado de las "coerciones" que imponen las garantías jurisdiccional o colectiva de un marco regulador de derechos mínimos de los trabajadores, que necesariamente se desenvuelven en el marco estatal que la globalización logra eludir. De esta forma, la conciliación de los imperativos del sistema económico con la gradual nivelación de las desigualdades sociales mediante un fuerte impulso redistributivo de la riqueza a través de la acción del Estado y de los sujetos sociales, no entra dentro de la actuación de las empresas trasnacionales ni de los centros financieros que rigen los procesos de la economía mundializada. El redimensionamiento de los sistemas de welfare es una de sus consecuencias con el coherente proceso de remercantilización de la satisfacción de las necesidades sociales.

En este contexto obsesivamente ligado a planteamientos monetaristas, en donde las ideas-fuerza son la eficiencia y la ganancia, se entroniza un principio de acumulación de la riqueza que no puede ser limitado por ninguna apreciación externa y que en consecuencia excluye el condicionamiento democrático que busca la progresiva disminución de las desigualdades sociales.

Esto repercute en una desnacionalización de los sistemas jurídico – laborales, es decir la pérdida de centralidad del espacio estatal (nacional) en la regulación de las relaciones de trabajo. Esta desnacionalización del Derecho del Trabajo está sugerida por los procesos de deslocalización mundial de la producción, y la movilidad de las industrias. Los procesos de regionalización, la construcción acelerada de instancias que unifiquen economías y mercados en un nivel supranacional, como la Unión Europea, implican también una pérdida de soberanía estatal y la correlativa limitación de los márgenes de maniobra que podían disponer los estados nacionales ante la imposición de "criterios de convergencia" sobre la base de la unión monetaria, que exigen la reducción del gasto social de aquellos. El afianzarse de la dimensión transnacional, lleva a constatar la progresiva pérdida de control por parte de los Estados de los mecanismos reguladores de la producción y de los flujos financieros, lo que en la práctica vanifica la legislación del trabajo, de base territorial, en donde se delimita el coste social y los mecanismos de tutela de las clases trabajadoras. Idéntica reflexión se produce respecto de las reglas colectivas originadas y concebidas para actuar dentro de las fronteras de cada Estado.

En lógica coherencia con lo anterior, la globalización trae consigo la re-regulación de los sistemas productivos y de las relaciones de poder en la empresa que no se orientan hacia la participación o negociación de las decisiones sobre la organización y el control de tales procesos. Es por tanto una regulación de orientación

autoritaria. En este sentido es en el que antes se hablaba de una versión interna, hacia cada uno de los ordenamientos jurídicos nacionales, de estos procesos fundamentalmente "externos", y es importante resaltar que este es el sesgo más comúnmente empleado por los "mensajeros de lo nuevo" en materia laboral . Se trata, en consecuencia, de proceder a un desmantelamiento de los sistemas de garantías principalmente a través de la reducción de las capacidades de acción de los sujetos colectivos, la debilitación de la norma imperativa estatal y la recuperación de amplios

espacios normativos a la unilateralidad de las decisiones empresariales.

Este tipo de diseño suele acompañarse de una especie de epifanía de la empresa como espacio regulativo autónomo que puede "blindarse" frente a las reglas generales del ordenamiento jurídico-laboral, derogando en su aplicación concreta a la misma normas colectivas o estatales, y configurando un "estado de excepción" permanente respecto de la regulación colectiva del sector o rama de producción o de las normas de aplicación interprofesional, estatales o colectivas. Hay por tanto un fenómeno de desregulación que se acompaña de una reorientación del centro de imputación normativo por excelencia, la empresa, en donde se concentra el territorio relevante de la regulación, progresivamente "liberado" de las constricciones estatales y colectivas "externas" al fortalecido poder de organización y de dirección empresarial.

Este doble movimiento de escape del Estado y de extranormatividad en el plano mundial, y de reacomodo del esquema normativo laboral en un sentido desregulador y fortalecedor de la unilateralidad empresarial en el plano nacional / estatal es lo que caracteriza al fenómeno de la globalización en relación con la regulación jurídico-laboral. No conviene olvidar, por tanto, que se está hablando, a la vez, de una realidad y de un proyecto, porque sólo comprendiendo esta dualidad se puede evitar la aceptación fatalista del globalismo como destino. Es decir, que, sin negar la globalización como realidad necesariamente parcial, en lo que tiene de descripción de una parte de un fenómeno multidimensional y esencialmente complejo, hay que darse cuenta de que es asimismo una construcción ideológica, una manera de regular cultural e ideológicamente las relaciones entre el capital y el trabajo en el marco de una economía mundializada. Un proyecto, en fin, que querría engendrar un nuevo orden como sistema intrínsecamente no regulado y emancipado del control político-democrático.

Algunos puntos de este diseño llaman la atención particularmente.

Es muy frecuente que en la globalización como proyecto estratégico no se hable siquiera del sindicato como problema. Hay una insólita unanimidad en quienes enfocan estos asuntos desde la visión neoliberal predominante en ignorar la capacidad de influencia que en tal panorama puede desplegar el sujeto sindical, la iniciativa social que a su través se desenvuelve. Se habla del Estado y del ordenamiento jurídico-laboral, pero no del ordenamiento autónomo, de matriz colectiva, ni de los sujetos que lo generan. Y esta despreocupación sobre el sindicalismo, a quien ni siquiera se le augura un modesto entierro rodeado de sus deudos, está muy extendida, con independencia del contexto en el que se contemple el diseño globalizador; y en concreto respecto de los fenómenos de integración regional que suelen acompañar a los mismos y que configuran identidades y prácticas culturales sindicalmente muy ricas: Europa, Tratado de Libre Comercio, Mercosur. También en este sentido hay señales de la construcción de espacios autónomos de acción sindical en una dimensión transnacional, y la emanación de reglas y prácticas, de intensidad aún muy débil, en las nuevas identidades económico-políticas supranacionales, como se analizará más adelante.

El réquiem anunciado por la acción colectiva de carácter reivindicativo no debe aun cantarse, y parecen precipitarse quienes anuncian, con voz falsamente compungida, el fin del sindicalismo merced a la globalización. Cierto, pero a ello no puede responderse, imprudentemente, con la fe del carbonero en que todo se solucionará, a imagen del católico que, viendo el pecado instalarse por doquier, musita para sí que las fuerzas del infierno no prevalecerán contra la virtud. A fin de cuentas, en un tiempo, internacionalización no fue sinónimo de la defunción de la organización obrera, sino que supuso su partida de bautismo. El internacionalismo propició la conciencia de clase, la construcción de sujetos colectivos que representaban a los trabajadores de cada sector en su país, y que actuaban en defensa de sus intereses. La modernidad de la Asociación Internacional de Trabajadores (AIT), más allá de la encrucijada de ideas proudhonianas, bakuninistas y marxistas , está en la elaboración de un programa mínimo y unitario, la coordinación de los procesos de lucha en cada país, dirigiéndolos y dotándolos de sentido, y en la emanación de lo que hoy podríamos definir como un proyecto de regulación social basado en un principio democrático radical que buscaba la igualdad sustancial sobre la base de la expropiación de la propiedad de los medios de producción al antagonista de clase . Hoy, con ocasión de esta era global, posiblemente sería interesante una reflexión sobre la concepción internacionalista del movimiento obrero en sus orígenes, su proyecto globalizador, y su proyección esencialmente extraestatal (o antiestatal en una versión del mismo), en relación con la construcción de un sindicalismo muy ligado al fenómeno de la identidad nacional y política, que se expresa en la propia idea de Estado, así como las experiencias de convergencia de culturas sindicales en una prácticamente extendida estatalización o nacionalización de la acción sindical.

Por otra parte, es sabido que otras lecturas más sociológicas o antropológicas de la globalización han destacado cómo este fenómeno abre nuevas posibilidades para la acción reflexiva de grupos sociales que pueden interactuar más allá de las tradicionales barreras geográficas nacionales (Barañano, 1999). La globalización entonces supone nuevos riesgos, ligados a la expropiación potencial del control sobre parcelas de la vida o del trabajo, y simultáneamente, abre nuevas oportunidades, nuevas posibilidades de apropiación de éstas por los sujetos sociales. La realidad social contemporánea presentará rasgos de incertidumbre o de riesgo, sin que en consecuencia las visiones unilaterales que parten del determinismo económico puedan garantizar cuál sea la dirección en la que inexorablemente se habrán de desarrollar los acontecimientos sociales, el "único camino" practicable.

Parece por tanto que el sistema europeo está más relacionado con la protección internacional de los derechos laborales definida por la OIT, y que en consecuencia pretende evitar una interpretación "selectiva" y discrecional del respeto de los derechos sociales en los países de referencia.

La Dimensión Internacional De Los Sindicatos Y De Sus Medios De Acción.

Como se sabe, el elemento central en la regulación de las relaciones laborales lo constituye un principio de autonomía colectiva que implica la existencia de sindicatos y asociaciones empresariales como sujetos del pluralismo social. Sin embargo, estas formas sociales se han construido históricamente y se desarrollan fundamentalmente en el marco estatal. Por historia y cultura son además muy diferentes entre sí. Por ceñirnos al marco regional europeo, si se toman cinco grandes países de la Unión Europea – Alemania, Francia, Italia, Gran Bretaña y España – se podrá apreciar cinco modelos diferentes de organización sindical, de relaciones laborales, de estructura de la negociación colectiva, de eficacia de los convenios. La "asimetría" entre un espacio de poder supranacional y esta localización nacional del sindicalismo lleva aparejada un vaciado progresivo de la eficacia y función de la acción sindical. Por ello se habla de la necesidad de una "revolución cultural e institucional" en el sindicalismo europeo, que no sólo trabaje en la construcción de estructuras organizativas a nivel supranacional, sino que vaya integrando la dimensión europea en la estrategia cotidiana de los sindicatos nacionales.

Es en Europa donde quizá el sindicalismo ha comprendido antes esta situación, e intenta, aunque con evidente retraso, ganar esa "nueva frontera" en su actuación. Ante todo, mediante la utilización de la Confederación Europea de Sindicatos (CES) como el instrumento unitario de coordinación de las confederaciones nacionales, al que progresivamente se van incorporando la práctica totalidad de éstas, una vez diluidos los vetos ideológicos que impedían el ingreso de importantes centrales sindicales del sur de Europa: CC.OO. en España, CGTP-IN en Portugal, CGT en Francia. De ellas, sólo ésta última no ha entrado en la CES por el momento. Una condición no escrita para el correcto funcionamiento de estas nuevas estructuras organizativas de ámbito regional es que en su seno se refleje la pluralidad de corrientes que existen en el conjunto del sindicalismo europeo, fuertemente ideologizado, y que expresan la enorme diversidad cultural del mismo. Es obvio, sin embargo, que un puro organismo de coordinación de políticas nacionales no permite el despliegue necesario de la acción sindical en el plano supranacional. Por eso ha sido precisa una reforma de los estatutos de esta Confederación para permitir que la CES adopte decisiones por mayoría cualificada, lo que implica un fenómeno de "cesión de soberanía" por parte de las organizaciones sindicales nacionales en beneficio de la europea, lo que tiene una especial relevancia en orden a la negociación colectiva comunitaria. La CES se configura pues como una verdadera persona jurídica que actúa como sujeto sindical autónomo en el ámbito comunitario, trascendiendo la suma de los mandatos de cada una de las organizaciones sindicales nacionales que la componen.

El Problema De La Representatividad.

En una gran medida, pues, el problema del sujeto sindical en la era de la globalización se reconduce al de su legitimación, o, de forma más precisa, al de la representatividad de estos sujetos. Con ello se quiere hacer referencia a la capacidad de agregar amplios consensos sociales en torno a su acción, más allá desde luego de la
relación de representación voluntaria que media entre la organización sindical y los trabajadores afiliados a la misma. La representatividad tiene que plantearse en una doble dirección, "fuera" y "dentro" de las fronteras nacionales, porque hoy aparecen firmemente soldadas ambas dimensiones. El interrogante que se plantea es el de si es posible mantener una situación de pluralismo real en la expresión del interés de todos los trabajadores de los

distintos territorios que componen el nuevo espacio integrado económica y monetariamente a nivel supranacional, y si la síntesis de ese interés global de los trabajadores la puede realizar convincentemente el sindicato, constituido como sujeto capaz de presentarse y de ser percibido como el portador de este interés colectivo, que puede por tanto actuar en su defensa con los medios a su alcance en ese nivel supranacional. Esta vertiente denominada "externa" de la representatividad implica un proceso de afirmación del sujeto sindical, que debería irse decantando en paralelo al proceso de integración política en curso y que previsiblemente se enfrenta a dificultades parecidas a aquél en cuanto a la identificación de los ciudadanos europeos con estas formas representativas.

También, como se ha señalado, la globalización económica despliega consecuencias negativas en el interior de los ordenamientos jurídicos nacionales, en un
movimiento que socava las bases del poder sindical en el interior de las fronteras de los respectivos Estados. Por eso se plantea en una versión "interna" el problema de la
legitimación sindical que implica la reformulación de su propia implantación y la capacidad de representar intereses no homogéneos, diferenciados por tantos motivos.

En este contexto un tema no menor es preguntarse sobre la clase de trabajo que la forma- sindicato tiende a representar en su conjunto y, más en concreto, el lugar que ocupa el trabajo autónomo, semidependiente, atípico, en los esquemas organizativos y de actuación de los sindicatos de cada país. O, enunciada de otra forma la pregunta, cómo tratar sindicalmente las múltiples manifestaciones de la "huida" del trabajo asalariado hacia la tierra de nadie de la inexistencia de derechos colectivos y de la norma legal que garantiza estándares mínimos de vida. El debate europeo sobre la "redistribución" extensiva de los ámbitos de aplicación de la norma laboral tiende a evitar estos territorios sin derechos, aunque plantee a su vez el interrogante sobre la posible construcción de un sujeto no sectorizado desde el trabajo asalariado, sino definido desde un momento previo que abarque el trabajo y el no trabajo. Este punto genera de nuevo la urgencia en la definición de la función representativa del sindicato de la ciudadanía social, trascendiendo su clásica posición de tutela de los trabajadores en cuanto tales.

Esta problemática de la representatividad sindical tiene además una importante anclaje institucional y jurídico-político, en la medida en que este fenómeno implica la determinación por el ordenamiento jurídico de los criterios de selección de
interlocutores, delimitando las reglas a las que se debe adecuar la representa-

tividad de los sindicatos en cada país. Es perceptible también aquí un doble nivel en el que se desarrolla el discurso. De un lado, en las instancias supranacionales, donde sería oportuna una definición de la representatividad de los actores sociales basada en criterios de medición homogéneos a las distintas realidades nacionales. Estos criterios deberían permitir la actuación general de los sujetos colectivos en uso de su libertad, especialmente en lo referido a negociación colectiva y huelga en la dimensión supranacional, y con relevancia también en los distintos ordenamientos nacionales.

Naturalmente que esta problemática sólo se plantea como paso posterior a la plena existencia del sindicato "supranacional" como sujeto colectivo dotado de plenas capacidades de actuación en dicho ámbito, articuladamente con la acción de los respectivos sindicatos nacionales en las diferentes realidades sociales marcadas por las fronteras estatales. En el estado actual de las cosas, tal objetivo no parece irrazonable ni inalcanzable. Tanto es así que se ha planteado de hecho en la Unión Europea, aunque sin encontrar una respuesta adecuada en lo que se podría llamar una "legislación promocional" por parte de la Comisión Europea.

De otra parte, la organización estatal del pluralismo sindical a través de las reglas para seleccionar a los sujetos "representativos" es ya un problema antiguo que, como tal, debe reformularse de nuevo atendiendo a esos imperativos de adecuación del sujeto colectivo a la diversidad de intereses por representar. Los ordenamientos
jurídicos nacionales deberían acoplar las reglas sobre el "reconocimiento" de la implantación mayoritaria de los sindicatos a una óptica no engañosa, que permitiera la expresión fiel de una realidad social y de los sujetos presentes en ella con una cierta
densidad organizativa y de actuación. O, lo que es lo mismo, que las ficciones jurídicas sobre la representatividad sindical no oculten ni nieguen la pluralidad sindical, pero que tampoco acuerden la misma posición jurídica a los sujetos que mayoritariamente defienden los intereses de los trabajadores en su globalidad o, más allá, que se presentan como portadores del interés del conjunto de la ciudadanía social.

Negociación Colectiva Supranacional.

La incorporación a la acción sindical de la "nueva frontera" que supone la dimensión supranacional, repercute directamente sobre la forma de producción de reglas vinculantes sobre las relaciones laborales más tradicional de la acción sindical, la negociación colectiva. Hay que tener en cuenta que la negociación colectiva presenta un producto típico, el convenio colectivo, como resultado "normal" de dicha actividad, producto sobre el que existe una acabada teorización en la que se caracteriza la figura y se la integra en el ordenamiento jurídico (estatal), precisando su carácter de fuente del derecho y los efectos jurídicos que despliega. Esta "tipicidad" del instrumento regulativo por excelencia proveniente de la autonomía colectiva puede que no se reconozca en la nueva dimensión supranacional de la acción sindical. Es decir que en esta dimensión comienzan a aparecer nuevos productos reguladores de las relaciones laborales basados en el principio de autonomía colectiva, pero que carecen de la precisión taxonómica de los conceptos clásicos.

En la experiencia europea, la propia categoría de la negociación colectiva comunitaria se resiste a encajar dentro del molde que sugiere su denominación. La negociación colectiva tal como surgió en el Acuerdo de Política Social de Maastricht, incorporado ahora al tratado de Ámsterdam, no debería en puridad recibir ese nombre, pues su eficacia se reconduce a la decisión del órgano comunitario y no a la autonomía de las partes firmantes, como requeriría cualquier convenio colectivo (Aparicio, 1996 : 191). Definida como "un personaje que busca su propia identidad", realmente se trata de una manifestación de concertación social (D'Antona, 1998 b: 106), que inserta un momento negocial en la iniciativa pública comunitaria y, más adelante, en la propia decisión política, llegando incluso a convalidar el déficit de legitimidad democrática que padece el sistema jurídico comunitario (Roccella, 1998 : 47 y 52).

Hay otras manifestaciones de la acción sindical que presentan una cierta viscosidad clasificatoria, puesto que representan un continuum entre derechos de consulta, fórmulas de participación y acuerdo colectivo, normalmente concebidas de modo abierto, como un procedimiento que se desarrolla en paralelo a los procesos determinantes de decisiones organizativas de la empresa, que vienen así participados a través de estos cauces de difícil precisión dogmática. Otras experiencias articulan el nivel transnacional y el nacional de manera muy flexible, sin que puedan parangonarse a fenómenos conocidos de estructuración o de encuadramiento de la negociación colectiva: se elaboran orientaciones generales – guidelines – en los órganos de representación de la empresa transnacional sobre determinados asuntos que constituyen a su vez el motor de la negociación colectiva en cada país, a través de los actores sociales. Ya antes se ha mencionado la negociación, a nivel de sector comunitario de un Código de Conducta que las empresas transnacionales habrán de respetar en su actuación; aquí la autonomía colectiva genera como producto un compromiso cuyo sin embargo se deja a la autonomía organizativa de la empresa y a su actuación unilateral.

A grandes rasgos se diría que en estas nuevas formas emergentes de regulación colectiva en el ámbito supranacional, predomina la informalidad como valor, a lo que sigue una marcada preferencia por la procedimentalización de la toma de decisiones como método, en una cierta articulación de niveles desde el comunitario al nacional. Por eso la clásica perspectiva del jurista que se preocupa de precisar la eficacia jurídica de estos nuevos procesos de formación de reglas se debe descomponer en dos tiempos. La discusión sobre la eficacia jurídica se recuperará en la forma de recepción de estas reglas que cada ordenamiento nacional dispone, al que posiblemente remiten gran parte de estos nuevos productos regulativos para que sean actuados "según los procedimientos y las prácticas propias de los interlocutores sociales y de los Estados miembros", mientras que en el nivel supranacional la discusión se sitúa en el de verificar la eficacia real de estas nuevas fórmulas, es decir, en la perspectiva de debatir sobre la vigencia social de estos actos colectivos.

Siempre con el mismo objetivo de definir el marco supranacional de la acción sindical como un elemento añadido a su práctica cotidiana y a su cultura, se ha señalado (Daübler, 1998) la necesidad de coordinar políticas y estrategias de negociación sobre los contenidos de los convenios colectivos a nivel sectorial en cada uno de los países que componen la Unión Europea. Se trataría de una especie de convergencia de políticas negociales, en paralelo a lo que se realiza a nivel comunitario con la coordinación y convergencia de las políticas estatales en materia de empleo. Incluso se han sugerido los contenidos sobre los que podría ser posible la homogeneización tendencial de las condiciones de trabajo en un determinado sector

¿Un Proyecto Alternativo En El Espacio De La Globalización?

El interrogante que encabeza este último epígrafe se contesta si se ha tenido la paciencia de leer en orden las páginas precedentes. Parece que, desde el reducido ámbito del Derecho del trabajo, la emergencia de nuevas reglas y de una buena serie de problemas adyacentes no permiten hablar de un black-out de las experiencias de control público y colectivo de las reglas del mercado de trabajo. Lo que aquí se ha denominado "sentido común" de la globalización, en oposición a las realidades normativas y reglas jurídicas existentes, tiene mucho de los escenarios de desastre a los que están acostumbrados los diseñadores de un nuevo mundo global a su medida. Porque si hay algo que puede resultar ya evidente es que el mundo global no es sólo un proyecto autoritario, y que hay un espacio por recuperar de forma alternativa en esta "era global". Ello exige imponer otra lógica en la regulación global, basada en la recuperación de la igualdad y en la repolitización democrática de la economía-mundo.

Desde la pérdida de influencia del Estado-Nación y de la soberanía estatal sobre la que hasta ahora se volcaban los esfuerzos de nivelación social, son precisas iniciativas dirigidas a la construcción de entidades supranacionales, espacios integrados económica y políticamente, y en el reconocimiento de la empresa transnacional como terreno regulativo. Hay que "normalizar" en estos terrenos la presencia de la acción sindical, reformulando las relaciones de poder en los mismos de forma no asimétrica, y estableciendo "contrapesos" en las mismas, aunque la forma de expresión de éstos tenga que ser diferente y cause cierta perplejidad al jurista, acostumbrado a las certezas de un sistema jurídico guiado por un principio estricto de territorialidad estatal.

Posiblemente el carácter alternativo vendrá dado sobre la base de la construcción de una "legalidad" democrática, más allá y al lado de la regulación estatal clásica, en la que el poder social normativo de los sujetos colectivos, a través de diversas y por el momento atípicas formas de expresión, desempeñe un papel relevante. Es conveniente reparar sin embargo en que el espacio de la globalización incluye también el espacio estatal, estableciendo por consiguiente unas relaciones de interdependencia entre la emanación de reglas en estas dimensiones. La base de unos planteamientos alternativos podría reposar en el carácter "ciudadano" de los derechos sociales, y en especial de los derechos sindicales: una ciudadanía global que requiere la extensión de estos derechos a escala planetaria. Y que obliga a la construcción del poder y del derecho también más allá de los espacios nacionales, mediante la utilización combinada de la acción política y de la acción social en la que el desarrollo de la acción sindical de los sujetos representativos se tiene que desenvolver en el campo de la ciudadanía social y de la solidaridad, practicando el programa emancipatorio que está grabado en su código genético.

No se dispone en ninguna parte de un certificado que asegure el éxito de este empeño, como tampoco hay signos que permitan mantener un optimismo exultante
sobre la generalización de un proyecto alternativo que recupere a escala mundial las ideas básicas del control público y colectivo del mercado y la construcción de un estatus de ciudadanía global como presupuesto irrenunciable de un sistema político y económico. Pero ello no impide insistir en que precisamente en esa globalidad es posible concebir un mundo no deforme ni desigual, en el que se recupere un proyecto de emancipación social alternativo a lo existente y que aspire a transformarlo de forma que en ese diseño final

se puedan reconocer las aspiraciones de los trabajadores del mundo, gozando de su plena condición de ciudadanos en plenitud real del ejercicio de sus derechos.

El Encumbramiento De La Automatización

Hemos dicho que uno de los temas de mayor discusión en la literatura económica, de tecnología de la información y las telecomunicaciones y de automatización de procesos, es la cuarta revolución industrial y lo que ella implica para el futuro del trabajo remunerado en el mundo. Para contextualizar, se le llama revolución digital o cuarta revolución industrial al conjunto de innovaciones, principalmente en el área de la robótica, las telecomunicaciones y los sistemas operativos, la internet de las cosas, las cuales están cambiando el trabajo y la vida diaria y se estima que en el futuro tendrán un efecto radical y determinante en el estilo de vida de los seres humanos y en la economía mundial, primordialmente mediante amplios procesos de automatización de las tareas. Dentro de esta amplia gama de innovaciones, destacan algunas tecnologías que de manera particular suponen un gran potencial para irrumpir las estructuras ocupacionales convencionales, con máquinas desplazando labores que actualmente son cubiertas por personas. Entre estas se encuentran: 1) el Internet de la Cosas (IdlC), que significa la aplicación de Internet a artefactos y procesos que permite el control remoto y automático de los enseres de las casas y empresas y que antes no se concebían y que ahora estarán conectados. Se estima que el IdlC podrá reducir costos de mantenimiento y monitoreo de las fábricas y los hogares. La amenaza al bienestar social y económico de los trabajadores no viene sólo del proceso globalizador, ahora la otra amenaza es la automatización.

En la década de los 1960, Milton Friedman, premio Nobel de economía fue contratado por una nación del sudeste asiático, rumbo a una zona de proyectos vio que estaban haciendo una carretera con palas y ninguna máquina. Preguntó que dónde estaban los bulldossers, le respondieron que era un proyecto para crear empleos. Entonces, dijo Friedman, ¡por qué no les dan cucharas en lugar de palas? La anécdota de Friedman revela es escepticismo acerca de la destrucción de empleos por el uso de la maquinaria. Lo mismo sucede hoy con los robots en las fábricas de montaje. En el plano cotidiano, se automatizarán muchos aspectos del diario vivir, como el transporte (carros y trenes auto manejados), control del perímetro del hogar o los robots limpiadores de los espacios, domotización o la casa inteligente (uso de Internet en las viviendas para controles automáticos como la luz, electrodomésticos, puertas y ventanas, cocina, etc.) y la salud a distancia y cercana (aparatos para detección de enfermedades o acceso a medicina automatizada); 2) la impresión 3D para producir lo inimaginable, desde un carro hasta un riñón o una oreja, la cual reduce los costos de producción y agiliza los procesos permitiendo llevar a cabo tareas complejas en poco tiempo y con poco personal; 3) la robótica y su potencial para automatizar tareas tanto manuales y repetitivas como cognitivas y de naturaleza más técnica en hospitales, fábricas de ensamblaje, aeropuertos, servicio postal, gracias a los avances en softwares de inteligencia artificial, entre otras innovaciones como el big data (datos masivos) y la tecnología de nubes. Estos son solo algunas de las áreas que impactará este fenómeno; los futurólogos estiman que repercutirá en todos los ámbitos de la sociedad, desde la convergencia de máquinas y humanos hasta la posibilidad de extender la vida por mucho más tiempo de lo que ahora la ciencia es capaz.

Es cierto que existen diferencias entre las ramas o segmentos económicos. No es lo mismo perder millones de empleos en el campo con la introducción de maquinaria que, incluso hoy, puede ser guiada por computadora, En este caso, los empleos creados por las fábricas constructoras de maquinaria, programadores, etc., son por muchos menores los empleos perdidos en el campo. En comparación, la OIT ha realizado estudios sobre la industria automotriz y las ensambladoras de línea blanca y electrodomésticos, el resultado es que de cada10 empleos perdidos 8 se recuperan en las industrias que realizan la automatización.

Sin embargo, la perdida intraindustrial y sus cualificaciones no servirán de nada para competir empleos en otra rama industrial. En otras palabras, decirle a un trabajador con educación media que se prepare para competir con ingenieros en sistemas, robótica o industriales, sería una gran tontería.

El ejemplo más claro es lo que ocurrió en Estados Unidos del año 2000 al 2010, es la década perdida porque se crearon CERO empleos adicionales. Todos los que perdieron su empleo fueron reemplazados por otros mejor calificados, pero en el total no hubo movimiento, sólo perdidas de un sector y ganancias en un sector diferente (Ford, 2015: xi).

Supongamos que usted maneja su carro por un minuto a 5 millas por hora, dobla la velocidad en el siguiente minuto a 10 millas, si lo hace 27 veces, ¿cuál será la velocidad final y las millas recorridas en un minuto. Abróchese el cinturón: en el minuto 27 la velocidad será de 671 millones de millas por hora. Eso es lo que ha ocurrido en el campo de los circuitos integrados y Chips después. Desde 1958 la velocidad de una computadora se dobla cada año. Mi primer Smart phone de 120 gigas de memoria de almacenamiento tiene más capacidad que todas las computadoras juntas (unas 20 desde la Cromenco y la

486) que usé desde 1983 hasta 2005. Recuerdo que la Cromenco quedó obsoleta en 6 meses, la 486 en menos de un año y así hasta llegar a una laptop HP de lápiz y teclado que en menos de 4 meses quedó para la historia, casi nueva, y ya obsoleta.

En el año 2000, asistí a la feria tecnológica en Tokio, Japón, para entonces Sony presento relojes y laptops con el lema "en cinco años nadie va a necesitar una computadora de mesa", el futuro será diferente. También fuimos a una fábrica de videocaseteras totalmente automatizada, funcionando las 24 horas con tan sólo los controladores en las consolas. Tres años más tarde, la planta fue reconvertida para la producción de Videodisco. Las videocasetes fueron historia.

En 2003 en Helsinki presentaron los nuevos desarrollos de Nokia, allí vi que el futuro nos había alcanzado con los Smart Phones.

Los avances tecnológicos, la rapidez de la automatización y la miniaturización de todos los equipos fueron la tormenta perfecta para los trabajadores sin educación tecnológica y de sistemas de la información.

De todos estos adelantos, la robótica es la que más desplaza a trabajadores. En India las fábricas de textiles "normales" de dos mil trabajadores pueden operar y producir lo mismo con 400 trabajadores y robots. Almacenes de grandes cantidades de artículos diferentes pueden reducir hasta 90 por ciento el personal sustituyéndolos con robots. Una fábrica con robots y 10 mil trabajadores en China produce lo mismo en calzado que todo un país como México que ocupa más de 200 mil trabajadores. Lo mismo hace Vietnam en dos de sus industrias maquiladoras de las grandes marcas del mundo, fabricas robotizadas de textiles y calzado. (Ford, 2015: 15 -32).

La robotización traerá lo que se han considerado las 7 plagas: 1. Estancamiento de salarios; 2. Desaparición de las pequeñas empresas y la consolidación de los grandes conglomerados con poder suficiente para manipular el mercado económico y el de trabajo; 3. Declinamiento de la participación de la fuerza de trabajo en el sector industrial y la tercerización de las economías; 4. Disminución de la creación de empleos industriales y la tendencia de desempleo a largo plazo; 5. Incremento brutal de la desigualdad social y económica dentro de los países y en comparación con los países; 6. Disminución de los salarios y de las oportunidades laborales para nevos profesionales recién egresados; y 7. Polarización laboral e incremento de trabajo parcial o por horas.

La automatización, esto es un hecho, interrumpirá los equilibrios del mercado laboral, destruyendo algunos trabajos mientras crea otros. Si trabajos se destruyen más rápido de lo que se crean, como sugiere la naturaleza de las nuevas tecnologías será el caso, al menos inicialmente y después en el largo plazo, una fuerte seguridad social se necesitará como red para apoyar a los trabajadores durante el mediano plazo (que, como hemos visto, podría durar varias generaciones).

Debemos considerar si nuestros sistemas de bienestar tendrían la capacidad para manejar un aumento masivo del desempleo a medida que la economía experimenta esta transición. Desafortunadamente, los datos muestran que ni naciones desarrolladas como Estados Unidos o Reino Unido han podido sortear la infame tendencia del empobrecimiento de las clases medias en áreas preminentemente rurales e industriales.

Dado que no todos los tipos de trabajo tienen el mismo nivel de riesgo de ser reemplazados, es conveniente continuar el análisis del mercado de trabajo utilizando un modelo que permita categorizar los oficios según el grado de complejidad y de habilidad requerida. Un modelo que ha sido utilizado ampliamente en la literatura económica es el denominado modelo de las tareas de David Autor y Daron Acemoglu.
Los autores plantean una tipología que puede ser utilizada para clasificar el tipo de ocupación; esta clasificación es útil para aproximarnos a una estimación del grado de riesgo de automatización que tiene un determinado trabajo.

Frente a esta realidad es necesario analizar cómo pueden las regiones en vías de desarrollo enfrentar los nuevos retos de las siete plagas frente a la cuarta revolución industrial. En el caso de América Latina, la región presenta dificultades en cuanto a la capacidad de sus trabajadores de adaptarse a las nuevas tecnologías e incorporar estas dentro de las estructuras de producción actuales. También existen problemas en la redirección que deberían tomar los sistemas educativos orientados a carreras que no tendrán ninguna utilidad en el futuro. En primer lugar, la región no cuenta con las mismas capacidades de financiamiento para costear innovaciones tecnológicas que sus contrapartes desarrolladas. Por igual, el capital humano de la región exhibe brechas considerables para aprender y poner en marcha nuevas habilidades y disciplinas necesarias para poder ser competitivo en los nuevos modelos de trabajo. En este sentido, los países en vías de desarrollo deben poner especial énfasis en llevar a cabo estructuras de desarrollo profesional que les permitan aumentar las competencias de la mano de obra.

Aún queda la esperanza que las tareas más nobles de los políticos democráticos del mundo en estos tiempos por venir del presente milenio se encaminen al fortalecimiento del Estado y a reinstaurar la primacía de la política sobre la economía. Si lo anterior se olvida y no podemos concretarlo, la deshumanización a través del comercio y la técnica nos llevara al cortocircuito global. Lo único que quedará será el recuerdo de los años dorados, los últimos del segundo milenio y los primeros 8 del tercer milenio, cuando en el mundo aún había orden y quedaba la esperanza de poder cambiar el mundo.

Así, a velocidades casi inaprensibles, avanza la globalización.... Esa "unión de charcos, estanques, lagos y mares de las economías locales, provinciales, regionales y nacionales en un único océano económico global que expone a los ámbitos pequeños a las olas gigantescas de competencia económica en vez de, como antes, a pequeñas olitas y tranquilas mareas".

La visión de los globalistas es un mundo entero es un solo mercado, en apariencia próspero y con un comercio justo entre naciones. ¿No se cumple así un sueño de la Humanidad? ¿No debemos alegrarnos por el ascenso de tantos países en desarrollo? ¿No está la paz global al alcance de la mano?

NO.

Creer en una globalización sin estragos es hoy un ejercicio que oscila de forma indescifrable entre una compartida visión utópica y un superficial optimismo conformista. Globalización justa. ¿Qué es esto, un juego de palabras o una perspectiva real y factible?

Imaginarse una globalización que no hiera de muerte al planeta, que sea humana, producida "desde abajo", civil y moral. ¿Qué es esto, la enésima ilusión o un verdadero proyecto posible? Yo, sobre este asunto, no tengo grandes certezas que ofrecer. Apenas puedo plantear una sospecha: la globalización buena, si existe, está hecha con los mismos ladrillos que la globalización mala. Utilizados de manera distinta, pero los ladrillos siguen siendo los mismos. [...]." (Bernardo Subercaseaux).

La visión de Marshall McLuhan de la Aldea Global, del mundo como una aldea homogénea, no se ha hecho en manera alguna realidad. Existe una proximidad mediática y de simultaneidad, pero siguen sin producirse vinculaciones culturales, y mucho menos igualdad económica ya que la globalización no redistribuye los beneficios de las grandes corporaciones y la brecha entre países ricos y pobres se amplía en lugar de disminuir.

Arrogantes máquinas urbanas altamente tecnificadas dominan entretanto el globo terráqueo, aunque cada vez más como islas. El archipiélago de la riqueza consta de florecientes enclaves, pero son únicamente ciudadelas de la economía global. La mayor parte del mundo sigue siendo un planeta de miseria, rico tan solo en megaciudades con mega suburbios, en los que miles de millones de personas se abren paso trabajosamente día con día, año tras año, y siempre con la misma embarazosa indiferencia por parte nuestra.

Trescientos sesenta y dos multimillonarios son en conjunto tan ricos como dos mil quinientos millones de personas de los más de siete mil doscientos millones que pueblan el mundo.

Con las restricciones de Trump al comercio, la guerra comercial con

China y el mundo saliendo de la pandemia del Covid19, al final, quedará siempre la pregunta de si la globalización es un falso amanecer y son los espejismos que promete los que han deslumbrado a mucha gente, o si la globalización en el mediano plazo puede mejorar los niveles de bienestar de los ciudadanos del mundo al llevarles los empleos que de otra manera no tendrían.

O como lo específica, Dani Rodrik respecto al futuro de la globalización, en esta fase en que la economía mundial atraviesa momentos muy duros y…la Historia nos previene contra la complacencia. Hemos visto surgir y caer la globalización con anterioridad y por ello debemos entender que para que exista una economía global saludable hay que cuidarla; no mantendrá la salud por sí misma.... Por ello, creo que debemos luchar por un mejor equilibrio entre la visión desde una perspectiva de los mercados globales y la que tienen los gobiernos en su empeño para lograr el crecimiento económico y la armonía de las sociedades nacionales. Creo que en las últimas dos o tres décadas hemos ido demasiado lejos y hemos estrechado el espacio de maniobra de los gobiernos para lograr esos objetivos. Si reconsideramos esto, la economía global se recuperará; si no, seguiremos con problemas en el horizonte".

De Si La Globalización Tiene Un Futuro Posible, Sólo La Historia Tendrá La Respuesta.

REFERENCIAS BIBLIOGRAFICAS

Sobre globalización y sus efectos

1. Althusser, Louis. Ideología y los aparatos ideológicos del estado. México: 1970

2. Amin, A. y Thrift, N. Globalization, Institutions and Regional Development in Europe. Oxford University Press, 1994.

3. Anderson-Levitt, K. A World Culture of Schooling?. En Local Meanings, Global Schooling: anthropology and World Culture Theory, ed. Kathryn Anderson-Levitt. Nueva York: Palgrave Macmillan, 2003..

4. , A. (1996). Modernity at Large: Cultural Dimensions of Globalization. Minneapolis: University of Minnesota Press, 1996. [Ed. cast.: La Modernidad desbordada: dimensiones culturales de la globalización, Buenos Aires: Fondo de Cultura Económica, 2001].

5. Apple, M. (2009). Global Crises, Social Justice, and Education. Nueva York: Routledge. Arnove, R. y Torres, C.A. (2007).

6. Auby, Jean-Bernard. La Globalización, el Derecho y el Estado. Global Law Press S.L.; LGDJ edition, 2015.

7. Comparative Education: The Dialectic of the Global and the Local. Nueva York: Rowman & Littlefield.

8. Astiz, F.M., Wiseman, A.W. y Baker, D,P. (2002). Slouching towards Decentralization: Consequences of Globalization for Curricular Control in National Education Systems. Comparative Education Review, 46 (1), 66–88.

9. Anderson-Levitt, K. A World Culture of Schooling? En Local Meanings, Global Schooling: Anthropology and World Culture Theory, ed. Kathryn Anderson-Levitt. Nueva York: Palgrave Macmillan, 2003.

10. Appadurai, A. (1996). Modernity at Large: Cultural Dimensions of Globalization. Minneapolis: University of Minnesota Press. [Ed. cast.: La Modernidad desbordada: dimensiones culturales de la globalización,
Buenos Aires: Fondo de Cultura Económica, 2001].

11. Apple, M. 2006. Educating the Right Way: Markets, Standards, God, and Inequality. Nueva York: Routledge [Edic. cast.: Educar como Dios manda: mercados, niveles, religión y desigualdad. Barcelona: Paidós, 2002].

12. Apple, M. (2009). Global Crises, Social Justice, and Education. Nueva York: Routledge. Arnove, R. y Torres, C.A. (2007). Comparative Education: The Dialectic of the Global and the Local. Nueva York: Rowman & Littlefield.

13. Astiz, F.M., Wiseman, A.W. y Baker, D,P. (2002). Slouching towards Decentralization: Consequences of Globalization for Curricular Control in National Education Systems. Comparative Education Review,
46 (1), 66–88.

14. Baker, D. P. (2009). The Invisible Hand of World Education Culture. En

Handbook of Education Policy Research, ed. D. Plank, G. Sykes, y B. Schneider. Nueva York: Routledge.

15. Baker, D.P. y LeTendre, G. (2005). National Differences, Global Similarities: World Culture and the Future of Schooling. Stanford, CA: Stanford University Press.

16. Ball, S. J. (1990). Politics and Policy-Making in Education: Explorations in Policy Sociology. Routledge: Londres.

17. Ball, S. J. (1994). Researching Inside the State: Issues in the Interpretation of Elite Interviews. En Researching Educational Policy: Ethical and Methodological Issues, ed. D. Halpin y B. Tryona. Londres: Falmer.

18. Ball, S. J. (2007). Education Plc: Private Sector Participation in Public Sector Education. Londres: Routledge.

19. Ball, S. J. y Youdell, D. (2008). Hidden Privatization in Public Education. Brussels: Education International.

20. Bailey, D., Harte, G., y Sugden,R. Making transnational Accountable. London, Routledge, 1994.

21. Baricco, Alessandro. Next. Sobre la globalización y el mundo que viene. Editorial Anagrama, Barcelona, 2002.

22. Bakunin, Mijail. Escritos de filosofía política, I.G.P.Maximoff, comp. Alianza Editorial. 1978.

23. Barnet, Richard. J. Global Dreams: Imperial Corporations and the New World Order. Touchstone, 1995.

24. Bhagwati, Jagdish. In Defense of Globalization. Oxford University Press, 2004.

25. Benjamin, Roger y S.L. Elkin. The Democratic State. University of Kansas, 1985.

26. Berlin, Isaiah. Cuatro ensayos sobre la libertad, Madrid. Alianza Universidad, 1988.

27. Bessis, Sophie. Occidente y los otros. Historia de una supremacía. Alianza Editorial,Madrid, 2002.

28. Bigellow, Bill. Rethinking Globalization: Teaching for Justice in an Unjust World. Rethinking School Publishing, 2004.

29. Barón, Enrique. Europa en el alba del milenio. Acento editorial. Madrid, 1999.

30. Bauman, Zygmunt. La globalización. Consecuencias humanas. Fondo de Cultura Económica, 2017.

31. Boyer, R. y Drache, D. (editors). States Against Markets: The Limits of Globalization. Routledge Press, 1996.

32. Bourguignon, François. The Globalization of Inequality. Princeton University Press; 2017.

33. Benetti, Carlo. La Acumulación en los Países Capitalistas Subdesarrollados. FCE/ Economía Contemporánea, México, 1987.

34. Camilleri, J.A., y Falk, J. The End of Sovereignty. Aldershot: Edward Elgar. London, 1992.

35. Castells, M. (2000): La era de la información. La sociedad red. Segunda edición. Madrid: Alianza Editorial.

36. Castells, Manuel. 1998. La era de la información. Economía, sociedad y cultura. Vol. 3. Finde Milenio. Madrid. España Alianza Editorial.

37. Cannon, Tom. Welcome to the Revolution. Pitman Publishing, London, 1996.

38. CEPAL Transformación Productiva con Equidad: Un Enfoque Integrado. Chile. 1992.

39. Chatelet, Francois y E. Pisier-Kouchner. Las concepciones políticas del siglo XX. Espasa Universidad, España 1996.

40. Collins, Susan M. (Editor). Brookings Trade Forum, 2004: Globalization, Poverty, and Inequality. Brookings Institution Press. 2005.

41. Debreu, Gerard. Theory of Value: An Axiomatic Analysis of Economic Equilibrium. Yale University Press, 1972.

42. Dervis, Kemal y Ceren Ozer. A Better Globalization: Legitimacy, Governance, and Reform. Center for Global Development, 2005.

43. Dicken, Peter. Global Shift. Guilford. 2003.

44. Dobb, Maurice, Teorías del Valor y de la Distribución desde Adam Smith, Ideología y Teoría Económica. Siglo XXI, 1982.

45. DiMaggio, P. y Powell, (1983). The Iron Cage Revisited: Institutional Isomorphism and Collective Rationality in Organizational Fields. American Sociological Review, 48 (2), 147–60. [Ed. cast.: "Retorno a la jaula de hierro: el isomorfismo institucional y la racionalidad colectiva en los campos organizacionales", en Paul DiMaggio y Walter W. Powell: El Nuevo institucionalismo en el análisis organizacional, México: Fondo de Cultura Económica, 1999].

46. Drori, G. S., y Krücken, G. (2009). World Society and a Research Program in Context. En World Society: The Writings of John W. Meyer, ed. Georg Krücken and Gili S. Drori. Nueva York: Oxford University Press.

47. Drori, G. S., Meyer, J.W. y Hwang, H. (eds.) (2006). Globalization and Organization: World Society and Organizational Change. Oxford: Oxford University Press

48. Espinal, Juan Carlos. Escritos sobre capitalismo, globalización. CreateSpace Independent Publishing Platform, 2018.

49. Featherston, M. (ed.) (1990): Global culture: nationalism, globalization and modernity. London: Sage.}Friedman, Millton y Rose Friedman. Libertad

de elegir. Grijalbo 1980.

50. Falk, Richard. La globalización depredadora. Una crítica. Siglo XXI. España Editores, Madrid, 2002.

51. Frieden, Jeffry R. Global Capitalism. Norton Paperback, 2007.

52. Friedman, Thomas L. Tradición versus innovación. Atlántida, 1999.

53. Friedman, Thomas L. The World Is Flat: A Brief History of the Twenty-first Century. Farrar, Straus and Giroux, 2003.

54. Fukuyama, Francis. La gran ruptura. Atlántida, 1999.

55. Gereffi, Gary (Editor). Commodity Chains and Global Capitalism. Praeger, 2003.

56. Giddens, A. (1999): Consecuencias de la modernidad. Madrid: Alianza Editorial (versión de Ana Lizón Ramón).

57.   -, (2001): "Introduction". En Giddens, A. (ed.). The Global Third Way Debate. Cambridge: Polity Press.

58. Giddens, Anthony. Un mundo desbocado. Los efectos de la globalización en nuestras vidas. Editorial Taurus, Bogotá, 2000.

59. Giménez, Gilberto. "Globalización y cultura". Estudios Sociológicos del Colegio de México, vol. XX, No. 58, enero-abril, 2002, pp. 18-19.

60. Greenspan, Alan. La era de las turbulencias. Ediciones B, 2008.

61. Gwynne, Robert (Editor). Latin America Transformed: Globalization and Modernity. Arnold Publishers, 2004.

62. Habbermas, J. et all. La posmodernidad. Kairós. 2002.

63. Hamel, Gary. Leading the Revolution. Harvard Business School Press, 2000.

64. Helpman, Elhanan. Globalization and Inequality. Harvard University Press, 2018

65. Heal, G.M. Planning, Prices and Increasing Returns. Review of Economic Studies 38; 281-94, 1971.

66. Held, David. Political Theory and the Modern State. Stanford University Press, 1999.

67. Held, D. y McGrew; A. (2000): The Global Transformation Reader. Cambridge: Polity Press.

68. Held, David y Anthony McGrew. Globalization / Anti-Globalization. Polity Press, 2002.

69. Henderson, Jeffrey. The Globalizations of High Technology Production. Routledge, London. 1999.

70. Hinsley, F. H. Power and the Pursuit of Peace: Theory and Practice in the History of Relations Between States. Cambridge University Press, 1986.

71. Hirst, P. Globalization in Question: The International Economy and the Possibilities of Governance. Polity Press, 1999.

72. Hitt, Michael A. et al. Strategic Management: Competitiveness and Globalization, Concepts. South-Western College Publishing, 2004.

73. Hoffman, K. y R. Kaplinsky. Driving Force: the global restructuring of technology, labor and investment in the automobile and components industries. Westview Press, Boulder, Co., 1988.

74. Hobsbawm, Eric. Age of Extremes: The short Twentieth Century. Vintage, 1996.

75. Huerta, Arturo. Riesgos del Modelo Neoliberal Mexicano. Ed. Diana. México. 1992.

76. Huntington, Samuel P. El orden político en las sociedades en cambio. Editorial Paidós. Barcelona, 1996.

77. Huntington, Samuel P. The Third Wave. University of Oklahoma Press. 1991.

78. Jacoby, David S. Trump, Trade, and the End of Globalization. Praeger; 2018.

79. Jepperson, R.L. (2001). The Development and Application of Sociological Neoinstitutionalism. Working paper 2001/5. Robert Schuman Centre, European University Institute, Florence.

80. Julius, A. Global Companies and Public Policy. RIIA, London, 1990.

81. Julius, A. Imagining the World Economy. RINTER, IDC, Washington, 1994.

82. Kapstein, Ethan. Governing the Global Economy: International Finance and the State. Harvard University Press, 1996.

83. Kitson, Michael y Mitchie Jonathan. Political Economy of Competitiveness: Essays on Employment, Public Policy and Corporate Performance. Routledge, 2005.

84. Krugman, P. Development, Geography and Economic Theory. MIT Press, 1995.

85. Krugman, P. Pop Internationalism. MIT Press, 1996.

86. Krugman, P. y Krugman Paul R. The Great Unraveling: Losing Our Way in the New Century. W. W. Norton & Company, 2004.

87. Laswell D. Harold. La orientación hacia las políticas en Antología de Políticas Públicas. Coordinador Luis F. Aguilar. Ed. Miguel Porrúa Editores de México.

88. Lele, Uma. Addressing the Challenges of Globalization: An Independent Evaluation of the World Bank's Approach to Global Programs. World Bank Publications. 2005.

89. Le Monde Diplomatique. No al pensamiento único. Otro mundo es posible. Editorial Aún creemos en los sueños, Santiago, 2001.

90. Lemert, Charles C. Globalization: An Introduction to the End of the Known World. New Worlds Edition. 2018.

91. Lichtensztejn, Samuel y Baer, Mónica. Políticas Globales en el Sistema económico de libre mercado: El Banco Mundial. Ed. CIDE. México. 1986.

92. Livesey, Finbarr. From Global to Local: The Making of Things and the End of Globalization. Pantheon, 2017.

93. Meyer, J.W. (2009b). Reflections: Institutional Theory and World Society. En World Society: The Writings of John W. Meyer, ed. Georg Krücken y Gili S. Drori. Oxford: Oxford University Press.

94. Meyer, J. W., Boli, J. y Thomas, G.. (1987) 2009. Ontology and Rationalization in the Western Cultural Account. En World Society: The Writings of John W. Meyer, ed. G. Krücken y G. Drori. Nueva York: Oxford University Press.

95. Meyer, J. W., Boli, J.,Thomas, G. y Ramírez, F.O. (1997). World Society and the Nation-State". American Journal of Sociology, 103 (1), 144–81.

96. Meyer, J. W. y Jepperson, R.L. (2000). The 'Actors' of Modern Society: The Cultural Construction of Social Agency. Sociological Theory, 18 (1), 100–120.

97. Meyer, J.W., Kamens, D.H. y Benevot, A. (eds.) (1992). School Knowledge for the Masses: World Models and National Primary Curricular Categories in the Twentieth Century. Washington, DC: Falmer.

98. Meyer, J.W. y Ramírez, F.O. (2000). The World Institutionalization of Education—Origins and Implications. En Discourse Formation in Comparative Education, ed. Jürgen Schriewer. Frankfurt: Peter Lang. [Ed. cast.: "La institucionalización mundial de la educación" en Jürgen Schriewer (comp.) Formación del discurso en la educación comparada, Barcelona: Ediciones Pomares. 2002].

99. Meyer, J.W., Ramírez, F.O., Rubinson, R. y Boli-Bennett, J. (1977). The World Educational Revolution, 1950–1970. Sociology of Education, 50 (october), 242–58.

100. Meyer, J. W., Ramírez, F.O. y Soysal, Y.S. (1992). World Expansion of Mass Education, 1870–1940. Sociology of Education, 65 (2), 128–49. Meyer, J.W. y Rowan, R. (1977). Institutionalized Organizations: Formal Structure as Myth and Ceremony. American Journal of Sociology 83, 340–63

101. Malmberg, A. y Maskell, P. European Planning Studies. Vol. 5, 1997.

102. Martin, H.P. y H. Schuman. La trampa de la globalización. Taurus. 2000.

103. Martin, R. Money, Power and Space. Blackwell, 1994.

104. Obregón, Carlos. La Globalización: Visiones equivocadas. CreateSpace Independent Publishing Platform; 2018.

105. Ramonet, Ignacio (1998) "Introducción" en le Monde Diplomatique, Edición Española . "El pensamiento único Pensamiento crítico vs. pensamiento único". Madrid: Editorial Debate.

106.   Sassen, S. (1996): Losing control? Sovereignty in an Age of Globaliza-

tion New York: Columbia University Press.

107.   -, (1998): In Globalization and Its Discontents. Essays on the new mobility of people and money. New York: The New Press.

108.   -, (2000): Cities in a World Economy, 2.ª ed. Thousand Oaks: Pine Forges Press.

109.   Sassen, Saskia. Los espectros de la globalización. Fondo de Cultura Económica; 2008.

110.   Schumpeter, J.A.   Capitalism, socialism and democracy. Harper & Bros. 1947.

111.   Storper, M. The Regional world, Territorial Development in a Global Economy. Guilford Press, 1997.

112.   Modis, Theodore. Conquering Uncertainty. McGraw Hill, 1998.

113.   Naisbitt, John. Megatrends 2000. Avon books, 1996.

114.   Mathews, Jessica, "Power Shift", Foreign Affairs, vol. 76, núm. 1, 1997.

115.   McGrew, Anthony and Paul Lewis. Globalization and the Nations Sates. Cambridge, Polity Press, 1992.

116.   Mohrman, Susan A. And Associates. Tomorrow"s   Organization. Josey-Blass Publishers, 1998.

117.   North, Douglass. Institutions, Institutional Change and Economic Performance. Cambridge University Press, New York, 1990.

118.   Ohmae, K. Triad Power: the coming shape of global competition. Free Press, New York, 1985.

119. Ohmae, K. The borderless World. Collins. London, 1990.

120. Ohmae, K. The rise of the region state. Foreign affairs. Spring, pp. 119-25, 1995.

121. Ohmae, K. El fin del estado-nación. Edit. Andrés Bello. Chile, 1997.

122. Ohmae, K. The Borderless World, rev ed: Power and Strategy in the Interlinked Economy. Harper Business, 1999.

123. Ostry, Sylvia. Governments & Corporations in a Shrinking World: Trade and Innovation Policies in the Unites States, Europe and Japan. Council on Foreign Relations Press, New York, 1990.

124. Patching, Alan and Dennis Waitley. The Future Proof Corporation. KHL Printing. Singapore, 1998.

125. Posner, Richard A. The Economics of Justice. Harvard University Press. 1983.

126. Robertson, R. Religion and Global Order. Paragon House, 1991.

127. Royce. Edward. Poverty and Power: The Problem of Structural Inequality. Rowman & Littlefield Publishers; 2018.

128.   Rowntree, Lester et all. Diversity amid Globalization: World Regions, Environment, Development. Prentice Hall, 2005.

129.   Rowntree, Lester et all. Globalization and Diversity: Geography of a Changing World. Prentice Hall, 2004.

130.   Rubli K., Federico y Benito Solís M. (Comps.) México Hacia la Globalización. Diana. México, 1992.

131.   Schaeffer, Robert K. Understanding Globalization: The Social Consequences of Political, Economic, and Environmental Change. Rowman & Littlefield Publishers, Inc., 2002.

132. Slaughter, Anne-Marie, "The Real New World Order", Foreign Affairs, vol. 76, núm. 5.

133. Stiglitz, Joseph E. Globalization and Its Discontents. Norton, 2003.

134. Storper, Michael. The Regional World: Territorial Development in a Global Economy. The Guilford Press, 1997.

135. Stubbs, Richard y Underhill, Geoffrey. Political Economy and the Changing Global Order. Oxford University Press, 1999.

136.   Torres, A. C., (ed.) (2009). Education and Neoliberal Globalization. Nueva York: Routledge.

137.   Trohler, D. (2009). Globalizing Globalization: The Neo-Institutional Concept of a World Culture. En Globalization and the Study of Education, ed. T. S.Popkewitz and F. Rizvi. Chicago: National Society for the Study of Education.

138.   Ulrich, Beck, ¿Qué es la globalización? Falacias del globalismo, respuestas a la globalización. Paidós, Barcelona, 1998

139.   Wallerstein, I. M. El moderno sistema mundial (1984) (5ª edición). México (Distrito Federal): Siglo XXI

140.   -, (1992): Geopolitics and geoculture: Essays on the changing world system. Cambridge: Cambridge University Press

141.   Weinstein, Michael M. Globalization: What"s New? Columbia University Press, 2005.

142.   Wallerstein, I. "A cultura como campo ideológico do sistema mundial moderno", en M. Featherstone, Cultura global, Petrópolis, 1994.

143.   Wolf, Martin. Why Globalization Works. Yale University Press, 2004.

Sobre Industria 4.0

Aboal y Zunino (2017) "Innovación y habilidades en América Latina". Centro de Investigaciones económicas.

Acemoglu, D. and D. Autor (2010), 'Skills, Tasks and Technologies: Implications for
Employment and Earnings', NBER Working Paper 16082, NBER, Cambridge.

Adler, P. (1988), 'Managing Flexible Automation', California Management Review.

Adler, P. (1992), Technology and the Future of Work (Oxford: Oxford UniversityPress)

Antunes (2011) La nueva morfología del trabajo en Brasil. Reestructuración y

precariedad en Nueva Sociedad, No 232, marzo-abril, pp. 103-118.

Andrade, E. (1993) Metamorfoses do Capitalismo e Classe Operaría, in J. Novoa, A Historia a Deriva. Salvador, UFBa.

-----------(2018) O privilégio da servidâo. O novo proletariado de serviços na era digital,

Ed. Boitempo, Sao Paulo.

Apella y Zunino (2017) "Cambio tecnológico y el mercado de trabajo en Argentina y

Uruguay. Un análisis desde el enfoque de tareas". Serie de informes técnicos del Banco

Mundial en Argentina, Paraguay y Uruguay, N° 11

Braverman (1974) Trabajo y capital monopolista: la degradación del trabajo en el siglo

XX. México: Nuestro tiempo.

Briken, K., S. Chillas, M. Krzywdzinski and A. Marks (2017), 'Labour Process Theory

and The New Digital Workplace', in K. Briken, S. Chillas, M. Krzywdzinski and A.

Marks (eds), The New Digital Workplace (London: Palgrave Macmillan), pp. 1–20

Butollo, F. and B. Lüthje (2017), '"Made in China 2025": Intelligent Manufacturing and Work', in K. Briken, S. Chillas, M. Krzywdzinski and A. Marks (eds), The New Digital Workplace. How New Technologies Revolutionise Work (London: Palgrave Macmillan), pp. 42–61.

Edwards, P. and P. Ramirez (2016), 'When Should Workers Embrace or Resist new Technology?', New Technology, Work and Employment, 2, 99–113.

Eurofound (2014), Drivers of Recent Job Polarization and Upgrading in Europe

(Dublin: Eurofound).

Frey, C. B., y Osborne, M. A. (2017). The future of employment: how suscep-tible are
jobs to computerisation? Technological Forecasting and Social Change, 114, 254-280

Ford, Martin (2015). Rise of robots. Basic Books.

Gallie, D. (2017), 'The Quality of Work in a Changing Labour Market', Social Policy & Administration.

Hall, R. (2010), 'Renewing and Revising the Engagement Between Labour Process

Theory and Technology', in P. Thompson and C. Smith (eds), Working Life. Renewing
Labour Process Analysis (London: Palgrave Macmillan), pp. 159–181

Hirsch-Kreinsen, H. (2016), 'Digitization of Industrial Work: Development Paths and Prospects', Journal for Labour Market Research, 1, 1–14.

Jürgens, U. (1999), 'Anticipating Problems With Manufacturing During the Product Development Process', in A. Comacchio, G. Volpato and A. Camuffo (eds),

Automation in Automotive Industries (Berlin: Springer), pp. 74–91

Kagermann, Henning 2014: Chancen von Industrie 4.0 nutzen. In: Bauern-hansl,
Thomas/ten

Hompel, Michael/Vogel-Heuser, Birgit (eds.) 2014: Industrie 4.0 in Produk-tion,
Automatisierung und Logistik. Wiesbaden: Springer VS, p. 603-614

Krywdzinski (2017) Automation, skill requirements and labour- use strat-egies: high- wage and low- wage approaches to high- tech manufacturing in the automotive industry.

Journal New Technology, Work and Employment 32:3 ISSN 1468-005X.

Marrero, N. (2017) EEUU-China una guerra que no es solo comercial en La Diaria,
04/07/2018- Recuperado en https://ladiaria.com.uy/articulo/2018/6/eeuu-china-una- guerra-que-no-es-solo-comercial/

Míguez, P. (2014) Del General Intellect a las tesis del "capitalismo cognitivo": aportes

para el estudio del capitalismo del siglo XXI en Revista Bajo el Volcán, vol. 13, núm.

21, 2013, pp. 27-57.

Milkman, R. and C. Pullman (1991), 'Technological Change in an Auto Assembly

Plant. The Impact on Workers' Tasks and Skills', Work and Occupations

Munyo, I. (2016). ¿Y por casa cómo andamos?.Revista Escuela de Negocios, Universidad de Montevideo (IEEM), Junio 2016.

OCDE (2017), Employment Outlook 2017 (Paris: OCDE).

OPP (2017) OFICINA DE PLANEAMIENTO Y PRESUPUESTO, Presidencia de la República. "Automatización y empleo en Uruguay. Una mirada en perspectiva y en prospectiva". Hacia una Estrategia Nacional de Desarrollo, Uruguay 2050. Serie de divulgación -Volumen II. 2017.

Piore, M. y Sabel, F. (1990) La segunda rutpura industrial, Alianza, Madrid.

Pfeiffer, S. (2018). The 'Future of Employment' on the Shop Floor: why Production Jobs are Less Susceptible to Computerization than Assumed. International journal for research in vocational education and training, 5(3), 208-225. https://doi.org/10.13152/IJRVET.5.3.4

Raso, J. (2018) América Latina: el impacto de las tecnologías en el empleo y las reformas laborales en Revista Internacional y comparada de Relaciones laborales y derecho del empleo.

Saldain, et. al -Representación empresarial BPS (2019) El futuro del trabajo y su impacto en la seguridad social". BPS.

Schumann, M., V. Baethge-Kinsky, M. Kuhlmann, C. Kurz and U. Neumann (1994),

Trendreport Rationalisierung. Automobilindustrie, Werkzeugmaschinenbau, Chemische Industrie (Berlin: sigma).

Smith, C. and P. Thompson (1998), 'Re- Evaluating the Labour Process Debate',

Economic and Industrial Democracy.

Superviele, M. (2018) ¿Estamos preparados en Uruguay para la Revolución 4.0?
publicado en La Diaria, 10/02/2018.

Tan Jun (2017) China 2025 en Robotlución: el futuro del trabajo en la integración 4.0
de América Latina en Revista Integración y Comercio n.º 42, Año 21, pp. 204-215, BID, Bs. As.

Thompson, P. and B. Harley (2007), 'HRM and the worker: Labor process perspectives', in P. Boxall, J. Purcell and P. Wright (eds), Oxford Handbook of Human
Resource Management (Oxford: Oxford University Press), pp.147-165

Wallace, T. (2008), 'Cycles of Production: From Assembly Lines to Cells to Assembly
Lines in the Volvo Cab Plant', New Technology, Work and Employment, 1–2, 111–124

Wickham, J. (2011), 'Low Skill Manufacturing Work: From Skill Biased Change to Technological Regression', Arbeit: Zeitschrift für Arbeitsforschung, Arbeitsgestaltung und Arbeitspolitik 20, 3, 224–238.

Sobre cambio laboral

APARICIO, J. (1997): "El Derecho del Trabajo ante el fenómeno de la internacionalización", Contextos nº 1, pp. 57 ss.
BARAÑANO, M. (1999): "Postmodernismo, modernidad y articulación espacio -
temporal global: algunos apuntes" en R. RAMOS y F. GARCIA SELGAS (Dirs.), Globalización, riesgo y reflexividad, CIS. Madrid.
BARRETO, H. (1998), "El derecho laboral minimalista del Mercosur", Contextos
nº 2 , pp. 21 ss.
BAYLOS, A. (1994): "Sistema de empresa y reforma del mercado de trabajo", Cuadernos de Relaciones Laborales nº 5, pp. 141 ss.
BAYLOS, A. (1999): "Estado de bienestar y derechos sociales", en T.
FERNANDEZ y J. GARCES (Coords.), Crítica y futuro del Estado del Bienestar: reflexiones desde la izquierda, Tirant Lo Blanch, Valencia, pp. 21 ss.
BECK, U. (1998): ¿Qué es la globalización?. Falacias del globalismo, respuestas a

la globalización, Paidós, Barcelona.

CALAFÀ, L. (1998): "Considerazioni sul contenzioso sociale della Corte di Giustizia", en Lavoro e Diritto nº 3-4, pp.419 ss.

CASAS, Mª E. (1998): "La negociación colectiva europea como institución democrática (y sobre la representatividad de los interlocutores sociales)", en Relaciones Laborales nº 21, pp. 1 ss.

D'ANTONA, M. (1996): "Sistema giuridico comunitario", en BAYLOS, A., CARUSO, B., D'ANTONA, M. SCIARRA, S. (Coords.) Dizionario di Diritto del Lavoro Comunitario, Monduzzi Ed., Bologna, pp.4 ss.

D'ANTONA, M. (1998 a): "Diritto del lavoro di fine di secolo: una crisi di identità?", en Rivista Giuridica del Lavoro e della Previdenza Sociale, n.2, pp. 311 ss.

D'ANTONA, M. (1998 b): "Contrattazione collettiva e concertazione nella formazione del diritto sociale europeo", en LETTIERI, A., ROMAGNOLI, U., (Dirs.) La contrattazione collettiva in Europa, Ediesse, Roma, pp. 101 ss.

DURAN, F. (1998): "Globalización y relaciones de trabajo", en Revista Española
de Derecho del Trabajo nº 92, pp. 869 ss.

LETTIERI, A. (1997): "L'integrazione europea: politica monetaria e iniziativa sociale", en AA.VV., Il sindacato e la riforma della Reppubblica, Ediesse, Roma, pp. 48 ss.

LETTIERI, A. (1998): "La frontiera europea del sindacato", en LETTIERI, A., ROMAGNOLI, U., La contrattazione collettiva in Europa, Ediesse, Roma, pp. 11
ss.

LETTIERI, A., ROMAGNOLI, U. (1998): La contrattazione collettiva in Europa,
Ediesse, Roma..

LYON-CAEN, G. (1994): "The evolution of labour Law", en LORD
WEDDERBURN et alii, Labour Law in the Post-industrial Era. Essays in honour of
Hugo Sinzheimer, Darmouth, Inglaterra, pp. 102 ss.

-

LYON-CAEN, G. (1995): Le droit du travail: une technique réversible". Dalloz, Paris.

MARX, C., ENGELS, F. (1988): La Internacional. Documentos, artículos y cartas,
(Traducción de W. Roces), Fondo de Cultura Económica, México.

OZAKI, M. (1999): "Relaciones laborales y globalización", en Relaciones

Laborales nº 1, pp. 72 ss.

PERULLI, A. (1999): Diritto del Lavoro e globalizzazione. Cedam, Padova.

PILATI, A. (1999): "Prospettive comunitarie della partecipazione dei lavoratori", en Lavoro e Diritto nº 1 , pp. 63 ss.

PSIMMENOS, I. (1999): Globalization and employee participation, Ashgate Pub.

Ed., Hunts (Inglaterra).

ROCCELLA, M., TREU, T. (1995): Diritto del Lavoro della Comunità Europea, Cedam, 2ª ed., Padova.

ROCCELLA, M. (1998): "Contrattazione collettiva europea e cambiamento del lavoro", en LETTIERI /ROMAGNOLI, La contrattazione collettiva in Europa, Ediesse, Roma, pp. 47 ss.

ROCCELLA, M. (1999): "Tutela del lavoro e ragioni del mercato nella giurisprudenza recente della corte di giustizia", en AA.VV. Studi in memoria di

Massimo D'Antona, original fotocopiado.

RODRIGUEZ-PIÑERO, M., CASAS BAAMONDE,

European Constitution", en DAVIES, P., LYON-CAEN, A., SCIARRA, S.,

SIMITIS, S., European Community Labour Law: Principles and Perspectives. (Liber amicorum Lord Wedderburn of Charlton), Clarendon Press, Oxford, pp. 23

ss.

RODRIGUEZ PIÑERO ROYO (1998): "El proceso legislativo comunitario y el Derecho Social Europeo", en Revista del Ministerio de Trabajo y Asuntos Sociales nº 12, pp.13 ss.

ROMAGNOLI, U. (1999): "Globalización y Derecho del Trabajo", en Revista de Derecho Social nº 5, pp. 9 ss.

SIMITIS, S. (1997): "Le droit du travail a-t-il encore un avenir?", en Droit Social nº

7, p.655 ss.

SUPIOT. A. (1999): Au-delà de l'emploi. Flammairon, Paris.

SWEPSTON, L. (1999): "La OIT y los derechos humanos: del Tratado de Versalles

a la nueva Declaración relativa a los principios y derechos fundamentales en el

trabajo", en Relaciones Laborales nº 1, pp. 9 ss.

THOMAS, H. (1995): Globalization and Third World Trade Unions. The challenge

of rapid economic change, Zed Books, London.

THYGESEN, N., KOSAI, Y., LAWRENCE, R.L. (1996): Globalization and

Trilateral Labor Markets: Evidence and Implications, The Trilateral Commission,
New York, Paris & Tokyo.

TREU, T. (1999): "Compiti e strumenti delle relazioni industriali nel mercato globale", en Lavoro e Diritto nº 2, pp. 191 ss.
ZOPPOLI, L. (1998): L'attuazione della Direttiva sui Comitati aziendali europei:
un analisi comparata, ESI /Università del Sannio, Napoli.

ACERCA DEL AUTOR

Nació en Guanajuato, México. Realizó estudios de licenciatura y dos maestrías en la Universidad de Guanajuato. Obtuvo la maestría en Ciencias Sociales por la Southern Oregon University, de OR, USA. Estudió el Doctorado en Problemas de la Sociedad Industrial Contemporánea en España y obtuvo el PHD en Urbanismo en el UK. Ha escrito más de 500 artículos de fondo.

Ha asistido e impartido conferencias y talleres en 35 países.

Ha escrito más 30 libros.